圖解系列

三大特色

● 一單元一概念，迅速理解光電半導體元件的原理與應用
● 內容完整，架構清晰。為學習光電科技的全方位工具書
● 圖文並茂，容易理解，快速吸收

光電半導體元件

李朱育　李敏鴻
李勝偉　柯文政
段生振　陳念波／著

（依筆劃順序）

閱讀文字

理解內容

觀看圖表

圖解讓
光電科技
更簡單

五南圖書出版公司 印行

序

　　光電科技對於現代人類日常生活的進步有舉足輕重的影響，而台灣近二十年來光電產業的蓬勃發展，更見證了近代光電科技的突飛猛進。近四十年來，平均每十年諾貝爾獎就會頒給從事光電相關研究的科學家，更可見光電科技仍會是二十一世紀推動科技產業創新的重要推手。

　　目前台灣光電產業對光電人才需求孔急，為因應優秀光電人才的大量需求，近年來國內大學相關光電系所陸續成立，各種光電相關領域也已有顯著發展。光電科技是結合物理、材料、化學與電機的跨領域學門，培養紮實的光電學理基礎，方能厚植與培養創新研發能力。作者利用本次中央大學機械系執行教育部「半導體產業設備人才培育計畫」的機會，邀請幾位在光電領域學有專精的教授與專家，共同催生這本光電半導體元件，希望此書對於有興趣學習光電科技的學子們能有所裨益，而此書也適合理工與非理工背景的讀者當作學習光電科技的基礎。

　　本書包含了光電半導體元件之基本原理、元件應用與未來展望，內容涵蓋了四種主要光電科技應用，包含：光電感測元件、固態照明系統、顯示系統、太陽光電系統等，這幾項光電科技都與我們日常生活息息相關。然而本書無法涵蓋所有光電課題，且光電科技的發展日新月異，本書之目的在於提供初次接觸光電科技領域讀者使用。即使如此，亦必有遺漏與不周全之處，尚請各位先進不吝指正。

　　最後，我要特別感謝元智大學光電系　陳念波教授、元智大學機械系　柯文政教授、台師大光電所　李敏鴻教授、中央大學機械系　李朱育教授及美商應用材料　段生振處長，於百忙之中經過無數個深夜戮力撰寫，本書才得以完成。

作者謹識於中央大學

目 錄

第七章　未來技術與市場展望

附錄　參考文獻

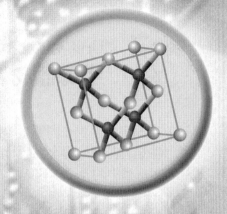

第 **1** 章

光電半導體物理

章節體系架構 ▼

陳念波
元智大學光電工程學系

本章說明：

　　本章所要描述的是應用於光電領域的半導體，以及半導體的材料物理特性。在大學相關科系三、四年級以及研究所的課程中，屬於一個學期的課程內容。在這裡以淺顯的方式，為讀者介紹半導體材料其物理特性的基本概念，以量子物理為基礎的能帶概念，使半導體有顯著不同電性的摻雜概念，半導體導電的電流載子傳輸現象，以及使半導體有多彩多姿應用的 pn 接面。希望能讓讀者很快的領略這個領域的相關基礎觀念，作為後續章節的基礎。

Unit 1-1
半導體材料物理特性基本概念

本節主要著眼在固態半導體以晶體形式呈現時，其所擁有的特性，以及一些描述晶體的專有名詞。欲研究半導體的各種有用材料特性，必須先了解半導體中的原子排列秩序。

單晶、多晶與非晶排列

一般物質可以分成三態——氣態、液態、固態。

半導體材料在室溫都以固態存在，其原子的排列可能是**單晶** (single crystalline 或直接稱為 crystalline)、**多晶** (polycrystalline)，以及**非晶** (amorphous) 三種。

單晶是原子以週期性的方式在空間裡排列，整塊物質的原子都可以用晶格點精確地描述其位置。多晶則是在整塊物質裡，由許多小的單晶區域所構成；這些單晶的晶格點走向不同，彼此之間有**晶界** (grain boundary) 存在。

而非晶則是原子的排列只有彼此鍵結的短距離次序，並沒有像晶格點那般的長距離次序。圖 1-1 表示單晶、多晶與非晶的原子排列示意圖。

製作積體電路、發光二極體等元件的晶圓片，以及單晶太陽能電池，全晶片屬於一個單晶。多晶則可應用於矽薄膜太陽能電池。

液晶顯示面板上控制畫素開關的矽薄膜電晶體則有**多晶矽** (low temperature polycrystalline silicon, LTPS)，以及**非晶矽** (amorphous silicon, a-Si) 兩類。

多晶的特性，與單晶的有密切的關聯。所以，單晶的物理特性是接下來我們要詳細探討的重點。

長晶、磊晶簡介

半導體元件所需的晶圓片，例如矽、砷化鎵，是由人造的半導體晶體切割而來。波蘭科學家**柴可拉斯基** (Jan Czochralski) 於 1916 年發明了可以快速製作**單晶晶棒** (boule) 的方法，稱為**柴氏法** (Czochralski method)。如圖 1-2。

圖 1-1 單晶、多晶與非晶的原子排列次序示意圖

多晶
(Polycrystalline)

單晶
(Crystalline)

非晶
(Amorphous)

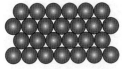

圖 1-2 柴氏法的長晶

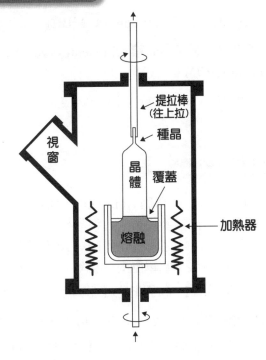

柴式法-矽晶棒製程

在**坩堝** (crucible) 中，將從其他方式所獲得的多晶半導體材料熔化，並在提拉棒下端安置晶體方向明確的材料**種晶** (seed crystal)，使其沉浸在坩堝裡熔融狀態的半導體，然後緩慢地邊旋轉、邊往上拉，過程中大直徑的晶棒可以逐漸成型。如圖 1-3。

將此晶棒橫向切成薄片，即為**晶圓片** (wafer)。不同直徑的晶棒，對應了不同直徑的晶圓片。一般常見的直徑尺寸有 2 吋 (51 mm)、4 吋 (100 mm)、6 吋 (150 mm)、8 吋 (200 mm)、以及 12 吋 (300 mm)，如圖 1-4。

目前在大量生產的矽半導體元件，以 12 吋晶圓片為主流。砷化鎵則因為成本考量，而以 6 吋晶圓片為大量生產的加工對象。藍寶石基板，目前已有廠商展示最大直徑為 10 吋。

另一種製作單晶晶圓片的方式，是在現成的某種單晶基板上，以沉積的方式把原子一層一層的堆磊，形成晶體的方式，稱為「**磊晶**」(epitaxy)。常見的沉積技術有：

(1) **分子束磊晶** (molecular beam epitaxy, MBE)。

(2) **有機金屬化學氣相沉積法** (metal organic chemical vapor deposition, MOCVD)。

後者是製作所謂的 III-V（三五族）化合物半導體元件的主流技術。如圖 1-5。

密勒指標 (Miller indices)

晶格點陣列裡可以定義一個**單胞** (unit cell)，而整個晶格點陣列則可以用這個單胞重複的在各方向複製而得。這種晶格點的複製單位本身不見得是最小體積，而且有很多種可能性。如圖 1-6，顯示了二維平面晶格點的多種單胞示意圖。在三維空間，此單胞有三個線性獨立的**基底向量** (basis vectors)，可以指向相鄰的單胞，我們把它標記為 $\vec{a}$，$\vec{b}$，$\vec{c}$。

這三個向量的整數線性組合，$\vec{R} = n_1\,\vec{a} + n_2\,\vec{b} + n_3\,\vec{c}$，稱為晶格平移向量，可以指到任何其它的單胞，而且四周環境一模一樣沒有變。這是晶體最基本的「平移對稱性」。

圖 1-3 以柴氏法長成的矽晶棒

圖 1-4 各種直徑尺寸的晶圓片

(a) 2、4、6、8 吋晶圓片

(b) 6 吋與 12 吋晶圓片

圖 1-5 磊晶示意圖

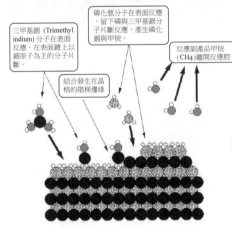

三甲基銦 (Trimethyl indium) 分子在表面反應，在表面鍍上以銦原子為主的分子片斷。

磷化氫分子在表面反應，留下磷與三甲基銦分子片斷反應，產生磷化銦與甲烷。

反應副產品甲烷 (CH4) 離開反應腔

結合發生在晶格的階梯邊緣

圖 1-6 多種單胞示意圖

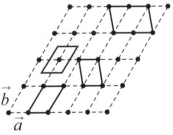

$\vec{b}$

$\vec{a}$

　　如果 $\vec{a}$，$\vec{b}$，$\vec{c}$ 這三個向量彼此互相垂直，長度又相等，則這個晶格點屬於立方晶系，立方體的邊長稱為晶格常數，半導體材料中以矽、砷化鎵為代表。

　　如果 $\vec{a}$ 與 $\vec{b}$ 長度相等，夾角 $120°$，而與 $\vec{c}$ 垂直，則是六方晶系，半導體材料中則以氮化鎵、藍寶石基板為代表。

　　整齊排列又有週期性的晶格點，從不同的角度看都可以看到晶格點構成的不同平面。如圖 1-7。

　　為了方便標記這些平面，我們需學會使用**密勒指標** (Miller index)。它像是平面方程式的速記符號，用一組三個整數，以圓括弧包夾，如 (111)；而且這三個整數之間並沒有用逗號區隔。以下是找出平面的密勒指標的步驟。這些步驟不限於立方晶系，可用於其它有較少對稱性的晶系。

　　以 $\vec{a}$，$\vec{b}$，$\vec{c}$ 這三個基底向量為座標軸 (可以是斜交座標軸)。

　　假設我們要標記的平面在各軸的交點分別是 A,B,C 三點，分別是 $n_1\vec{a}$，$n_2\vec{b}$，$n_3\vec{c}$ 的端點，如圖 1-8，我們只要 n_1，n_2，n_3 這三個係數。

　　如果這平面與其中某一個或某兩個座標軸平行，沒有交點的話，則所對應的係數設成 ∞ (無窮遠)。接下來找出這三個係數的反比 (倒數比)：

$$\frac{1}{n_1} : \frac{1}{n_2} : \frac{1}{n_3} = n_1^{-1} : n_2^{-1} : n_3^{-1} = h_1 : h_2 : h_3$$

把 h_1，h_2，h_3 表達成沒有公約數的最簡整數 (都乘以 n_1，n_2，n_3 的最小公倍數)，則 $(h_1\ h_2\ h_3)$ 就是這個平面的密勒指標。如圖 1-9。

　　如果密勒指標中有負數，代表該軸交點在負數端，則把負號寫在數字之上，例如 $(\overline{1}00)$。如果密勒指標中有零，代表該軸平行於平面，沒有交點。

　　在某些情況，要特別討論交點係數 n_1，n_2，n_3 不是整數的平面，我們不會把 h_1，h_2，h_3 表達成最簡整數。例如，交會三軸於 $\frac{1}{2}\vec{a}$，$\frac{1}{2}\vec{b}$，$\frac{1}{2}\vec{c}$ 的平面，則密勒指數為 (222)，而非 (111)。

圖 1-7 晶格點模型呈現好幾種構成的平面

圖 1-8 晶格平面之各軸截距示意圖

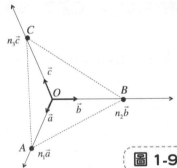

圖 1-9 晶格平面密勒指標示意圖

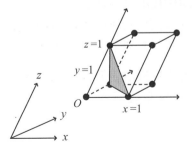

(a)(111)平面

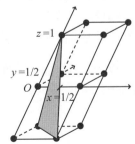

(b)(221)平面

圖 1-10 列舉了一些常見的密勒指標。

一個標記為 $(h_1 \quad h_2 \quad h_3)$ 的平面，實際上是很多層彼此平行、間隔固定的面。以 (001) 這個面為例，我們可以想像它是某一個單胞的天花板。樓上的 (沿著 $\vec{c}$ 軸或 $\vec{z}$ 軸) 單胞的天花板雖然截距在 $\infty \vec{a}$ ，$\infty \vec{b}$ ，$2\vec{c}$ ，也是標記為 (001)。

所以，每個樓層的天花板都是 (001) 平面。另外，單胞的地板平面是 $(00\overline{1})$，實際上這層單胞的地板，是樓下的天花板，所以，$(00\overline{1})$ 平面與 (001) 平面是一樣的。同理，單胞的左牆 $(\overline{1}00)$ 與右牆 (100) 是一樣，前牆 $(0\overline{1}0)$ 與後牆 (010) 也是一樣。

既然有基底向量 $\vec{a}$ ，$\vec{b}$ ，$\vec{c}$ (或 $\vec{x}$ ，$\vec{y}$ ，$\vec{z}$)，我們也可以把晶格裡特定方向的向量，寫成基底向量的線性組合，然後將係數寫出來，做為該向量的標記。

例如，指向某晶格點的向量，$\vec{R} = n_1\vec{a} + n_2\vec{b} + n_3\vec{c}$ 則在晶體學領域可以把這向量寫成 $[n_1 \, n_2 \, n_3]$，以方括號把係數包夾，而且這三個數字 (整數) 之間並沒有用逗號區隔。如圖 1-11。

如果是立方晶系，則 $[n_1 \, n_2 \, n_3]$ 向量剛好是 $(n_1 \, n_2 \, n_3)$ 平面的垂直向量 (法向量)。

在一些有對稱性的晶系，如立方晶系，它的六個面 (天花板、地板、左牆、右牆、前牆、後牆) 其實是分辨不出來的。就好像遊戲用的骰子，如果表面沒有點數標記，哪一面朝上其實沒有分別。所以，我們可以把所有等效的平面以一個密勒指標為代表，以大括號包夾表示。

例如，矽的 $(100),(\overline{1}00),(010),(0\overline{1}0),(001),(00\overline{1})$ 這些平面，可以用 {100} 來代表。同樣的，指向這些面的向量，$[100],[\overline{1}00],[010],[0\overline{1}0],[001]$，$[00\overline{1}]$ 也可以用一個等效向量為代表，用角括號包夾表示，如 〈100〉。

六方晶系平面與方向，則習慣用四位數的密勒指標來表示，對應 $\vec{a}_1$ ，$\vec{a}_2$ ，$\vec{a}_3$ ，$\vec{c}$ 四個基底向量與座標軸，如圖 1-12 所示。

圖 1-10 立方晶系常見的平面以密勒指標表示

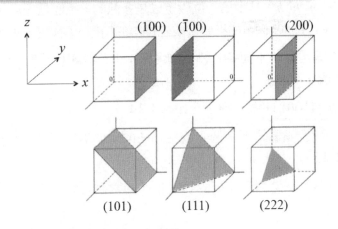

圖 1-11 晶體裡的向量表示法

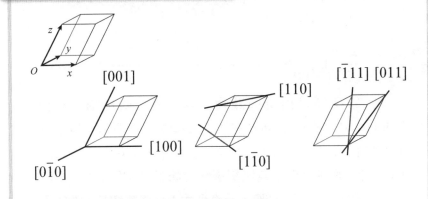

圖 1-12 六方晶系基底向量示意圖

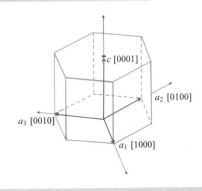

圖解光電半導體元件

　　由於 $\vec{a}_1$, $\vec{a}_2$, $\vec{a}_3$ 在同一個平面，實際上兩個向量就已足夠，所以平面的密勒指標 $(h_1\ h_2\ h_3\ h_4)$ 其中第三位設定成是多餘的，不能是任意值，必須有 $h_3 = -(h_1 + h_2)$ 的關係。如果要寫成三位數的指標，則是 $(h_1\ h_2\ h_4)$。

　　六方晶系裡常見的平面各有特別的名字：天花板與地板的 $\{0001\}$ 叫做 c 平面，如圖 1-13。

　　六個側牆 $\{1\bar{1}00\}$ 叫做 m 平面，如圖 1-14。

　　側牆柱與跳過隔鄰的下一個側牆柱相連的六個隔間牆 $\{11\bar{2}0\}$ 叫做 a 平面，如圖 1-15。

　　地板六方形的一邊與天花板的對邊相連的六個斜面 $\{1\bar{1}02\}$ 叫做 r 平面，如圖 1-16。

　　以圖 1-16 中 r 平面代表為例，它與四個軸的交點分別是 $1\ \vec{a}_1$, $(-1)\ \vec{a}_2$, $\infty\ \vec{a}_3$, $\frac{1}{2}\vec{c}$，截距的反比是 $(1)^{-1} : (-1)^{-1} : (\infty)^{-1} : (\frac{1}{2})^{-1} = 1 : (-1) : 0 : 2$，所以它的密勒指標是 $(1\bar{1}02)$。

小博士解說

　　密勒指標是由英國礦物學家威廉・哈勒斯・密勒 (William Hallowes Miller) 於西元 1839 年發明的。他生於十九世紀第一年 (1801)，歿於 1880 年，享年七十九歲。1826 年，密勒畢業於英國劍橋聖約翰學院。在三十一歲時接任劍橋的礦物學教授職，一直到六十九歲才卸任。他的主要著作《晶體學》發表於 1839 年，著名的「密勒指標」就記載於其中。

——節譯自維基百科

　　Miller index 中文或譯為「密勒指數」。由於「指數」在數學上另外有別的含義，指的是 exponent，代表冪次的運算，相關的函數叫做指數函數 (exponential function)，符號是 exp(x) 或是 e^x。為避免混淆，筆者決定以「指標」做為 index 的譯名。

圖 1-13 六方晶系的 c-planes 示意圖

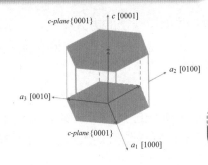

圖 1-14 六方晶系的 m-planes 示意圖

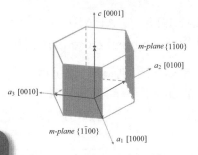

圖 1-15 六方晶系的 a-planes 示意圖

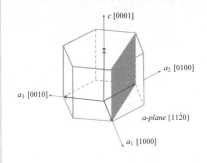

圖 1-16 六方晶系的 r-planes 示意圖

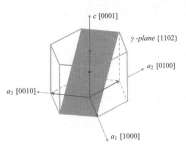

六方最密堆積與立方最密堆積

如果把原子當成一顆一顆的彈珠，並用最緊密的方式排列之，稱為最密堆積。首先，把彈珠以最緊密方式排成一層，每顆彈珠周圍會與六顆彈珠相切，也留下六個孔洞。第二層彈珠可以放進這些孔洞之中，但是只能在其中不相鄰的三個孔洞。

我們把第一層稱為 A 層，則第二層的彈珠位置與第一層不同，因為是在孔洞之上，我們把它稱為 B 層。第三層的彈珠位置如果選在 A 層彈珠正上方的孔洞，則第三層的彈珠位置與第一層相同，也把它稱為 A 層。

如圖 1-17。以 ABAB……方式堆疊排列而成的最密堆積，稱之為**六方最密堆積** (hexagonal close-pack, HCP)，因為可以形成六方晶系。

如果第三層的彈珠位置選擇不在 A 層彈珠正上方的孔洞，則第三層的彈珠位置與前兩層都不同，稱為 C 層。而以 ABCABC……方式堆疊排列所形成的最密堆積，因為可以形成面心立方晶系，故稱之為立方最密堆積。

鑽石結構、閃鋅結構、纖鋅結構、黃銅結構

晶格點是把物質材料晶體結構抽象、數學化的結果。要瞭解晶格點與實際晶體的關係，可以想像每個晶格點安置了同樣的「原子裝飾品」。這裝飾品可以是一個原子或多個原子。例如，鑽石裡的晶體結構，是以兩個相同原子作為裝飾品，安置在面心立方晶格點上：其中一個位於晶格點，另一個則是順著 [111] 對角方向，兩者相距立方對角線四分之一的距離。如圖 1-18。

此種晶體結構稱為「**鑽石結構**」(diamond structure)，可看成是兩組個別面心立方結構，各以對角線四分之一的距離錯開。為何是如此呢？在這些「裝飾品」中，安置在面心立方晶格點上的這群原子，當然形成面心立方結構；而安置在偏離晶格點的另一群原子，因為偏離了晶格點的距離與方位，但這群原子裡大家都相同，所以也形成面心立方結構。而這兩群原子，就是錯開的兩個面心立方結構。

圖 1-17　六方最密堆積與立方最密堆積的示意圖

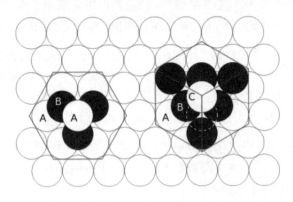

最密集堆疊圓球的方式

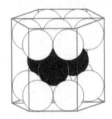

六方晶系

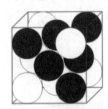

面心立方晶系

圖 1-18　鑽石結構與面心立方晶格點之關係示意圖

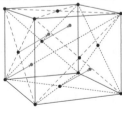

(b)
面心立方晶格點
加上「裝飾品」

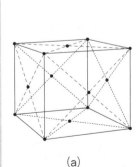

(a)
面心立方晶格點

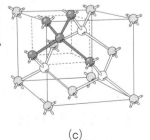

(c)
鑽石結構晶體模型

鑽石結構晶體的典型範例是碳原子形成的鑽石、半導體最常見的矽、以及鍺。每個原子以 sp^3 混成軌域與其他原子共享價電子而形成四個共價鍵，鍵與鍵夾角 109.5°。鑽石結構晶體在不同方向所呈現的面貌如圖 1-19。

其中較特別的是〈111〉方向觀察所呈現的三**等分旋轉對稱** (3-fold rotational symmetry，以中間點為旋轉點，每次轉 120° 會與原狀無異)，以及〈110〉方向觀察所呈現的六角形通道。前者呈現了面心立方晶系的立方最密堆積本質；後者可以應用於晶圓離子佈植製程，讓摻雜更深入。

如果把鑽石結構裡建構於面心立方晶格點的「原子裝飾品」換成是兩個不相同的原子，則形成「**閃鋅結構**」(zinc blende structure)，半導體以砷化鎵為代表，如圖 1-20。

與鑽石結構不同的是，閃鋅結構從 [111] 方向觀察與從 [$\bar{1}\bar{1}\bar{1}$] 方向觀察呈現不一樣的面貌。以圖 1-20 (b) 與 (c) 為例，圖 (b) 中央的原子周遭都是同一種原子，而圖 (c) 中央的原子周遭是另一種原子。此種現象稱為極性的〈111〉方向。

圖解光電半導體元件

小博士解說

　　讀者也許注意到了圖 1-19 與 1-20 的晶體模型畫面是從 Crystal Maker 應用程式中截取下來的。這個應用程式可以用電腦滑鼠指標拖曳隨意改變觀察晶體模型的角度，非常適合半導體物理的學習。

　　讀者可以從 CrystalMaker Software Ltd. 公司的網頁 http://crystalmaker.com/ 下載試用版。試用版是免費的，可以使用該公司預先建立的幾個晶體模型，但無法自行修改存檔。不過，前述的鑽石結構與閃鋅結構都包含在試用版裡，所以對於初學者而言已經足夠了。

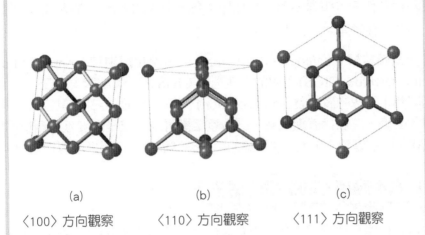

圖 1-19 鑽石結構在三個方向觀察所呈現之面貌

(a) 〈100〉方向觀察

(b) 〈110〉方向觀察

(c) 〈111〉方向觀察

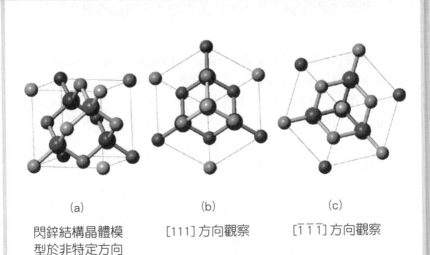

圖 1-20 閃鋅結構在三個方向觀察所呈現之面貌

(a) 閃鋅結構晶體模型於非特定方向

(b) [111]方向觀察

(c) [$\bar{1}\bar{1}\bar{1}$]方向觀察

　　纖鋅礦結構 (wurtzite structure) 則是以六方晶系晶格點為基礎的六方最密堆積晶體結構，在半導體領域裡以氮化鎵，以及成長氮化鎵所需的藍寶石基板為代表，如圖 1-21。兩種原子各自形成六方最密堆積結構，而且彼此沿著 c 軸錯開 $\frac{3}{8}c$ 的距離。

　　黃銅礦結構 (chalcopyrite structure) 則是**硒化銅銦鎵** (copper indium gallium selenide, CIGS) 太陽能電池裡頭 CIGS 的晶體結構。CIGS 是硒化銅銦與硒化銅鎵的**固溶體** (solid solution)，此結構如圖 1-22。黑色代表銅、白色代表硒，灰色代表銦或鎵，這晶體結構可以看成是長度延長兩倍的閃鋅結構，圖中黑色、灰色，在相鄰的閃鋅礦結構中互換而形成黃銅結構。

實際應用密勒指標的例子

　　密勒指標在半導體領域，不管是學界、業界，都常會使用到。這裡舉幾個實際應用的例子。

1. 第一個例子是晶圓片標定方向之用。

　　用晶圓片製作積體電路、發光二極體、太陽能電池，所使用的製程參數設定與晶體的方向息息相關，諸如摻雜的深度、蝕刻的速率、切割晶粒的走向。

　　半導體設備及材料協會 (semiconductor equipment and materials institute, SEMI) 訂立了標準，直徑小於 200 mm (八吋) 的晶圓片，會在其外緣磨掉一邊，形成主平邊 (primary flat) 標記〈110〉的方向，另外再依晶圓片所屬的晶格面、摻雜屬性，在不同方位磨出次要平邊 (secondary flat)。小尺寸的矽與砷化鎵晶圓片便是依此標記。如圖 1-23。

　　如此一來，只要觀察晶圓片平邊的形式，就可以了解它的晶格平面與摻雜屬性，對於晶圓片加工製程的操作人員而言，是避免弄錯對象的一道確認標記。如果不明瞭密勒指標，只知道不同平邊形式對應了不同的數字，那就會背數字背得很辛苦了。

圖 1-21 纖鋅礦結構（wurtzite structure）示意圖

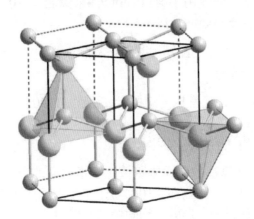

圖 1-22 CIGS 晶體結構（黃銅結構）示意圖

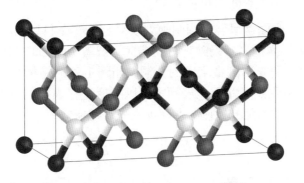

圖 1-23 小尺寸晶圓片以平邊定義晶格平面與摻雜屬性的示意圖

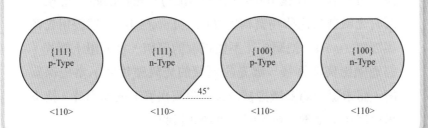

　　至於直徑是 200 mm (八吋) 或更大的晶圓片，則捨棄會損耗可用面積甚巨的平邊的作法，而改用小**缺口** (notch) 來標記〈110〉的方向，且不再標記其他缺口或平邊，如圖 1-24。

　　而 300 mm (十二吋) 的晶圓片甚至在晶圓片背面、小缺口附近，以雷射鐫刻晶圓片的辨識號碼。

　　至於藍寶石基板，則通常以平邊標示 a 平面 $\{11\bar{2}0\}$。

2. 第二個應用密勒指標的例子。

　　這是用來計算在矽表面蝕刻倒金字塔斜面的角度。使用氫氧化鉀溶液蝕刻矽，因為在〈100〉方向的蝕刻速率比在〈111〉方向的快四百倍以上，形成非均向蝕刻的現象。

　　因此，在 $\{100\}$ 平面的晶圓片上，遮罩開方孔進行蝕刻的話，垂直往下〈100〉方向蝕刻會快過往側面蝕刻；而側面有四個等效的 $\{111\}$ 平面，如圖 1-25。

　　所以，側面會呈現出四個蝕刻較慢、等效於 $\{111\}$ 的牆面，而形成 V 形溝槽。如果蝕刻時間夠久，把溝槽底部的 $\{100\}$ 面蝕刻殆盡，則成為倒金字塔的孔洞。如圖 1-26。這種孔洞如果製造在單晶矽太陽能電池表面，可以降低光在表面的反射率，增加光進入矽內部的比例，進而提高光電轉換效率。

小博士解說

　　用晶圓片加工製作元件，需要局部挖洞的話，則需要使用光蝕刻微影技術 (photolithography)。先在晶圓片上塗一層對光敏感的化學物質稱為光阻 (photoresist)，然後用光源與遮罩 (mask) 把圖案（不要挖洞的區域）在光阻上曝光。經過顯影與清洗後，曝光的區域的光阻硬化留下當成保護層，而未曝光的區域則被洗掉，曝露出底下的晶圓片。接下來使用化學藥劑腐蝕，就可以達成目的。

圖 1-24 大尺寸晶圓片以小缺口表示晶格方向的示意圖

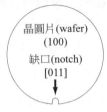

晶圓片(wafer)
(100)
缺口(notch)
[011]

圖 1-25 立方晶系的四個等效的 {111} 平面

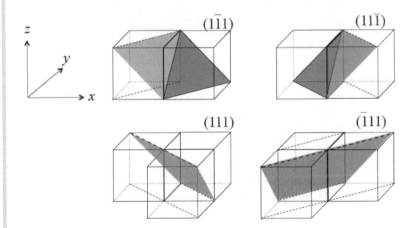

$(1\bar{1}1)$ $(11\bar{1})$

(111) $(\bar{1}11)$

圖 1-26 矽的非均向蝕刻其晶體平面示意圖

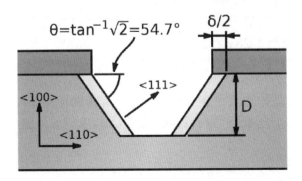

$\theta = \tan^{-1}\sqrt{2} = 54.7°$

$\delta/2$

<100>

<111>

<110>

D

　　倒金字塔孔洞側牆的傾斜角 (與表面的夾角)，可以用密勒指標來計算。換句話說，我們想要計算的是 {111} 平面與 {100} 平面的夾角。這些是等效平面的表示法，因為立方晶系的對稱性，我們可以選用 (111) 平面與 (100) 平面來做計算。由於是立方晶系，這兩個平面的法向量剛好就是 [111] 與 [100]。只要找到這兩個向量之間的夾角，就是我們要的角度。

　　在直角坐標系要找到兩個向量之間的夾角，可以利用向量內積的基本特性，使用以下步驟：(這裡定義 $\vec{A} = [111]$，$\vec{B} = [100]$)

$$\vec{A} \cdot \vec{B} = A_x B_x + A_y B_y + A_z B_z$$

$$= 1 \times 1 + 1 \times 0 + 1 \times 0 = 1$$

$$|A| = \sqrt{A_x^2 + A_y^2 + A_z^2}$$

$$= \sqrt{1^2 + 1^2 + 1^2} = \sqrt{3}$$

$$|B| = \sqrt{1^2 + 0^2 + 0^2} = 1$$

$$\theta = \cos^{-1}(\frac{\vec{A} \cdot \vec{B}}{|A| \, |B|}) = \cos^{-1}\frac{1}{\sqrt{3}} = 54.74°$$

　　所以，V 形溝槽以及倒金字塔的斜牆面與水平面的夾角是 54.74°。

3. 第三個應用密勒指標的例子。

　　這是標示藍寶石基板上成長氮化鎵彼此晶體方向的關係。如圖 1-27 及圖 1-28。在藍寶石基板上成長氮化鎵，要考慮藍寶石的晶格常數與氮化鎵的差異，而有各種長晶的方式。

　　而這些磊晶的示意圖，充分的應用了密勒指標來標示平面與方向，可以作為我們對於這些指標熟悉程度的成果驗收。

圖 1-27 在 r 平面的藍寶石基板上成長 a 平面的氮化鎵圖

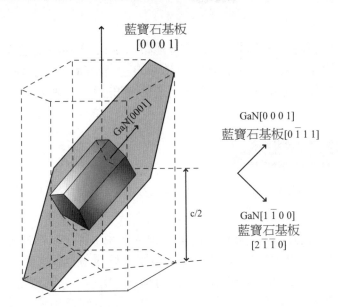

藍寶石基板
[0 0 0 1]

GaN[0001]

GaN[0 0 0 1]
藍寶石基板[0 $\bar{1}$ 1 1]

GaN[1 $\bar{1}$ 0 0]
藍寶石基板
[2 $\bar{1}$ $\bar{1}$ 0]

c/2

圖 1-28 在 m 平面的藍寶石基板上成長氮化鎵

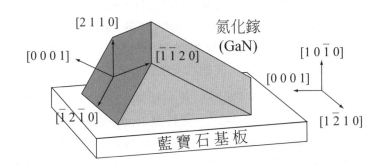

[2 1 1 0]

[0 0 0 1]

[$\bar{1}$ $\bar{1}$ 2 0]

氮化鎵
(GaN)

[1 0 $\bar{1}$ 0]

[0 0 0 1]

[$\bar{1}$ 2 $\bar{1}$ 0]

[1 $\bar{2}$ 1 0]

藍寶石基板

Unit 1-2
能帶基本概念

要解釋半導體運作的原理，須先了解**能帶** (energy band) 的基本概念。這一節我們將介紹能帶的相關觀念與應具備的基礎知識。因為這些觀念都以近代物理的知識為基礎，我們在這裡先把所需的近代物理觀念做一些簡介。

近代物理的基本概念

近代物理的重要觀念裡，在此我們要介紹光的頻譜、光子、以及電子的波動特性。

光，是生活裡每天都會遇到的物理現象。日光、影子、彩虹、火紅的煤炭，這些看似平常的現象，其實困惑了科學家好幾個世紀。直到十九世紀馬克士威提出了整合電學與磁學的四個方程式，揭示了光其實是電磁波，才算是豁然開朗。人眼可見的可見光，與廣播電台的無線電波、醫院用的 X 光，都是電磁波，只是它們的頻率、波長不同罷了。所有的電磁波，包括光，其頻率 f、波長 λ 與波速 v 之間，都有如下的關係

$$f\lambda = v \text{。}$$

電磁波在宇宙真空中行進的速度，是物理世界已知最快的絕對速度，一個舉世皆準的常數，稱為 c ($c = 2.99792458 \times 10^8$ m/s)；在任何介質裡的電磁波速，可以用折射率 n，來代表比 c 慢的倍率，$v = c/n$。而在空氣中傳播的電磁波，則幾乎與真空中相同，稍微慢一些而已，$n \approx 1.0003$。通常，我們把在空氣裡傳播的電磁波，當成像真空中的一樣快。

電磁波依頻率範圍 (也可以說是依波長範圍)，因為產生的機制有所不同，而有不同的名稱，如圖 1-29，有**長波** (long waves)、**短波** (short waves)、**無線電波** (radio waves)、**微波** (micro waves)、**紅外線** (infrared)、**可見光** (visible light)、**紫外線** (ultraviolet)、**X 射線** (X rays)、**伽瑪射線** (gamma rays)。

人眼可見光只佔整個電磁波頻譜的一小部分，波長範圍在 $400 \sim 700$ 奈米 (nm) 之間。另外，任何物理量，如果依據電磁波 (光) 的頻率範圍來分析，其結果稱為這個物理量的「頻譜」。

圖 1-29 電磁波頻率範圍、波長範圍所對應的不同名稱

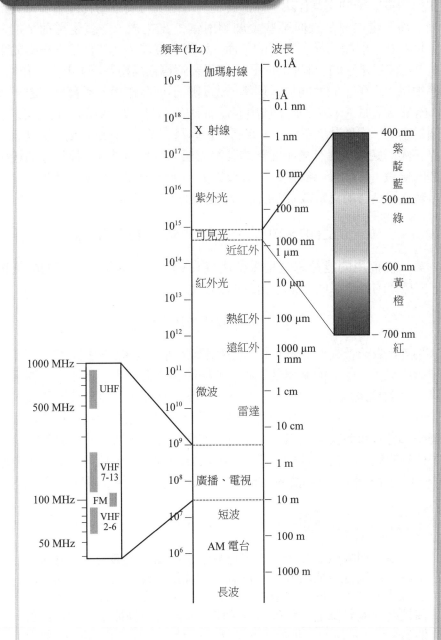

圖解光電半導體元件

光以電磁波看待，可以解釋行進、反射、折射、繞射、干涉種種現象，唯獨與物質原子的交互作用，無法解釋。為何燒得高溫的物體會發紅光、黃光、甚至青白光？為何某些金屬照射紫外光之後，會產生電荷？這在二十世紀初，引發了量子物理的革命。科學家發現，光其實是很複雜的現象，電磁波只是它的一個面向而已。如果要解釋它與物質原子的交互作用，就必須以「光子」的面向加以理解。光與原子交互作用，不管是被原子吸收、能量給予原子，或者原子放出能量而發光，這所牽涉到的「能量交易」有個最小的「能量計價單位」，我們把它稱為 **光子** (photon)。這就有如世界各國的錢幣，都有最小面額的硬幣一樣；所有的買賣，都是這個最小面額的倍數。這個最小能量單位其值為 $E = hf$，與光的頻率成正比。此比例常數 h 稱為 **普朗克常數 (Planck's constant)**，其值為

$$h = 6.62607 \times 10^{-34}\,\text{J}\cdot\text{s} = 4.13567 \times 10^{-15}\,\text{eV}\cdot\text{s}$$

第二個值用的能量單位是電子伏特 (eV)，是微觀世界常用的能量單位，與標準的能量單位「焦耳」(J) 的換算是

$$1\,\text{eV} = 1.60218 \times 10^{-19}\text{J}$$

另外，原子吸收了光子，除了能量變高以外，也像是被撞球撞了一下；原子發出光子，除了能量變低以外，就好像獵槍發射也有後坐力，顯示光子除了代表能量以外，也像是粒子擁有動量。所以，光雖然沒有質量，與原子的交互作用，卻具有粒子的特性。經過一個世紀的發展，量子物理確實經得起各項實驗數據的考驗。用量子物理來理解，原子的能量高低是以原子核外的電子處在不同的 **能態** (energy state) 來表示。所擁有的能量像是梯子一階接著一階，稱為 **能階** (energy level)，而不是像溜滑梯平滑連續。

小博士解說

　　原子如果吸收光子，一定是吸收了特定能量的光子，好讓原子從一個較低的能階升至一個較高的能階。同樣的道理，如果原子釋放出光子，也一定是釋放出特定能量的光子，好讓原子從一個較高的能階降至一個較低的能階。因為每一種原子有它自己的能階結構，所以每一種原子所能釋放與吸收光的頻率（波長）組合是獨一無二，我們把它稱為某元素的光譜線 (spectrum lines)，可以藉由光譜線來鑑定某特定元素的存在。

圖解 電子的波動特性圖

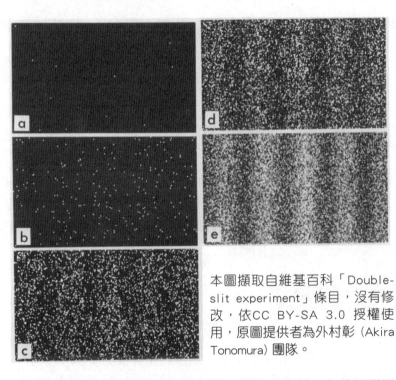

本圖擷取自維基百科「Double-slit experiment」條目，沒有修改，依CC BY-SA 3.0 授權使用，原圖提供者為外村彰（Akira Tonomura）團隊。

　　此圖顯示一次發射一顆電子進行雙狹縫實驗，在偵測器屏幕經過一段時間，電子累積的圖案。圖 (a) 有 11 顆電子，圖 (b) 有 200 顆，圖 (c) 有 6,000 顆，圖 (d) 有 40,000 顆，圖 (e) 有 140,000 顆。雙狹縫干涉，是光學中明確證明光是波動的實驗，現在用來呈現電子的波動性質。每一顆電子在偵測器屏幕的落點是單一的，但卻不固定，有機率分佈，每次的落點不一樣。當只有少數落點時，看起來雜亂無章。但是，當落點紀錄多了以後，就可以看出來有些區域是高機率落點，形成亮紋，有些區域是較低機率的落點，形成暗紋。如果電子只是粒子，則形成的落點圖案應該只是狹縫的投影，兩條亮紋而已。但實際上落點圖案卻是典型的雙狹縫干涉的亮／暗間格的圖案。這可以視為電子的物質波經過雙狹縫之後，在屏幕形成雙狹縫干涉條紋，決定了電子在該處被找到的機率。

至於具有質量的電子，擁有動量 p，在微觀世界裡也不單純是粒子，它也有波動的特性，稱為**物質波** (matter wave)。

抽象的物質波也會有干涉、繞射、反射、透射、駐波的現象，其振幅大小與該處找到該粒子的機率相關，其波長是

$$\lambda = h/p$$

例如，在原子核周遭穩定存在的電子，並不是如十九世紀末、二十世紀初時所以為的「電子像行星繞恆星一般的繞著原子核」，而是電子的物質波以駐波的形態存在於原子核外。

另外一個例子，是與半導體相關的，就是在半導體固態裡的電子，也是以物質波存在於週期性排列的原子核 (晶格點) 之間，結果是有特定波長、方向 (特定的波數向量 $\vec{k}$)，以及有特定能量 E 的電子才能夠在半導體裡存在，因而產生「能帶」的概念。

晶體的量子理論

這一節，我們以存在於晶體裡電子的物質波，來討論晶體的特性。

單一個原子核對於電子的吸引，是由於正負電的庫倫吸引力。如果以位能來描述，則是一個與距離 r 成反比的一個位能阱，如圖 1-30(a)。

在晶體中，原子排列於週期性的晶體結構裡，這些位能阱重疊，如圖 1-30 (b)，而最終形成晶體裡的位能陣列，如圖 1-30 (c)。電子在這樣的週期性位能陣列裡，其物質波的特性，可以由量子物理的薛丁格方程式找到解答。為了方便說明，我們先以較簡單的一維線性陣列為例，如圖 1-30 (c)。

不管是聲波、電磁波，還是物質波，任何一種波它的一項重要參數就是波數向量 $\vec{k}$。它不僅標示了波的行進方向，也間接的告知了波長 ($\lambda = 2\pi / k$)。

一維的例子裡，波數向量是有正負號的數值。例如：一個向東 (+ x 方向) 傳播、波長為 1 nm 的波，它的波數是 $k = \dfrac{2\pi}{\lambda} = \dfrac{2\pi}{1 \text{ nm}}$；而向西 (− x 方向) 傳播，則它的波數是 $k = \dfrac{2\pi}{\lambda} = \dfrac{-2\pi}{1 \text{ nm}}$。

當波數與位移量相乘時，$k \Delta x = 2\pi \dfrac{\Delta x}{\lambda}$，此乘積代表了這段距離 Δx 等。

圖 1-30 電子與原子核之間的位能

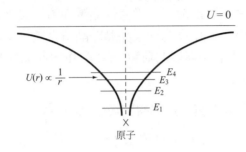

(a) 單一原子核

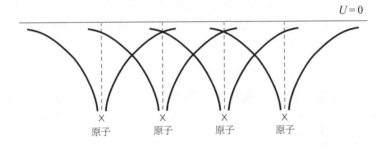

(b) 晶體結構裡的位能疊加

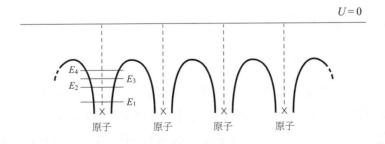

(c) 晶體結構裡的最終位能。

效的相位角。例如，距離是半個波長，$2\pi \dfrac{\Delta x}{\lambda} = 2\pi \cdot \dfrac{1}{2} = \pi = 180°$，則這個距離對於此波而言，有 $180°$ 的相位差。

在薛丁格方程式所得的解，一維線性晶體裡電子波數 k 與電子的能量 E 有如圖 1-31 的關係。圖中 d 為一維晶體的晶格常數。曲線在遇到 k 是 π / d 的整數倍數時能量會有不連續的斷層。另外，由於此晶體的空間週期是 d，k 以 $2\pi / d$ 為一個週期。

所以，圖中的曲線其實可以都搬到最中間的 $\dfrac{-\pi}{d} \leq k \leq \dfrac{\pi}{d}$ 區段來呈現（曲線往左或往右平移 $2\pi / d$ 的倍數），此區稱為**第一布里淵區** (first Brillouin zone)。如圖 1-32。由於電子侷限在晶體裡，k 值也必須是量子化，而不能是任意、連續的值。

不管是圖 1-31 或圖 1-32，都可以看到在晶體裡的電子所具有的能量有斷層，以能帶的結構呈現。另外，我們也看到這關係圖以中間縱軸為界，左右（正 k 與負 k）對稱。

每一個量子化的 k 值在曲線上都可以找到對應的點（能量值），稱為能**態** (state)。依據量子物理的**包立不相容原理** (Pauli exclusion principle)，每一個能態只能容納上自旋與下自旋的各一個電子。晶體裡所有的電子，一定得在某個能態裡。

所以，在整體能量最低的情況，從能量最低的能態依序填入電子，每個能態填滿兩個電子後隨即輪到下個能態容納電子；當晶體裡所有的電子都填入後，晶體的能帶，應該往上填滿好幾個了。

小博士解說

包立不相容原理：

　　是由奧地利物理學家沃爾夫岡 · 包立 (Wolfgang Pauli) 25 歲時於 1925 年提出，當時仍是量子物理萌芽發展的階段。對照元素的光譜實驗數據，發現原子軌域每個能態只能容納兩個電子。進而定義了電子本身擁有兩種狀態，後人定義為電子的自身角動量，稱為自旋。多電子元素的最低能量組態它的電子必定佔據了從最低到某能量的每個軌域，直到所有的電子都收納。

圖解光電半導體元件

圖 1-31 一維晶體結構的電子物質波，其能量 E 與波數 k 的關係圖

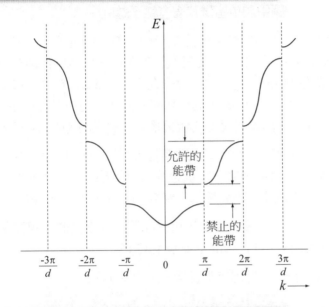

圖 1-32 一維晶體結構的電子物質波，其能量 E 與波數 k 的關係圖，在第一布里淵區內呈現

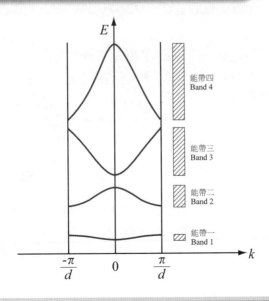

　　能帶結構決定了某固體是絕緣體、半導體、還是導體。我們可以畫出只有能量範圍、斷層範圍、而不管橫向波數 k 的**能帶圖** (energy band diagram)。如圖 1-33。圖中灰色區域代表有電子進駐。

　　對於絕緣體而言，填滿的能帶恰好是形成共價鍵的電子所佔有，稱為「**價帶**」(valence band)。而其上的能帶裡沒有電子，而這兩個能帶之間的能量差距，稱為**帶隙** (band gap, E_g)，大約在 3.5 ～ 6 eV 左右。這樣的帶隙算是寬的，一般溫度、電壓所給予的外加能量無法給在價帶裡的電子「升級」到上方空的能帶去。而填滿電子的能帶是無法導電的，所以是絕緣體。

　　對於半導體而言，與絕緣體不同的是帶隙較窄，只有 1 eV 左右；一般溫度所給予的外加熱能可以讓部分在價帶裡最高能態的電子「升級」到上方空的能帶，形成導電電子，因而稱為「**導帶**」(conduction band)。

　　同時，因為價帶不再全滿，因而也可以導電。以常見的半導體材料為例，矽的帶隙是 1.12 eV，砷化鎵的帶隙是 1.42 eV。

　　對於金屬導體而言，能帶圖有兩種情況，如圖 1-34。

① 第一種情況是填有電子的最高能帶並沒有全部填滿，此能帶本身即可導電，不受帶隙的影響。由於在能帶的電子數量豐沛，導電性良好。

② 第二種情況是能帶的結構複雜，有能帶重疊，同樣的在能帶裡的電子數量豐沛，導電性良好。

　　前述晶體中電子能量 E 與波數 k 的關係 (圖 1-31 與 1-32)，是由簡化的一維晶體所得到結果。要把它應用到實際的三維晶體結構，也有類似的能量 E 與波數 k 的關係，不過，波數就必須是以三維的向量來處理。

圖 1-33 絕緣體與半導體的能帶圖

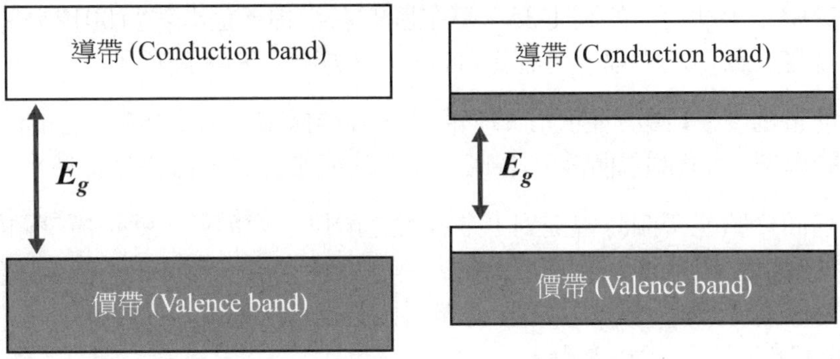

導帶 (Conduction band)

E_g

價帶 (Valence band)

(a) 絕緣體

導帶 (Conduction band)

E_g

價帶 (Valence band)

(b) 半導體

圖 1-34 金屬導體的能帶圖

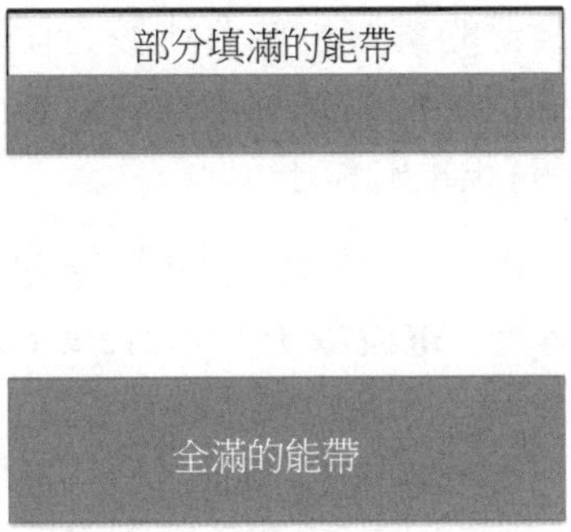

部分填滿的能帶

全滿的能帶

(a) 第一種情況

能量較高的能帶

能量較低
的能帶

電子

(b) 第二種情況

為了能夠在二維的頁面表現出能量 E 與波數向量 $\vec{k}$ 的關係圖，我們沿著特定的晶格方向來呈現 E-k 關係。而且，也由於正 k 與負 k 對稱，只要呈現其中一半即可。如圖 1-35。每張圖的右半幅，是沿著 [100] 晶格方向的 E-k 關係圖；左半幅，是沿著 [111] 晶格方向的 E-k 關係圖。

能量刻度在負數範圍的山峰形曲線，屬於價帶。而其上有山谷的曲線，則屬於導帶。而山峰頂點與山谷底端相距的能量差異，就是帶隙。

前面介紹能帶圖時曾提到，半導體之所以為半導體，就是價帶剛好填滿、導帶空空無電子，帶隙不太寬，使得平時室溫的條件下，價帶頂端能態的電子獲得熱能，可以躍遷至導帶的山谷能態，如圖 1-35 所示。有空缺能態的價帶因此而可以導電。

為什麼有空缺能態的價帶可以導電？我們可以想像價帶是交通阻塞的街道，導帶是高架快速道路。如果塞在車陣的汽車有幾輛轉入高架快速道路行駛，則原本交通阻塞的車陣就有空位，讓後面的汽車往前開填補空位，使得原本停住的車陣能夠前進；而這填補的動作依次的傳遞到後面去，好像這空位往車陣後方移動。

用這個原理，我們以空位來研究價帶的導電現象會比較方便，我們特別把它稱為「**電洞**」(electron hole)。由於電洞的移動方向與電子流的方向相反，顯然可以視為與電子相反、而帶有正電的粒子。

在導帶山谷底端能態存在的電子、以及在價帶峰頂端能態的電洞，是半導體傳導電流的粒子，特別把它們稱為「**電流載子**」(current carriers)。因此，電子與電洞在「谷底」與「峰頂」的行為表現，就決定了這半導體導電的特性了。我們從圖中可以看出，不同種類的半導體，有不同的山谷、山峰結構，也就表示有不同的電性。我們發現 E-k 關係圖在谷底、峰頂曲線的曲率與電流載子的「**等效質量** m^*」(effective mass) 成反比。

等效質量把複雜的量子能帶結構用簡單的古典物理參數（質量）來表達，通常把等效質量表達成電子原始質量 m_e (= 9.109×10^{-31} kg) 的倍數，此倍數範圍通常在 0.01 到 10 左右。依據使用目的，等效質量有不同的化簡方式，而最常用的是能態密度等效質量 (density-of-state effective mass)。例如，室溫的矽，電子的等效質量是 $m^* = 1.18\, m_e$，電洞的等效質量是 $m^* = 0.81\, m_e$；而砷化鎵電子的等效質量是 $m^* = 0.066\, m_e$，電洞的等效質量是！ $m^* = 0.52\, m_e$。

圖 1-35 三維晶體結構的電子物質波，其能量 E 與波數 k 的關係圖

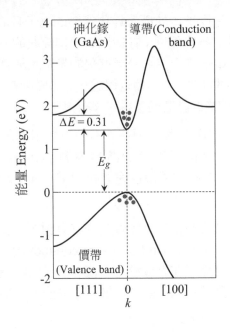

(a) 砷化鎵

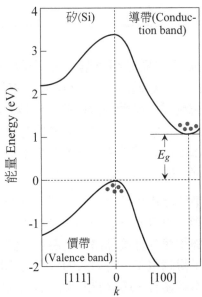

(b) 矽

電子物質波在晶體裡的波數 k，也與**晶體動量** (crystal momentum) 成正比，比例常數 $\hbar$ 是普朗克常數除以 2π。在晶體裡電子與電洞、光子、晶格之交互作用、其 $\hbar k$ 總和會守恆，所以 $\hbar k$ 稱為晶體動量。

　　能量大於帶隙的光子，可以被位於價帶峰頂能態的電子吸收，使電子有足夠能量向上躍遷至導帶的谷底能態；在此同時，被吸收的光子其動量不滅，也會呈現在躍遷後的電子身上。由於半導體的帶隙大概都在一個電子伏特上下，符合此能量範圍的光子，其動量與電子的晶體動量比較起來，其實很小。所以，電子躍遷前後的晶體動量幾乎沒有變化。

　　也就是說，只有導帶谷底與價帶峰頂在 k 橫軸方向對齊的砷化鎵才能符合條件。我們稱之為「**直接躍遷型能隙半導體**」(direct band gap semiconductor)。此原理也適用於在導帶谷底能態的電子向下躍遷至價帶峰頂而放出光子。

　　至於矽，其導帶谷底與價帶峰頂在 k 橫軸方向沒有對齊，我們稱之為「**間接躍遷型能隙半導體**」(indirect band gap semiconductor)。矽電子在躍遷時，因為導帶谷底與價帶峰頂在 k 橫軸方向沒有對齊，躍遷前後的晶體動量無法守恆，必須與振動的晶格 (或晶格缺陷) 碰撞才能補平失衡的晶體動量。

小博士解說

　　　　因為間接躍遷型能隙半導體必須與第三者交互作用才能躍遷、吸收光子、釋放光子，所以釋放光子、吸收光子的效率不高。大部分的向下躍遷都是把能量、晶體動量釋放給振動的晶格，散失為熱能，而不是產生光子；而光要穿透矽較深的厚度才會被吸收。薄膜矽太陽能光伏電池則是靠著多晶系或非晶系的大量的結構缺陷，增加吸收光子時平衡晶體動量的效率。

　　　　另一方面，直接躍遷型能隙半導體，例如：砷化鎵、氮化鎵，在導帶的電子躍遷到價帶，可以非常有效率的釋放光子，可做為發光二極體的應用。而砷化鎵等直接躍遷型能隙半導體製作的太陽能光伏電池，吸收光子得到電子、電洞對的效率也遠比矽來得好。但是由於矽原料成本較便宜，所以矽的太陽能光伏電池仍比砷化鎵普遍。

知識補充站

什麼是等效質量？

　　就是在有同樣的外加電壓的環境下（也就有同樣的電力），電流載子在不同的能態會有不同的運動加速度，就好像擁有不同的質量一般：有些好像大噸位的卡車，有些像輕快小轎車。

　　這些不同的運動結果其實是晶體這個環境所給予電子電洞的量子物理特性。

　　由圖 1-35 中砷化鎵的導帶「谷底」與矽的導帶「谷底」比較，可以看出砷化鎵的谷底曲線很快就彎折起來，屬於大曲率的曲線，矽谷底曲線則是屬於小曲率。

從等效質量的定義，我們可以得到這樣的結論：

　　砷化鎵電子的等效質量較小，而矽電子的等效質量較大；砷化鎵電子較輕快，矽電子較笨重；砷化鎵做成的元件可以有較快的電子反應。請注意，其實電子只有一種，真實的質量也只有一個值；但是，由於不同的晶體結構，造成不同的等效質量。

Unit **1-3**
掺雜

純的**半導體** (又稱**無雜質半導體**、**本徵半導體**、**本質半導體**，intrinsic semiconductor) 導電性不佳，因為由室溫熱能贊助而躍遷至導帶的電子數量不多。它有個特性，因為每個從價帶躍遷至導帶的電子，都在價帶留下等數量的電洞，所以純半導體在導帶的電子與在價帶的電洞有相同的數量。

我們用每立方公分內有多少數量的電子或電洞 (濃度，單位是 $1/cm^3$ 或 cm^{-3}) 來計量。電子與電洞的濃度分別以小寫斜體的 n 與 p 來代表。

所以，在純的半導體裡，$n = p$，我們特別把這個因為熱能所引起的電子或電洞的濃度用符號 n_i 來表示。它會隨著溫度升高而快速增加。

常見材料在室溫 300 K (27°C) 的 n_i 值分別是矽 $1.5 \times 10^{10}\ cm^{-3}$，砷化鎵 $1.8 \times 10^6\ cm^{-3}$，以及鍺 $2.4 \times 10^{13}\ cm^{-3}$。

真正能有許多應用的半導體，是添加了特定雜質的含雜質半導體 (又稱外加半導體，extrinsic semiconductor)。有掺雜的半導體，其電性與本質半導體比較有顯著的不同。以下針對有掺雜的半導體，做一個介紹。

以矽為例，矽 Si 在週期表裡屬於第 IV A 族 (4A) 元素，如圖 1-36。

小博士解說

半導體，顧名思義，是介於導體與絕緣體之間的物質。

我們可以用電阻率這個參數來比較，數值越小表示越容易導電：銀是的極佳的電的導體，它的電阻率在室溫是 $1.587 \times 10^{-6}\ \Omega \cdot cm$；氧化矽是絕緣體，它的電阻率在室溫高達 $10^{16}\ \Omega \cdot cm$；而純的矽，是本徵半導體，它的電阻率在室溫是 $10^5\ \Omega \cdot cm$。半導體的電導特性，的確介於導體與絕緣體之間。而矽添加了掺雜濃度是 $10^{16}\ cm^{-3}$ 的磷，它的電阻率在室溫就降低為 $1\ \Omega \cdot cm$。如此可見，掺雜的確可以大幅改變半導體特性。

圖 1-36 化學元素週期表

族→ / 週期↓	1	2	3	4	5	6	7	8	9	10	11	12	13	14	15	16	17	18	電子層	電子數
	I A	II A	III B	IV B	V B	VI B	VII B	VIII B			I B	II B	III A	IV A	V A	VI A	VII A	VIII A		
1	1 H 氫																	2 He 氦	K	2
2	3 Li 鋰	4 BE 鈹											5 B 硼	6 C 碳	7 N 氮	8 O 氧	9 F 氟	10 Ne 氖	L K	8 2
3	11 Na 鈉	12 Mg 鎂											13 Al 鋁	14 Si 矽	15 P 磷	16 S 硫	17 Cl 氯	18 Ar 氬	M L K	8 8 2
4	19 K 鉀	20 Ca 鈣	21 Sc 鈧	22 Ti 鈦	23 V 釩	24 Cr 鉻	25 Mn 錳	26 Fe 鐵	27 Co 鈷	28 Ni 鎳	29 Cu 銅	30 Zn 鋅	31 Ga 鎵	32 Ge 鍺	33 As 砷	34 Se 硒	35 Br 溴	36 Kr 氪	N M L K	8 18 8 2
5	37 Rb 銣	38 Sr 鍶	39 Y 釔	40 Zr 鋯	41 Nb 鈮	42 Mo 鉬	43 Tc 鎝	44 Ru 釕	45 Rh 銠	46 Pd 鈀	47 Ag 銀	48 Cd 鎘	49 In 銦	50 Sn 錫	51 Sb 銻	52 Te 碲	53 I 碘	54 Xe 氙	O N M L K	8 18 18 8 2
6	55 Cs 銫	56 Ba 鋇	57-71 鑭系	72 Hf 鉿	73 Ta 鉭	74 W 鎢	75 Re 錸	76 Os 鋨	77 Ir 銥	78 Pt 鉑	79 Au 金	80 Hg 汞	81 Tl 鉈	82 Pb 鉛	83 Bi 鉍	84 Po 釙	85 At 砈	86 Rn 氡	P O N M L K	8 18 32 18 8 2
7	87 Fr 鍅	88 Ra 鐳	89-103 錒系	104 Rf	105 Db	106 Sg	107 Bh	108 Hs	109 Mt	110 Ds	111 Rg	112 Cn	113 Uut	114 Fl	115 Uup	116 Lv	117 Uus	118 Uuo	Q P O N M L K	8 18 32 32 18 8 2
		鑭系元素	57 La 鑭	58 Ce 鈰	59 Pr 鐠	60 Nd 釹	61 Pm 鉕	62 Sm 釤	63 Eu 銪	64 Gd 釓	65 Tb 鋱	66 Dy 鏑	67 Ho 鈥	68 Er 鉺	69 Tm 銩	70 Yb 鐿	71 Lu 鎦			
		錒系元素	89 Ac 錒	90 Th 釷	91 Pa 鏷	92 U 鈾	93 Np 錼	94 Pu 鈽	95 Am 鋂	96 Cm 鋦	97 Bk 鉳	98 Cf 鉲	99 Es 鑀	100 Fm 鐨	101 Md 鍆	102 No 鍩	103 Lr 鐒			

- 序號為綠色在標準狀況下為氣體；
- 序號藍色為液體；
- 序號黑色為固體；
- 序號紅色為人工合成元素

■ 背景顏色所代表的意義

鹼金屬	鹼土金屬	鑭系元素	錒系元素	過渡金屬
主族元素	類金屬	非金屬	鹵素	稀有氣體

取自維基百科

　　矽有四個價電子，如圖 1-37(a)。加入少量的週期表中的第 V A 族 (5A) 元素，如磷 P，砷 As，稱為**施體** (或稱**施子**，donor) 有五個價電子。取代部分的矽，與四鄰的矽鍵結時，會多出一個未用的電子，如圖 1-37(b)。可「捐出」至導帶，增加導帶電子的濃度，濃度可以遠高於純矽應有的電子濃度 n_i，可以由摻雜的濃度來控制。施體本身在捐出電子後，變成帶正電的施體固定離子。

　　加入少量的週期表中的第 III A 族 (3A) 元素，如硼 B，鋁 Al，鎵 Ga，稱為**受體** (或稱**受子**，acceptor) 有三個價電子。取代部分的矽，與四鄰的矽鍵結時，會少了一個電子 (或看成出現一個電洞)，如圖 1-37(c)。可吸引附近共價鍵裡的電子填滿此缺口，好像「捐出」電洞至價帶，增加價帶電洞的濃度，濃度可以遠高於純矽應有的電洞濃度 n_i，可以由摻雜的濃度來控制。受體本身在捐出電洞後 (吸引電子後)，變成帶負電的受體固定離子。

　　如果是砷化鎵這種 III-V 族化合物型的半導體，一般加入硒 Se、碲 Te、矽 Si 做為施體摻雜，形成 n 型砷化鎵；而加入鈹 Be、鋅 Zn、鎘 Cd、鍺 Ge 做為受體摻雜，形成 p 型砷化鎵。

　　在室溫下，摻雜有多少的施體，就會在半導體導帶裡形成等量的電子；同樣地，摻雜有多少的受體，就會在半導體價帶裡形成等量的電洞。例如，摻雜砷濃度有 10^{16} cm^{-3} 的矽，則形成 n 型半導體，在導帶上有濃度為 10^{16} cm^{-3} 的導電電子。

　　電流載子在摻雜半導體裡的濃度在室溫下很穩定，但是在其他溫度 (極低溫或極高溫) 則有如圖 1-38 的變化。

　　在極低溫時，施體捐出電子的程度與溫度相關；隨著溫度升高，越接近室溫 (300 K)，捐出的比例越接近百分之百，所以曲線呈現隨著溫度上升而上升，直到一個定值 (曲線呈現水平)。元件設計仰賴這個穩定濃度的特性，不必擔心電流載子濃度隨溫度而起伏。

　　另一方面，在高溫時，半導體本徵電子、電洞的濃度升高到可以與外加摻雜產生的電子、電洞濃度匹敵時，半導體的電流載子濃度不再是穩定值，而開始呈現本徵的特質，隨著溫度升高而快速升高。

圖 1-37　矽的價電子與共價鍵示意圖

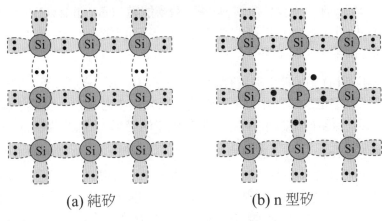

(a) 純矽　　　　　　　　(b) n 型矽

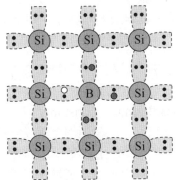

(c) p 型矽

圖 1-38　摻雜半導體其電子濃度與溫度關係曲線圖

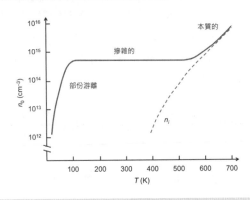

　　在沒有照光、沒有電壓時，半導體可以稱為處於熱平衡狀態。此時，電子該有多少濃度、電洞該有多少濃度，是固定不會隨時變的。處於熱平衡態的半導體，有一項能量指標，叫做「**費米能階**」(Fermi level)，或叫「**費米能量**」(Fermi energy)，以符號 E_F 表示。它規範了應該有多少電子在導帶，多少電洞在價帶。如圖 1-39。

　　在圖 1-39(a) 中，純半導體有等量的電子與電洞，分別在導帶與價帶。此時，費米能階位於帶隙中點 (實際的落點會與中點偏差一點點，視電子與電洞的等效質量而微調)。純半導體的費米能階另外有個符號，叫 E_i。

　　在圖 1-39(b)，n 型半導體有較多的電子在導帶，而價帶的電洞則比純半導體的少，則費米能階升高，往導帶靠近，遠離價帶。在圖 1-39(c)，p 型半導體有較多的電洞在價帶，而導帶的電子則比純半導體的少，則費米能階下降，往價帶靠近，遠離導帶。在一般的摻雜條件 (非高劑量摻雜)，熱平衡時費米能階與電子、電洞濃度的關係式如下：

$$n = n_i \exp(\frac{E_F - E_i}{k_B T}) \text{，} p = n_i \exp(\frac{E_i - E_F}{k_B T}) \text{，} np = n_i^2$$

這裡 k_B 是 **波茲曼常數** (Boltzmann constant)，$k_B = 1.38065 \times 10^{-23}$ J / K $= 8.61733 \times 10^{-5}$ eV / K；T 是溫度，以絕對溫度 K 為單位 (與攝氏溫標的換算如：$K = C + 273$)。由上式可得，由於熱平衡時電子與電洞的濃度乘積必須是定值，所以電子濃度越高的 n 型半導體，其電洞含量越低，但不會是零。我們稱 n 型半導體裡的電子為主要載子，電洞為少數載子。相反的，p 型半導體裡的電洞為主要載子，電子為少數載子。

　　我們舉個例子，摻雜砷濃度有 10^{16} cm^{-3} 的矽，則形成 n 型半導體，在導帶上有濃度為 10^{16} cm^{-3} 的導電電子，這是主要載子；在室溫下矽的 n_i 值是 1.5×10^{10} cm^{-3}，少數載子的濃度可由上述的平衡式求得 $p = n_i^2/n = (1.5 \times 10^{10}$ cm$^{-3})^2/(10^{16}$ cm$^{-3}) = 2.25 \times 10^4$ cm$^{-3} \approx 2.3 \times 10^4$ cm^{-3}；費米能階則可由電子濃度或電洞濃度求得

$$n = n_i \exp(\frac{E_F - E_i}{k_B T}) \text{ 或 } p = n_i \exp(\frac{E_i - E_F}{k_B T})$$

$$\frac{E_F - E_i}{k_B T} = \ln \frac{n}{n_i} \text{ 或 } \frac{E_i - E_F}{k_B T} = \ln \frac{p}{n_i}$$

$$E_F - E_i = k_B T \ln \frac{n}{n_i} = (8.61733 \times 10^{-5} \text{ eV/K}) (300 \text{ K}) \ln \frac{10^{16} \text{ cm}^{-3}}{1.5 \times 10^{10} \text{cm}^{-3}}$$

$$= 0.3467 \text{ eV} \approx 0.35 \text{ eV}$$

或者

$$E_i - E_F = k_B T \ln \frac{p}{n_i} = (8.61733 \times 10^{-5} \text{ eV/K}) (300 \text{ K}) \ln \frac{2.25 \times 10^{4} \text{ cm}^{-3}}{1.5 \times 10^{10} \text{ cm}^{-3}}$$

$$= -0.3467 \text{ eV} \approx -0.35 \text{ eV}$$

不管是用電子濃度還是電洞濃度來計算，得到的結果都相同，那就是這個摻雜後 n 型矽的費米能階比純矽時的高了 0.35 eV，往導帶最低能量刻度 E_c 偏移。

圖 1-39　費米能階在不同條件半導體的能帶示意圖

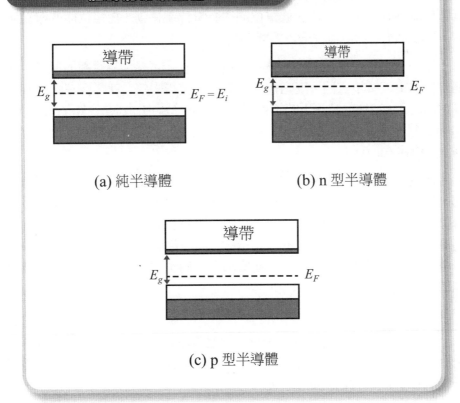

(a) 純半導體　　　　　(b) n 型半導體

(c) p 型半導體

Unit **1-4**
電流載子的傳輸現象

在半導體裡的電流載子 (電子、電洞) 如何從一個地方到另一個地方，是有章法可循的。以下分別就漂移、遷移率、擴散、霍爾效應來加以介紹。

漂　移

加有電場的半導體，在某個位置電場如果是 $\vec{\mathcal{E}}$，則電子在那裡受到的電力是，$\vec{F} = q\,\vec{\mathcal{E}} = (-e)\,\vec{\mathcal{E}}$ 方向與電場相反 (因為所帶的電荷 $q = -e$ 是負值)；而電洞受到的電力是 $\vec{F} = (+e)\,\vec{\mathcal{E}}$，方向與電場相同。

從電學的觀點，外加的電位差 (電壓) 會產生電場，方向從高電位指向低電位。由於電位差 ΔV 與電位能高低差 ΔU 的關係為 $\Delta V = \Delta U/q$，高電位端對於帶負電荷的電子而言，擁有較低的電位能；相反地，低電位端對於帶正電荷的電洞而言，擁有較低的電位能。所以，電洞會從高電位端往低電位端移動，而電子會從低電位端往高電位端移動。從電位能的觀點而言，都像是水往低處流一般，如圖 1-40。

電力會加速電子、電洞，讓它們越來越快。可是，晶體裡的原子、缺陷會擋住電流載子去路，讓它們撞上而無法變得太快。就好像在彈珠檯裡彈跳的鋼珠，在往低處滾下時常會撞上檯上的障礙物而無法一路加速到底，如圖 1-41。電子與電洞因為電場的作用，途中經歷碰撞而移動，這個現象稱為「**漂移 (drift)**」。

電流載子在兩次碰撞之間可以移動得很快，室溫下速率可以快到每秒約一百公里。但是碰撞把行進的方向改了，所以，在一般的電場強度下，實際上每秒只位移了約一百微米。我們把考慮碰撞效應之後的平均速度稱為漂移速度 v_d。在半導體裡的電場越強，所引起的漂移速度也會越快。就好像彈珠檯坡度越傾斜，彈珠抵達底部的時間也會越短。經過研究後發現他們成正比關係

$$v_d = \mu \mathcal{E}$$

我們把這比例常數稱為電流載子的**遷移率 (mobility)** 或稱為移動率；由於電子與電洞的等效質量不同，漂移速度也會不同，所以遷移率也要區分電子遷移率 μ_n 與電洞遷移率 μ_p。

圖 1-40 電子與電洞在電場裡的受力方
向與電位能差的關係示意圖

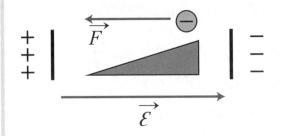

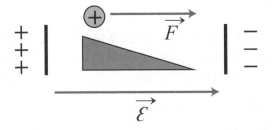

圖 1-41 彈珠檯

在半導體物理領域，電場的單位是 V/cm，漂移速度的單位是 cm/s，所以遷移率的單位是 cm^2/V・s。遷移率會隨著半導體種類而有所不同，會隨著摻雜濃度提高而降低，也會隨溫度而改變。以下列舉了常見條件下 (室溫 $T = 27°C = 300$ K 以及低濃度摻雜) 的電子遷移率：

> 矽 (1350 cm^2/V・s)，
> 砷化鎵 (8500 cm^2/V・s)，
> 鍺 (3900 cm^2/V・s)。

遷移率越高的半導體材料，做成元件後其反應時間越短，適合做需要快速反應的應用。

電流載子的漂移，會產生電流，稱為漂移電流。更明確地說，半導體外加電壓，電壓產生電場，推動電流載子漂移，產生的電流，即是漂移電流。電壓 V 與電流 I 的關係是歐姆定律 $V = IR$，其比例常數是電阻 R。

把電阻值 $R = \rho L / A$ 裡與材料尺寸相關的因子拿掉 (長度 L 與截面積 A)之後，與材料本質相關的參數叫做電阻率 ρ。

電阻率則與遷移率有如下的關係

$$\rho = \frac{1}{e\,(\mu_\mathrm{n} n + \mu_\mathrm{p} p)}$$

其中 e 是電流載子基本電荷量的大小，n 是電子的濃度，p 是電洞的濃度。遷移率越高，同時電流載子濃度越高，則會有電阻率越低的半導體，在同樣的外加電場電壓條件下，會有更大的電流。

擴　散

除了電場引起的漂移運動，另外一個可以驅動電流載子的就是**擴散** (diffusion)。這就好像將墨水滴入一杯水中，剛開始墨水只集中在滴入處，漸漸的整杯水都有淡淡的墨色，這就是擴散現象。

擴散現象存在於任何有濃度差異的區域，墨水分子、電子、電洞都不例外。

擴散現象會驅使粒子的濃度在各處都趨於一致。進一步的半導體電流載子擴散例子,將在 pn 接面這個小節裡介紹。

會導電流的物體,如果施加一個與電流走向垂直的磁場,則此物體的在電流走向的兩側會呈現電位差,此現象稱為「**霍爾效應** (Hall effect)」。細節如圖 1-42 所示。

外加的偏壓所產生的外加電場 $\mathcal{E}_{app}$ 使電流從東向西流動 (+ x 方向, 左方),外加的磁場方向從地板指向天花板 (+ z 方向)。

如果此物體是一般金屬導體,則電流載子只有電子;如果是半導體,則有電子與電洞。

電子流的方向 $\vec{v}_e$ 與電流方向相反,是由西向東;電洞流 $\vec{v}_h$ 則與電流方向相同,是由東向西。從電磁學來看,在磁場中移動的電荷會受到磁力。電子流所受的磁力是朝向此圖的北方 (− y 方向),電洞流所受的磁力也是朝向此圖的北方。電流載子流動受到此「南風」的影響,都會往北側偏移。

　　對於一般金屬以及 n 型半導體而言，電流載子是電子，電子流偏北側，使得北側累積負電荷，相對地，南側則因缺負電荷而呈現正電荷，因而形成南側電位較高，北側較低的現象。

　　這南北兩側的電位差，稱為**霍爾電壓** V_{Hall}，可以用電錶測量而得。

　　另一方面，p 型半導體，電流載子是電洞，電洞流偏北側，使得北側累積正電荷，相對地，南側則呈現負電荷，因而形成北側電位較高，南側較低的現象，與一般金屬、n 型半導體情況相反。

　　在南北兩側累積電荷的情形不會無止境的越來越多。一旦開始累積電荷，則電荷同性相斥的電力開始成形，越多電荷電力越強，最後電力與促成電荷累積的磁力平衡而不再有令電子流、電洞流偏移的「南風」。此時此半導體達到霍爾效應的穩定態。

　　請注意，上述描述裡的東西南北，是方便描述圖裡的相關方向，與實際地磁的方位無關。

應用霍爾效應，可以檢測半導體的參數。

> **第一，從前一段描述的南北兩側的電位高低或是低高，就可以判斷半導體屬 n 型或 p 型。**

> **第二，主要載子的濃度可以用以下的方程式求得**
>
> $$n = \left| \frac{IB_z}{edV_{\mathrm{Hall}}} \right| \text{, (n-type)}$$
>
> $$p = \left| \frac{IB_z}{edV_{\mathrm{Hall}}} \right| \text{, (p-type)}$$

其中，I 是外加偏壓所引起的電流，可以在電路裡用電錶量得，單位是**安培** (Ampere)；B_z 是外加磁場的強度，單位是**特斯拉** (Tesla)；e 是電流載子基本電荷量的大小，單位是**庫倫** (Coulomb)；d 是磁場貫穿半導體的厚度，單位是公尺；V_{Hall} 是在半導體兩側所量得的霍爾電壓，單位是**伏特** (Volt)；

所得的電流載子濃度單位是 m^{-3}，可除以一百萬 (10^6) 換算為常用的單位 cm^{-3}。方程式加上絕對值，主要是因為霍爾電壓有正、負之分，但是計算濃度時只求大小，不需要分正、負的緣故。

第三，可以檢測的參數是電流載子的遷移率

$$\mu_n = \frac{IL}{enV_{app}Wd} \text{ , (n-type)}$$

$$\mu_p = \frac{IL}{epV_{app}Wd} \text{ , (p-type)}$$

其中，新引進的符號 L 是電流貫穿半導體的長度，單位可以是公尺或公分，如果選用公分，則以下的厚度、寬度、以及濃度也要選用公分以及立方公分；n 或 p 是主要載子的濃度，單位可以是 m^{-3} 或 cm^{-3}；V_{app} 是外加的偏壓，單位是伏特；W 是半導體呈現霍爾電壓兩側的距離，單位可以是公尺或公分；所得的電流載子遷移率單位是 $m^2/V \cdot s$ 或 $cm^2/V \cdot s$。

 知識補充站

以圖 1-42 為例：設某材料長 (L)、寬 (W)、高 (d) 各是 7.0 mm, 5.0 mm, 0.15 mm，以外加偏壓 9.0 V 量得電流為 5.0 mA。當外加磁場是 500 gauss (= 5.0×10^{-2} T) 時，量得霍爾電壓北側比南側高 6.25 mV。由霍爾電壓的極性，可知此電流載子是電洞，為 p 型半導體，而電洞濃度是

$$p = \left| \frac{IB_z}{edV_{Hall}} \right| = \frac{(5 \times 10^{-3} \text{ A})(5 \times 10^{-2} \text{ T})}{(1.6 \times 10^{-19} \text{ C})(0.15 \times 10^{-3} \text{ m})(6.25 \times 10^{-3} \text{ V})} = 1.7 \times 10^{21} \text{ m}^{-3}$$
$$= 1.7 \times 10^{15} \text{ cm}^{-3}$$

而電洞的遷移率為

$$\mu_p = \frac{IL}{epV_{app}Wd} = \frac{(5 \times 10^{-3} \text{ A})(7 \times 10^{-3} \text{ m})}{(1.6 \times 10^{-19} \text{ C})(1.7 \times 10^{21} \text{ m}^{-3})(9 \text{ V})(5 \times 10^{-3} \text{ m})(0.15 \times 10^{-3} \text{ m})}$$
$$= 0.019 \text{ m}^2/V \cdot s = 190 \text{ cm}^2/V \cdot s$$

Unit 1-5
pn 接面

圖解光電半導體元件

048

真正使半導體有多彩多姿的應用，是 pn **接面** (pn junction)。這是把 p 型半導體與 n 型半導體緊鄰接觸，而形成的介面。實際製作技術並不是把這兩種半導體「黏」、「焊」在一起，而是在 p 型晶圓片上局部摻雜成 n 型，或反過來在 n 型晶圓片上局部摻雜成 p 型，而達到目的。也可以用磊晶的方式，一層 n 型之上再磊晶成長 p 型。

熱平衡時的 pn 接面

在熱平衡時，pn 接面兩側的費米能階是相等的，就好像深淺不一的水池，其水面並不會有高有低，而是一樣的平面。這裡用簡化的能帶圖來說明這個概念，如圖 1-43, 1-44, 1-45。符號 E_c 代表導帶谷底的能量值，E_v 代表價帶峰頂的能量值，這兩條橫線之間代表帶隙；E_F 代表費米能階，虛線 E_i 代表未摻雜時的費米能階。

pn 接面兩側的費米能階對齊，造成了 pn 接面兩側的能帶有高低落差 eV_0（單位是焦耳或電子伏特）。此能量落差如果以電子伏特表示，則數值上剛好與所對應的電位障礙 V_0 相同（稱為「**內建電位障**」）。我們用一個圓滑斜坡連接兩側。有斜坡的能量刻度，亦即能量刻度 E_c、E_v、E_i 隨位置而變化，這代表有電場的存在，其方向指向 p 型側。這電場 $\mathcal{E}$ 是 pn 接面附近自然存在的，而不是外部加電壓所提供的，稱為「**內建電場**」。

 小博士解說

　　pn 接面是美國貝爾實驗室研究員羅素・舒梅克・歐 (Russell Shoemaker Ohl) 於 1939 年 41 歲時發現。起初沒有人知道半導體裡的雜質影響了電性，因為當時的矽晶棒製作技術不良，雜質有多有少，很難有一致的結果。在一次製作矽晶棒時，垂直緩慢冷卻，卻意外的使較重的雜質（磷）留在下半部，造出 pn 接面。

——節自 Michael Riordan 與 Lillian Hoddeson 合著的《Crystal Fire: The Invention of the Transistor and the Birth of the Information Age》

圖 1-43 兩個各自獨立的 p 型與 n 型，其能帶圖

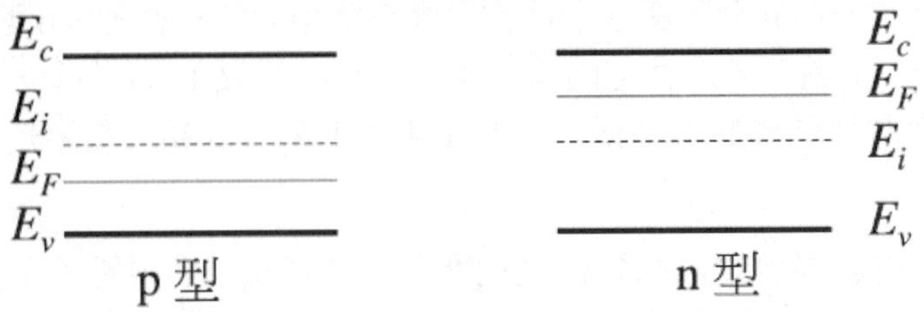

E_c
E_i
E_F
E_v
p 型
E_c
E_F
E_i
E_v
n 型

圖 1-44 把原先各自獨立的 p 型與 n 型，其費米能階對齊

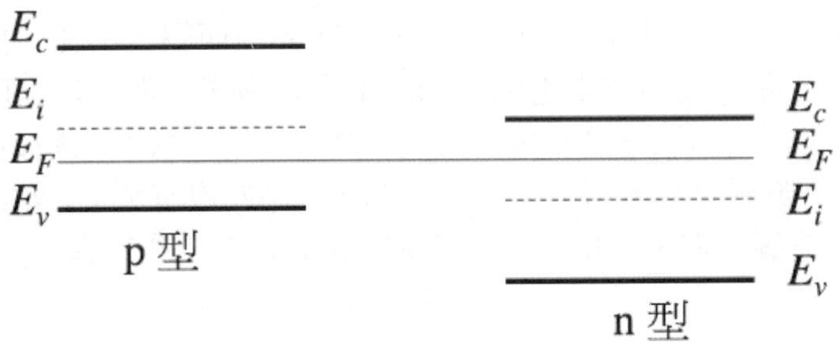

E_c
E_i
E_F
E_v
p 型
E_c
E_F
E_i
E_v
n 型

圖 1-45 pn 接面的能帶圖

$\mathcal{E}(x)$
eV_0
E_c
E_i
E_F
E_v
p 型
E_c
E_F
E_i
E_v
n 型

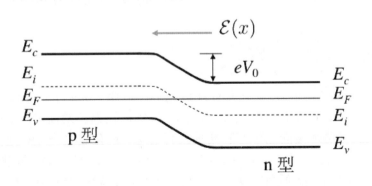

為什麼會有內建電場？

起因是電子在 n 型區與 p 型區的濃度有落差：電子濃度在 n 型區很高，在 p 型區很低 (電洞濃度在這兩區落差情況剛好相反)。結果造成電子、電洞從高濃度區往低濃度區擴散，如圖 1-46，1-47，1-48。左半是 p 型，右半是 n 型。

電子、電洞擴散之後應該會互相進入對方區域，然後電子填補電洞結合，電流載子消失，形成濃度均一的結果。然而，pn 接面並沒有因此而消失，電子、電洞的擴散現象只進行了一半便停止。是因為電子、電洞帶有電荷，往另一區擴散時與它們配合保持電中性的施體離子、受體離子並無法移動只能留在原地，造成接面附近局部不再是電中性：接面在 n 型側有帶正電的施體離子，在 p 型側有帶負電的受體離子，如此形成從正離子指向負離子的電場。

隨著電子、電洞擴散運動的進行，留在原地而曝露的正、負離子也就越來越多，造成電場越來越強。而這電場在電子、電洞之上所造成的電力，剛好是阻止擴散運動的相反力道。這力道越來越強，最後與擴散運動達成平衡，形成擴散進行只有一半的結果。由於沒有電子、電洞等電流載子存在於這個有電場的區域，我們稱這個區域為「空乏區」(Depletion Region)。

在太陽能電池的應用例子，光子會在空乏區轉換成一對電子與電洞；而由於空乏區電場的作用，會把產生的電子掃向 n 型區，電洞掃向 p 型區，進而給外部迴路提供電能。由前述的 pn 接面的能帶圖，我們也可以這麼說，位於 n 型導帶上的電子，因為內建電位障的緣故，必須克服這個障礙「爬過去」，不能輕鬆直接的擴散到 p 型的導帶。

逆向偏壓下的 pn 接面

前面小節描述的現象是沒有**外接電壓 (偏壓**，bias) 的 pn 接面。如果外接偏壓，讓 p 型端電壓比 n 型端低，我們把它稱為**逆向偏壓** (reverse bias)。假設在遠離接面的半導體幾乎沒有電場、沒有電位差，所有外接電壓的影響發生在空乏區。由於把電壓的影響侷限在空乏區，所以遠離接面的區域可以視為與熱平衡差異不大，可以沿用原先的費米能階的概念，現在叫做「**準費米能階** (quasi-Fermi level)」；在 p 型端的，以符號 E_{Fp} 表示，在 n 型端的，以符號 E_{Fn} 表示。

圖 1-46 兩個各自獨立的 p 型與 n 型的示意圖

電流載子（圓形可滾動表示可移動）與離子（三角形無法滾動表示無法移動）

圖 1-47 電子、電洞在接面附近開始擴散

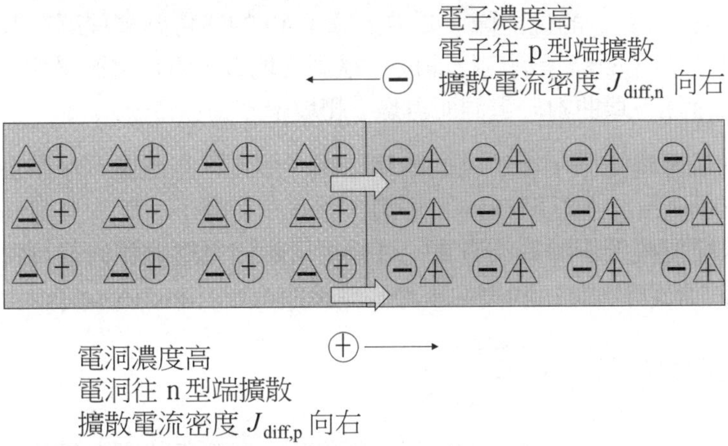

電子濃度高
電子往 p 型端擴散
擴散電流密度 $J_{\text{diff,n}}$ 向右

電洞濃度高
電洞往 n 型端擴散
擴散電流密度 $J_{\text{diff,p}}$ 向右

圖 1-48 內建電場、空乏區示意圖

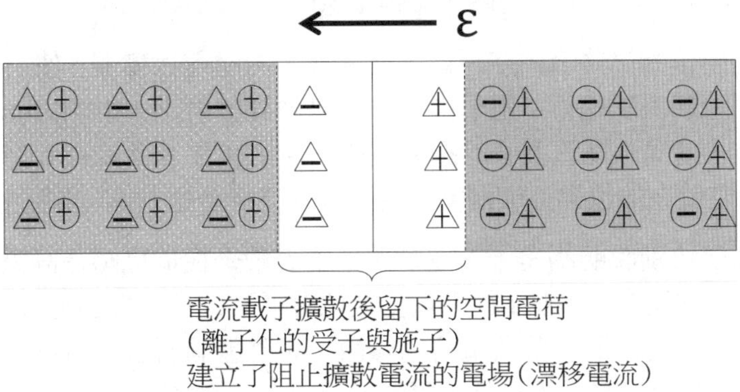

電流載子擴散後留下的空間電荷
（離子化的受子與施子）
建立了阻止擴散電流的電場（漂移電流）

原先在沒有外接電壓時，pn 接面兩端的費米能階是一致的；但是現在有外接偏壓，兩端各自的費米能階有了落差，成為準費米能階。這落差如果以電子伏特為單位，則與外接偏壓同樣數值。

那麼，到底是 p 型端的準費米能階較低，還是 n 型端的準費米能階較低呢？由於 p 型端電壓比 n 型端低，對於電子而言，電壓較低的那一端反而是能量較高的「山頂」，電壓較高的那一端是能量較低的「山腳」，所以，這樣的偏壓方式 (逆向偏壓，大小為 V_R 伏特) 會使得 n 型端的準費米能階較低 ($E_{Fp} > E_{Fn}$)，造成比原本的內建電位障還要高的位能障。如圖 1-49。新的位能障高度是 $eV_{total} = eV_0 + eV_R$

對於在價帶的電洞而言，電壓較低的那一端 (p 型端) 是能量較低的「山腳」，n 型端是能量較高的「山頂」，電洞從 p 型端往 n 型端看過去，也是看到了高度為 eV_{total} 的位能障。要從上圖 1-49 的能帶圖來理解電洞的位能障，我們可以把 E_v 能量刻度線看成是電洞的地板，但是電洞是倒立行走，E_v 能量刻度往下彎曲對於電洞而言是「爬坡」。

逆向偏壓也增強了空乏區的內建電場，擴大了空乏區，曝露了更多的正、負離子。由於空乏區在接面兩側含有正、負離子，而改變逆向偏壓的大小會改變這些離子曝露的數量，這種電荷量隨電壓改變的行為就如同一個電容器，所以我們說 pn 接面這裡有個**接面電容** (junction capacitance)。

順向偏壓下的 pn 接面

如果外接偏壓讓 p 型端電壓比 n 型端高，我們把它稱為**順向偏壓** (或正向偏壓，forward bias)。準費米能階 p 型端的較低 ($E_{Fp} < E_{Fn}$)，拉低了原本的內建電位障，甚至把它消除。如圖 1-50。

由於內建位能障降低，空乏區範圍縮小、內建電場變弱，使得原本被抗衡的擴散運動得以進行：電子由 n 型端擴散到 p 型端，電洞由 p 型端擴散到 n 型端。這兩種電流載子的擴散運動都產生了從 p 型端往 n 型端的電流，而這個電流方向也與外加偏壓吻合，所以被稱為是「順向偏壓」。

在這裡要特別說明的是，在電學裡電子流動是從低電壓往高電壓，但是被視為電流往反方向流動 (從高電壓往低電壓)；之所以要區分「電子流」與「電流」，是因為電子帶負電荷的緣故。而對電洞而言，因為電洞帶正電荷，電洞流動是從高電壓往低電壓，形成同方向的電流。

圖 1-49　逆向偏壓時 pn 接面能帶圖

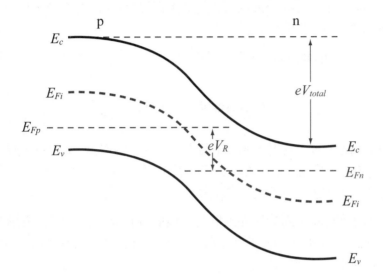

圖 1-50　順向偏壓時 pn 接面能帶圖

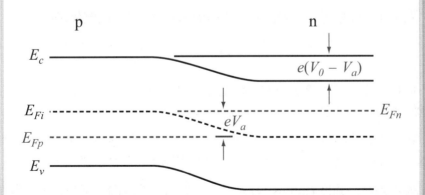

理想電壓電流關係曲線

前面兩個小節描述的 pn 接面的逆向偏壓與順向偏壓行為，可以用下圖 1-51 的電壓 – 電流關係曲線來呈現

理論上，這個曲線符合這個方程式

$$J = J_s [\exp(\frac{eV_a}{k_B T}) - 1]$$

其中 J 是 pn 接面通過的電流密度 (每單位面積的電流)，J_s 是逆向飽和電流密度，V_a 是外加偏壓 (順向偏壓為正，逆向偏壓為負)，$k_B T$ 如之前所述，是波茲曼常數與溫度 (以絕對溫標為單位)。

包含有一個 pn 接面的元件，稱為**二極體 (diode)**。它的特性是在順向偏壓時，允許電流通過，而在逆向偏壓時，則幾乎沒有電流通過；也就是說，它僅允許電流單方向通過。

光照耀之下的 pn 接面

光照射在半導體時，擁有至少與帶隙相等能量的光子可以被半導體裡價帶的電子吸收，把它激發到導帶，留下一個電洞在價帶，於是產生一對電子、電洞。

在第 1-2 節曾提過，光子的能量與頻率 (或波長) 的關係是

$$E = hf = hc/\lambda$$

所以要產生電子電洞對的條件是 $hf \geq E_g$。也就是說入射光的頻率必須不低於 E_g/h，或者波長不大於 hc/E_g。

這樣的現象如果發生在 pn 接面附近的空乏區，產生的電子與電洞會因為空乏區的電場分別被掃到 n 型端與 p 型端而產生逆向電流。

如果照射光**強度 (intensity)** 越強，則表示單位時間內越多光子「轟炸」半導體，結果是產生越多的電子、電洞對，而有更多的逆向電流。如圖 1-52。

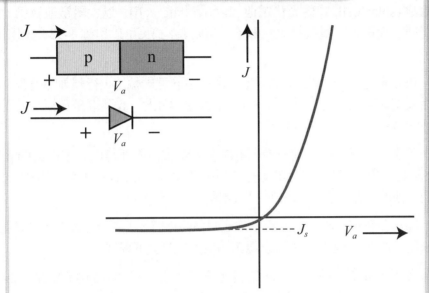

圖 1-51　pn 接面二極體的電壓電流關係曲線

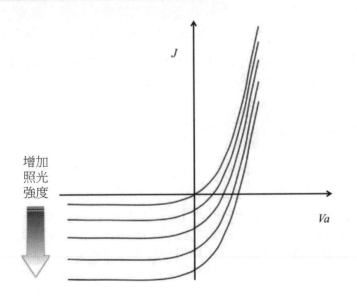

圖 1-52　pn 接面電壓電流關係曲
線與光強度的關聯

可以應用這樣的現象來製作**光偵測器**(光二極體，photodiode)以及**太陽電池**(solar cell, 或稱**光伏電池** photovoltaic cell)。以太陽電池為例，因為光照射而發電，電流推動負載(以電阻為例)，可以用圖 1-53 的線路圖表示。

正在發電的 pn 接面太陽電池，電流由 p 型端輸出，行經外部負載，然後從 n 型端回來。把它當電池來看，p 型端是正極，n 型端是負極；正極比負極的電壓高，這是順向偏壓。

不過，從電流的走向來看，電流在太陽電池內部是由 n 型端流向 p 型端，是負向的電流。與前面的照光時電壓電流關係曲線(圖 1-52)對照來看，太陽電池的操作點在第四象限(座標軸的右下角)。

通常在呈現太陽電池的電壓電流關係曲線時，我們不理會電流的負號，而以如下的圖 1-54 呈現(只呈現第四象限，並上下翻轉)。

最大的電流是發生在正負極完全沒有電壓差的時候(短路，short circuit)，此電流成為「短路電流 I_{sc}」；最高的電壓差發生在完全沒有電流的時候(開路，open circuit)，此電壓稱為「開路電壓 V_{oc}」。

在一般發電時，電壓與電流則在這兩個極端值之內。電池所提供的功率，是其電壓乘以電流。此電壓值與電流值必定是在上圖曲線上的某一點(操作點)。則功率的計算，就好像是計算以電壓值為長，電流值為寬的矩形面積，此矩形左下角在座標軸原點，右上角則是電池的操作點。

不同的操作點所對應的矩形面積不同。其中擁有最大面積矩形的操作點，則是此電池能夠提供最大功率的操作點。

會發光的 pn 接面二極體

pn 接面在順向偏壓時，接面的位能障降低，引起把 n 型端的電子送往 p 型端、把 p 型端的電洞送往 n 型端的結果。這些被送往另一方的電流載子，好似在「異鄉」的過客(少數載子)，數量遠少於在異鄉的主人(p 型端裡的電洞、n 型端裡的電子，稱為多數載子)，但是，卻又比原先在熱平衡時的少數載子數量多。這使得過量的少數載子一面擴散，一面與多數載子進行結合而消失。

圖 1-53 pn 接面太陽電池與負載
的線路圖

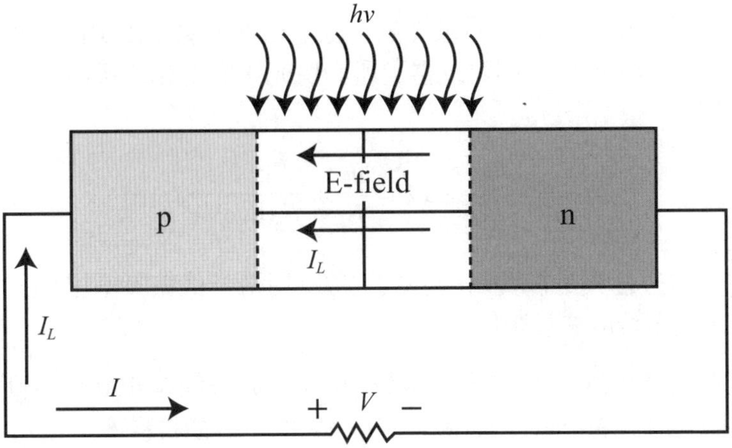

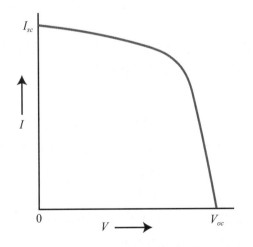

057

圖 1-54 pn 接面太陽電池的電壓
電流關係曲線圖

如果是非直接躍遷型半導體，電子與電洞的結合所產生的能量以熱能形式散佚；如果是直接躍遷型半導體，則電子與電洞的結合所產生的能量可以發射光子，形成**發光二極體** (light emitting diode, LED)。發光二極體的能帶圖請看圖 1-55。

大部分發射出來的光子能量等於帶隙。在前面第 1-2 節曾提過，光子的能量是 $E = hf$，所以我們可以得到所發射光子與發光二極體的半導體帶隙 E_g 的關係

$$E_g = hf = \frac{hc}{\lambda} \Leftrightarrow \lambda = \frac{hc}{E_g} = \frac{1240}{E_g(\text{in eV})} \text{ (nm)}$$

上面最右方的方程式是很實用的公式，帶隙用電子伏特為單位代入，可以得到以奈米為單位的波長數值。

從這個公式可以求得，要製作發出可見光波長範圍 400 ~ 700 nm 的發光二極體，則需要帶隙在 3.10 ~ 1.77 eV 的半導體材料。

總結上面的描述，適合製作可見光範圍的發光二極體，其半導體材料必須是 1. 直接躍遷型半導體。2. 帶隙在 3.10 ~ 1.77 eV 這範圍；還有一點是前面沒有提到的。3. 必須容易製作 pn 接面。

小博士解說

可見光的波長範圍是 400 ~ 700 nm。要能夠發出藍色光 400 nm，需要的半導體的帶隙是

$$E_g = \frac{1240}{400} = 3.10 \text{ eV}$$

而要能夠發出紅色光 700 nm，需要的半導體的帶隙是

$$E_g = \frac{1240}{700} = 1.77 \text{ eV}$$

所以，帶隙在 3.10 ~ 1.77 eV 之間的直接躍遷型半導體，可以發出可見光範圍內的光。

結 語

　第一章已近尾聲。我們透過前述的幾個小節，學習認識了半導體在光電領域應用的基礎觀念與知識。接下來的章節，則在元件製程，光感測、光照明、顯示器、太陽能電池等元件與系統之應用，分別詳述。

圖 1-55 發光二極體順向偏壓的 pn 接面能帶示意圖

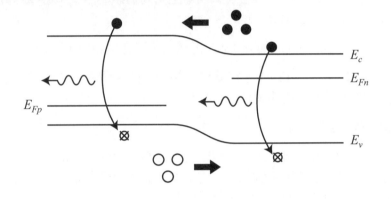

黑色實心圓代表電子，空心圓代表電洞

 知識補充站

　　光感測器、太陽能電池、發光二極體等元件，都是應用 pn 接面與光子交互作用的元件。這些光電元件各自都有廣大的發展潛力與應用。然而，在微電腦晶片上，也悄悄的開始了把不同光電元件整合在積體電路的革命。在微電腦晶片處理速度越來越快的趨勢需求下，在晶片內部不同單元之間的資料傳輸，或者與其他晶片之間的資料傳輸，使用傳統的導線匯流排連接已經不敷使用，只有光才能滿足速度與頻寬。矽光子學 (silicon photonics) 研究的是如何把光源、光波導、非線性光學調變、光偵測器整合在矽晶片上。有興趣的讀者可以搜尋相關資料，看看不同面向的光電應用。

059

Unit 1-6
習題

1. 以保麗龍球、竹籤、膠水來製作晶體模型：以 ABAB 序列與 ABCABC 序列比較六方最密堆積與立方最密堆積。

2. 以保麗龍球、竹籤、膠水來製作晶體模型：選擇鑽石結構、閃鋅結構、纖鋅結構、黃銅結構。以不同顏色標記不同種類的原子。選擇越複雜的結構者習題的分數越高。

3. 驗證六方晶系的 $c, m,$ 與 a 平面的密勒指標確實如書中圖所示。

4. 砷化鎵的帶隙是 1.42 eV。它屬於直接或是間接躍遷型的半導體？它所能發出的光子，最長的波長是多少？

5. 何謂「費米能階」？

6. 單晶矽以 $10^{17} \mathrm{cm}^{-3}$ 濃度的硼摻雜。試問這可以製作成 n 型抑或是 p 型半導體？在室溫熱平衡狀態下，電子與電洞的濃度各是多少？試計算費米能階比純矽時的偏移了多少電子伏特？

7. 何謂「遷移率」？

8. 應用霍爾效應可以量測哪些半導體參數？

9. 何謂「pn 接面」？有何特性？

10. 正在發電的 pn 接面太陽電池，是在順向偏壓還是逆向偏壓狀態？請說明。

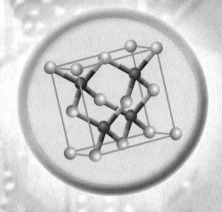

第 2 章

光電半導體元件製程

章節體系架構 ▼

段生振
美商應用材料股份有限公司

本章說明：

　　在第一章對光電半導體應用，所需之光電半導體元件物理及材料的知識，作一深入淺出的介紹之後，本章將著重於矽集體電路簡介及其電晶體製程於深次微米元件之應用、挑戰與演進。

Unit 2-1
半導體矽集體電路簡介

圖解光電半導體元件

　　矽集體電路 (integrated circuit，簡稱 IC) 的尺寸微縮，一直隨著**摩爾定律** (Moore's law) 向高階製程挑戰，也因此先進半導體製程對生產設備及生產環境的要求日趨嚴格。所謂摩爾定律，係預測集體電路上可容納的電晶體數目，約每隔 18 至 24 個月便會增加一倍，性能也將提升一倍。 摩爾定律是由英特爾 (Intel) 名譽董事長摩爾 (Gordon E. Moore) 經過長期觀察所得。而晶圓的容量是以**電晶體** (transistor) 的數量多寡來計算，電晶體愈多，則代表**晶片** (chip) 的尺寸愈小，執行運算的速度愈快，當然所需要的生產技術也愈高。如圖 2-1，隨尺寸微縮及晶圓面積增加下，電晶體數量及半導體元件的性能也相對增加，但其製造成本及價格卻相對下滑，完全符合摩爾定律的預測。當然，隨著近日尺寸微縮至 14 nm、10 nm，甚至 7 nm，而晶圓直徑則增加至 450 mm，技術挑戰也愈高。未來完全有賴於新材料、先進製程及設備技術與電晶體結構的創新與進步。同時，亦有人探討，摩爾定律的預測極限，將於哪一個世代才會畫下休止符？

　　過去的 40 年由於不懈的專注於莫爾定律，電晶體的微縮，使得電晶體的密度及效能不斷地被提升，最好的例證為過去 5 代 SRAM 的微縮，每一世代的 bitcell 的面積均以 2 倍的速度在縮小，如圖 2-2 所示。

　　隨著半導體製程技術的提升，尺寸微縮到**深次微米** (deep submicron meter) 0.35 μm、0.25 μm、0.18 μm、0.13 μm、 90 nm；到今日大量生產之 65 nm、45 nm / 40 nm、32 nm / 28 nm、22 nm / 20 nm 等**節點** (nodes)。面對未來的挑戰，各半導體龍頭，無不積極投入大量的資本，研發 16 nm、10 nm、7 nm 節點製程，也同時推升奈米技術的需求與革命性的躍進，而其中材料科學又扮演舉足輕重的角色。

 小博士解說

　　摩爾定律係由摩爾 (Gorden Moore) 於 1965 年首先提出，並於 1975 年 在 IEEE (Institute of Electrical and Electronics Engineers) 發表。以當前電晶體數量及運算速度比較：1970 年為 740 KHz ～ 8 MHz；2000 年～ 2009 年為 1.3 GHz ～ 208 GHz。

　　在 CPU 的電晶體數量：2000 年為三千七百五十萬個電晶體；2009 年為九億零四百萬個電晶體。

圖 2-1 隨尺寸微縮及晶圓面積增大下電晶體價格的變化 [2.1]

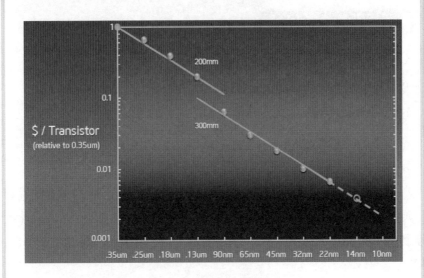

圖 2-2 每一世代的 bitcell 面積以 2 倍的速度縮小 [2.2]

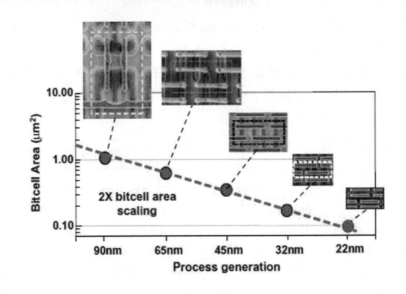

集體電路以其集積密度，即將每一晶圓所包含的電晶體數量多寡來區分，也代表不同世代先進技術的進步。如圖 2-3 所示。

> ### 集體電路可分為五種
>
> ① **小型集體電路** (small scale IC, SSI)
>
> ② **中型集體電路** (medium scale IC, MSI)
>
> ③ **大型集體電路** (large scale IC, LSI)
>
> ④ **超大型集體電路** (very large scale IC, VLSI)
>
> ⑤ **極大型集體電路** (ultra large scale integration, ULSI) **等**

若以製程技術定義則可區分為**前段製程** (front end of line, FEOL)、**中段製程** (middle end of line, MEOL)、及**後段製程** (back end of line, BEOL)。

所謂前段製程 (FEOL) 為 IC 生產的前端步驟，通常包含所有形成 CMOS 電晶體元件的步驟，即：

> ① **選擇所需之 p 型或 n 型的晶圓。**
>
> ② **用化學機械研磨** (chemical mechnical planarization, CMP) **清洗並磨平晶片。**
>
> ③ **形成淺溝槽式隔離區** (shallow trench isolation, STI) **以隔離 CMOS 中的 PMOS 與 NMOS。**
>
> ④ **定義並形成 n Well 與 p Well。**
>
> ⑤ **形成閘極** (gate)，**源極** (source) **與汲極** (drain)。

如圖 2-4 後段製程為 IC 製作的第二個階段，主要是將**電晶體** (Transistor)、**電容器** (capacitor) 及**電阻** (resistor) 等，利用金屬內連接方式形成集體電路。BEOL 是由第一道金屬內連接開始計算，即金屬接觸，絕緣層，最後完成封裝與測試，不同集體電路的設計與運用，會有不同的金屬內連接層，如邏輯 IC 具有 5~9 層的金屬內連接層。此外，也有定義中段製程即閘極完成後，到第一層金屬層沉積前稱為中段製程。

圖 2-3　矽集體電路集積密度的分類 [2.2]

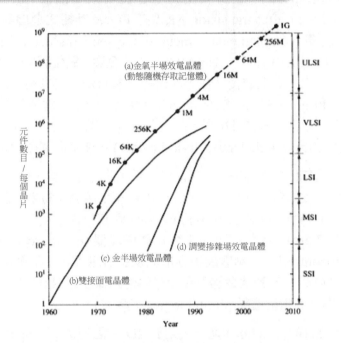

圖 2-4　CMOS 製程分類示意圖 [2.2]

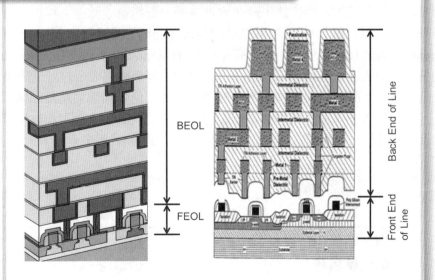

矽半導體集體電路之基本元件種類具有：**電阻、電容、二極體雙載子電晶體** (bipolar)、**金屬氧化物半導體場效電晶體** (metal oxide semiconductor field effet transistor, MOSFET)、及**互補式金屬氧化物半導體場效電晶體** (complementary metal oxide semiconductor field effet transistor, CMOSFET) 等。所謂的 MOS，即「**金屬 - 氧化層 - 半導體**」所組成的元件，是由一層金屬覆蓋在半導體絕緣體材料 (如二氧化矽) 上所形成的元件。40 nm / 32 nm 節點以前的金屬氧化物半導體場效電晶體元件，皆採用多晶矽作為其閘極的材料，之後在更高階製程上，則使用**高介電常數介電材料** (high k dielectric, hi-k dieletric) 搭配金屬閘極的元件。

　　互補式金屬氧化物半導體場效電晶體，係在矽晶圓上製作出 P- 型金屬氧化物半導體場效電晶體 (PMOSFET)，和 N- **型金屬氧化物半導體場效電晶體** (NMOSFET) 元件，由於 PMOS 與 NMOS 在特性上互補，因此稱為 CMOS，如圖 2-5(a)。此製程可用來製作**微處理器** (microprocessor)、**微控制器** (microcontroller)、**動態隨機存取記憶體** (DRAM)、**靜態隨機存取記憶體** (SRAM) 以及**互補式金屬氧化物半導體圖像感測器** (CMOS image sensor, CIS) 與其他**數位邏輯** (digital logic) 電路等。

　　若以元件**結構** (structure) 區分，則有 2D 平面型的 planar IC，如圖 2-5(a)，CMOS 中的閘極、源極及汲極皆在二維平面接觸。而 3D FinFET 之閘極，如圖 2-5(b) 為利用**三閘極** (tri Gate) 與源極及汲極形成三維接面。矽集體電路的製造方法，是在矽半導體上製作電子元件；其製作過程是在晶片表面長氧化層、再利用**微影** (lithography)、**蝕刻** (etching)、**清洗** (clean)、**擴散** (diffusion)、**離子植入** (ion implantation) 及**薄膜** (thin film) 沉積等技術組合，並經過二百至三百多道的製程步驟完成所設計之矽集體電路。而矽集體電路製造技術與發展趨勢，大致仍朝向增加晶圓面積，縮小元件線幅大小，提升製程技術，改變元件結構設計，並導入新材料等，其目的除達到元件性能的需求外，並提供具備競爭力的電子產品。

小博士解說

二維電晶體	三維電晶體
－開／關係由單邊控制	－開／關係由三邊控制
－低驅動馬達	－高驅動電流
－高閉鎖電流	－低閉鎖電流
－低通道控制	－較高的通道控制

圖 2-5 CMOS 結構示意圖 [2.1]

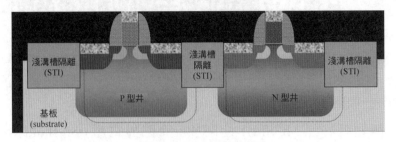

(a)2D-planar CMOS

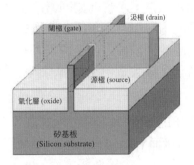

(b) 3D- FinFET

矽半導體元件製程

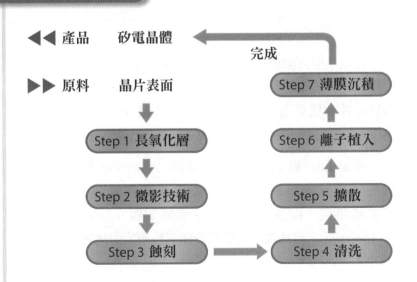

Unit **2-2**

互補式金屬氧化物半導體場效電晶體簡介

　　CMOSFET 電晶體為近代電子電路的核心元件，其主要功能是以有效的能量，來控制電流的開關與流量大小。就如同控制水「開關」與「流量」的水龍頭，如圖 2-6。

　　水龍頭就好比 MOSFET 的閘極，而**臨界電壓** (threshold voltage, V_t)，即打開閘極所需的施力，又如同打開水龍頭開關所需的施力；I_{on} 為源極流至汲極的電流量即水流量；水管則如同電晶體的**通道** (channel)；電子流方向則是由源極流向汲極；其中 NMOS 負責輸送電子，PMOS 則負責輸送電洞。因此，電晶體的開或關，就是幫助我們運算、處理及記憶大量的數據，在目前資訊時代，被大量應用於智慧型行動裝置中，更顯其重要性。

　　同理，在設計 MOSFET 元件時，降低漏電流等影響元件性能表現者，也是一大課題。例如，若**接面** (junction) 設計不良時，會產生如同圖 2-7(a) 之水管漏水，即 MOSFET 元件之**接面漏電流** (junction leakage)。 若閘極設計不良，則會產生圖 2-7(b) 所類似之**閘極漏電流** (gate leakage)。

 小博士解說

　　　當電晶體持續微縮，二維電晶體將會面臨嚴重的短通道效應 (short channel effect)。此效應會造成嚴重的漏電流，而使元件效能衰退，因此電晶體的結構改變由 2D（二維）變成 3D（三維）便越顯重要。

　　　三維 (3D) 鰭式場效應電晶體 (FinFET)，除面臨幾何尺寸設計的挑戰以外，尤需考慮嚴謹的製程技術。如接觸電阻、閘極電容、通道應變工程 (channel strain engineering)、鰭式圖案之曝光及顯影技術等的挑戰。

圖 2-6 MOS 結構簡易解釋圖 [2.3]

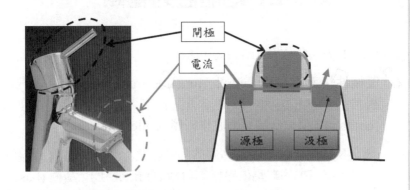

閘極

電流

源極　汲極

圖 2-7 MOS 漏電流簡易解釋圖 [2.3]

(a) 接面漏電流　　　　　　　(b) 閘極漏電流

 知識補充站

電晶體漏電流的組成：

漏電流 (leakage) = 接面漏電流 (junction leakage)

　　　　　　　　+ 閘極漏電流 (gate leakage)

　　　　　　　　+ 源極 / 汲極漏電流 (source / drain leakage)

　　　　　　　　+ 通道漏電流 (channel leakage)

Unit **2-3**
MOSFET 電晶體的種類

MOSFET 電晶體依其工作原理可概分為：

(1) **雙極性接面電晶體** (bipolar junction transistor, BJT)： 利用一個很接近的 p-n 接面，以電流訊號控制其中一個接面的注入**載體** (emitter)，另一個接面則**收集載體** (collector)。

　圖 2-8 為雙極性接面電晶體的兩種結構：(a) PNP ；(b) NPN。其中三個接出來的端點依序稱為**射極** (emitter, E)、**基極** (base, B) 和**集極** (collector, C)。圖中電晶體的電路符號，箭號所指的極為 n 型半導體。在沒接外加偏壓時，兩個 p-n 接面會形成空乏區，將中性的 p 型區和 n 型區隔開。

(2) **場效應電晶體** (field effet transistor, FET)： 即控制訊號，使**載體通道** (carrier channel) 附近的電場改變，以改變電流。以其載體的不同又可區分為，輸送電洞流的 p 通道 FET 和輸送電子流的 n 通道 FET，如圖 2-9 所示。

小博士解說

1. **雙極性接面電晶體** (bipolar junction transistor, BJT) **係由射極** (Emitter)、**集極** (collector) **即基極** (base) **所組成。**

　金屬氧半導體場效應電晶體 (MOSFET) **係由閘極** (gate)、**源極** (source) **及汲極** (drain) **所組成。**

2. **雙極性接面電晶體適於低電流之應用，而 MOSFET 適於高功率之應用。**

3. **MOSFET 大多應用於數位積體電路。**

4. **MOSFET 之操作係依靠提供閘極之電壓。BJT 之操作則依靠提供基極之電流。**

圖 2-8 雙極性接面電晶體 [2.7]

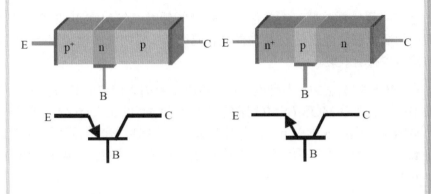

(a)PNP　　　　　　　　　　　　　(b) NPN

071

圖 2-9 場效應電晶體 [2.7]

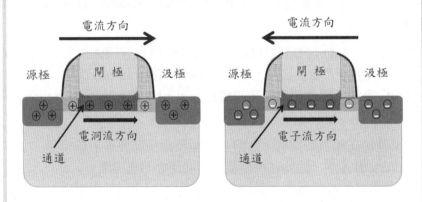

(a) p 通道 FET　　　　　　　　　　(b) n 通道 FET

Unit **2-4**

MOSFET 電晶體的操作原理

　　金氧半場效電晶體，主要是利用閘極的偏壓，在 MOSFET 電容的半導體，和氧化層介面處吸收導電載體形成通道。當閘極偏壓改變時，則通道載體也會跟著改變。

　　在 MOS 電晶體中，「電流」及「電壓」為兩大重要的參考指標。 如圖 2-10 為 n 通道 MOS (NMOS) 結構圖，此 MOS 為以 p 型晶圓為基板，源極及汲極形成兩個 n^+ 型的獨立區。在此擴散形成的兩個區域之間以金屬連接，而 p 型基板中較淡的摻雜區便形成所謂的**空乏區** (depletion regions)。

> **在設計上源極及汲極是互相對稱的，電流載子通常於源極進入，然後由汲極流出。**

　　而在此源極及汲極之間，與閘極氧化層之下的區域，即稱為通道，此通道提供載子在源極及汲極間移動。例如，電子於 n^- 型通道內流動，而電洞則於 p - 型通道內流動。此通道由很薄的二氧化矽 (SiO_2) 覆蓋，而閘極則在 SiO_2 之上成長**多晶結晶矽** (polycrystalline silicon)；或由高介電常數介電層搭配金屬閘極形成。

　　如上所述，MOS 的電流開關，則是由所謂的臨界電壓控制。最小啟動電壓，形成於閘極及源極之間，使元件開始**導電** (trun on) 狀態，當 $V_{GS} < V_t$ 時，此元件處於不導通現象，又叫**截止** (cut off) 或**次臨界** (sub-threshold) 狀態。

　　如果連接正電壓於閘極上，則在閘極及源極間便會形成電場，並導致**反轉** (inverted) 產生，因此在源極及汲極間便會形成導通。

　　當對閘極持續施加電壓時，在 p 型基板上形成電場，此電場便會吸引電子向閘極方向移動並形成電洞，如果持續增加電壓，則在閘極下方的區域由 p 型轉為 n 型，並在源極及汲極間形成導通，此很薄的導通層稱為反轉區，而此通道稱為 n **型通道** (n channel)。

不同閘極電壓對通道的影響

當閘極沒加偏壓 ($V_{GS} = 0$) 時，源極及汲極間，就如同兩個反向串接的 p-n 接面，互不導通，NMOS 即在截止狀態。如圖 2-11 所示。

圖 2-10　n 通道 MOSFET 結構圖 [2.7]

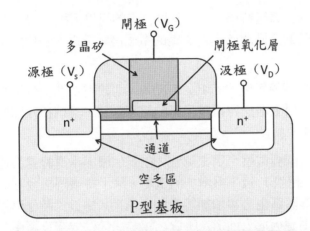

073

圖 2-11　當閘極沒加偏壓 ($V_{GS} = 0$) 時，NMOS 在截止狀態 [2.6,2.7,2.10]

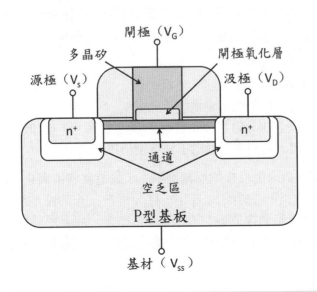

當在閘極與**基板** (substrate) 間，持續加正電壓 $(0 < V_{GS} < V_t)$，由於閘極的結構類似電容，閘極的金屬導體會堆積正電荷；而氧化物絕緣層的另一邊，則會吸引等量的負電荷；在此同時會吸引導電電子，而這些電子在很短的時間內，便會被多數的載體電洞復合。結果，在靠近氧化層的 p 型半導體內形成空乏區，其所帶的負電荷都是來自於電洞對游離的受子摻雜。此時，源極與汲極仍然不導通，NMOS 仍維持截止狀態。

如果閘極的正電壓持續增加，到達一定的臨界電壓 V_t 時，$V_{GS} = V_t$，則氧化層與半導體的介面開始出現導電的電子層，導電電子便開始累積在介面。

若持續增加閘極電壓，達 $V_{GS} > V_t$ 時，則該電壓就不再用來改變空乏區的大小，而是用來增加導電電子層的電子數目，累積在介面的導電電子密度也同步增加。

如上所述，閘極電壓可用來調整，在氧化層與半導體界面通道的電子電位能。當 V_{GS} 超過 V_t 後，再增加的電壓，除了持續閘極金屬層有正電荷儲存外，在半導體區也必須增加等量的負電荷，由於此時反轉層已形成，負電荷很容易由源極進入通道，所費之能量遠較改變空乏區產生電荷來的小，因此空乏區寬度就不會再產生變化。

閘極電壓，可用來調整在氧化層與半導體界面通道的電子電位能；當 V_{GS} 超過 V_t 後，其增加的電壓除了持續閘極金屬層的正電荷儲存外，在半導體區也必須增加等量的負電荷，由於此時反轉層已形成，負電荷很容易由源極進入通道，所費之能量遠較改變空乏區產生電荷來的小，因此空乏區寬度就不再改變。

如果把汲極電壓 (V_{DS}) 也加入考慮的話，當 V_{DS} 很小時，MOSFET 就如同一個由閘極電壓控制的可變電阻。但當 $V_{DS} > V_t$ 時，源極和汲極間並無導電通道形成，而且 V_{DS} 愈大，導電電子濃度愈高，源極和汲極間的電阻便會愈小，源極和汲極間通道的電子濃度變得不均勻。

當 $V_{GD} = V_t$，最靠近汲極的反轉層消失，通道就會被**夾止** (pitch off)。如果 V_{DS} 繼續增加，V_{GD} 變的比 V_t 小，靠汲極被夾止的區域略微變大，形成空乏區。但反轉層兩端的電位差不隨 V_{DS} 改變，而且反轉層之電子濃度分布與尺寸大小也不隨 V_{DS} 改變，故通過之電流 I_D 不隨 V_{DS} 改變。

靠近汲極通道夾止後，再增加的 V_{DS}，大部分都落在被夾止部分的空乏區，電子電位能到此區也會有一個很大的下降，導電電子到此區會被加速掃到汲極，如圖 2-12。

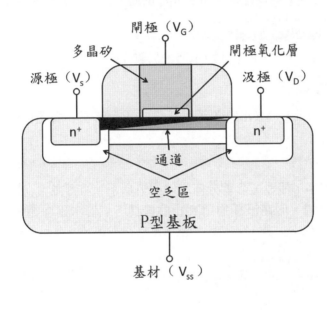

圖 2-12　當 $V_{GD} = V_t$ 最靠近汲極的反轉層消失通道被夾止 [2.6,2.7,2.10]

與 MOSFET 元件特性相關的參數

一般常用的相關參數及其代表的意義如下所述，而其關係則如式 (2.1)。

MOSFET 的電容 C_{ox}

因為用 MOS 結構在半導體與氧化層間之介面吸引導電載體，與氧化層的厚度 t_{ox}，介電係數 ε_{ox} 相關。

MOSFET 的尺寸

包括通道長度或閘極的長度 (L)，通道寬度 (W)。這個和通道能流通的電流有關，也和 MOS 電容值有關。

> **移動電流**
>
> 　　必須先知道反轉層載體的密度分佈、電場分佈和移動率 (mobility) μ。
>
> **臨界電壓 V_t**
>
> 　　MOSFET 導通條件的重要元件參數。
>
> **偏壓電壓 (bias voltages)**
>
> 　　V_{GS}，V_{DS}，V_S，V_B (基板本體的偏壓)。
>
> **汲極電流 i_D**
>
> 　　汲極電流為 MOSFET 導通元件之重要參數，與元件的載子遷移率成正比。

1. 當 V_{DS} 很小，即通道載體分佈均勻的情形下，需考慮 V_{DS} 對通道載體分佈的影響。而在汲極通道夾止的條件下，渴求出在飽和區的飽和電。

假設載體均勻分佈 $Q(x) = Q = -C_{ox}(V_{GS} - V_t)$, $V_{GS} > V_t$

Q [C/m²] : 單位面積的導電電荷

C_{ox} [F/m²] : 單位面積的氧化層電容

電場大小 $E = V_{DS} / L$

則電流密度大小為式 (2.1) 所示：

$$i_D = J_n W = \mu_n C_m \frac{W}{L}(v_{GS} - V_t)\, v_{DS} = k'_n \frac{W}{L}(v_{GS} - V_t)\, v_{DS} \qquad (2.1)$$

其中

- **製程跨導參數 (process transconductance parameter)**：$k'_n = \mu_n C_{ox}$ 和製程有關，對於電路設計者是給定的。

- **深寬比 (aspect ratio)**：W/L 由**佈局 (layout)** 決定，一般 L 固定，而 W 可改變。

2. 當 V_{DS} 較大時，計算出來的電流會較實際來得大。這裡的計算，基本上是用靠近源極的導電電子密度代表通道每一處的密度。

V_{DS} 對通道載體分佈及元件特性的影響：

- 當發生於三**極區** (triode region)，$V_{GD} > V_t$ 或 $V_{DS} \leq V_{GS} - V_t$ 時：

$$i_D = \mu_n C_{ox} \frac{W}{L} (v_{GS} - V_t(-\frac{1}{2} v_{DS})) v_{DS} = k'_n \frac{W}{L} (v_{GS} - V_t(-\frac{1}{2} v_{DS})) v_{DS} \quad (2.2)$$

- 當發生於**飽和區** (saturation region)，$V_{GD} = V_t$ 或 $V_{DS}\text{sat} = V_{GS} - V_t$ 時：

$$i_D = \frac{1}{2} \mu_n C_{ox} \frac{W}{L} (v_{GS} - V_t)^2 v_{DS} = \frac{1}{2} k'_n \frac{W}{L} (v_{GS} - V_t)^2 \quad (2.3)$$

臨界電壓

臨界電壓的控制在 MOSFET 電晶體是非常重要的，特別對於低功率、低耗電的電子產品更形重要。在 MOS 的製程上，臨界電壓受到閘極材料種類以及基板摻雜濃度影響。而調整 V_t 的方法有：調整氧化層厚度，選擇適當的閘極材料，利用調整材料**功函數** (work function)，離子佈植以改變材料特性，或對基板施加偏壓等。

短通道效應

當 MOSFET 元件縮小時，由於接面變淺和氧化層厚度降低，易造成元件產生**短通道效應** (short channel effect, SCE) 的發生。元件臨界電壓會因通道縮短而**下降** (roll-off)，並發生汲極導致能障降低的現象，以及元件容易發生**穿遂** (punch-through) 效應等，都是常見的短通道效應。

為了改善短通道效應，平面元件一般以**環型佈植** (pocket implant) 為常用且有效的方法。而且為了減少汲極導致能障降低效應，環型佈植將朝向低能量、高劑量、低角度之方向發展。

汲極導致能障下降

當通道縮短時，汲極電壓會增大，導致電子容易由源極經通道進入汲極，而造成漏電流現象。因此增加閘極長度可以降低**汲極導致能障下降** (drain induced barrier lowing, DIBL)，故多閘極的元件結構亦利用相同的原理以降低漏電流現象。

Unit 2-5
電晶體的創新與演進

新材料與新製程技術

　　隨著電晶體的微縮，MOSFET 元件也必須等比例縮小。如圖 2-13(a) 為原來元件的尺寸小，圖 2-13(b) 為元件縮小後，所需之相對比例乘積 (a)，以供設計之參考。

在等比例微縮時，所需要考慮的幾個重點

① 閘極氧化層厚度 (gate oxide thickness, t_{ox}) 的微縮。

② 閘極通道 (gate channel, L) 的微縮。

③ 接面深度 (junction depth) 的微縮。

④ 源極或汲極接觸的寬度 (source and drain contact width)。

⑤ 工作電壓的降低 (V_{cc} reduction) 以改善短通道效應。

　　1990 年代，是整個電晶體微縮的黃金時期，顯著的工作電壓、閘極厚度與通道的微縮，均使得汲極飽和電流 (I_{dsat}) 顯著的增加。然而隨著持續的尺寸微縮，傳統的微縮也到達某種極限，所以從 90 nm 以降的 CMOS 元件，其面臨技術的挑戰愈顯困難。主因則如下所述，並見圖 2-14 所示。

1. 閘極漏電流。

2. 載子移動率衰退 (carrier mobility degradation)。

3. 寄生電阻 (parasitic resistance) 的阻障。

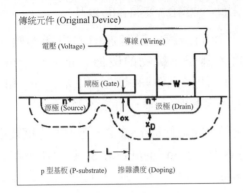

(a) 傳統 MOSFET 元件尺寸

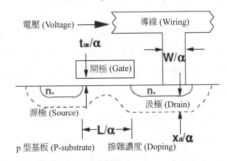

(b) 等比率微縮元件設計的參考

CMOS元件在技術上所面臨的挑戰：

1. 閘極漏電流
   （Gate Leakage）

2. 載子移動率衰退
   （Carrier Mobility Degradation）

3. 寄生電阻
   （Parasitic Resistance）

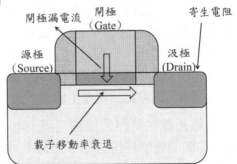

當閘**極氧化層厚度** (gate oxide thickness) 持續縮小時，其物理厚度已無法足以阻擋載子的直接穿透，因此，漏電流會顯著的上升。

另一方面，雖然閘極通道不斷的微縮，但是通道內摻雜的離子濃度無法以等比例縮小，高濃度**摻雜離子不純物的散佈** (ionized impurity scattering) 會顯著的影響載子移動，使得元件漏電流上升以外，飽和的汲極電流也會因為載子移動率的降低而不斷的下降，如圖 2-15。

在 0.13 μm 及 90 nm 技術階段，因對性能的需求，而引進「**應變矽**」(strained silicon) 及「**絕緣上矽**」(silicon on insulator, SOI)。當技術往 65 nm、45 nm 及 20 nm 推進時，其功率消耗，及克服不同的漏電流機制所產生的靜態功率損耗等尤其重要。 其中以閘極氧化層由原本的二氧化矽達到極限而漏電時，便不得不以等效氧厚度而厚度較厚之高介電常數介電層如 ZrO_2，HfO_2 等，以抵抗電子穿隧及漏電流效應。因此，各界便紛紛投入研究所謂的**通道工程** (channel engineering)、**源極－汲極工程** (source-drain engineering)、**閘極工程** (gate engineering) 以及**能帶工程** (bandgap engineering) 等的探索與應用。

以 Intel 公司電晶體為例，如圖 2-16，平面式電晶體從 2003 年的 90 nm 便導入了應變矽通道的製程技術，來增加電洞在 PMOS 通道的移動率，其做法為將 SiGe 的材料嵌入源極與汲極中，因為 SiGe 的晶格常數大於 Si 本身，所以通道會承受 SiGe 所施加於通道的**壓縮應力** (compressive stress)，此時電洞於通道中的移動速率，便會快於一般矽通道的移動速率。

緊接著在 2005 年的 65 nm 元件中，又推出了第二世代的 SiGe 應變 Si 的技術。

2007 年時，電晶體歷史上又一個劃時代的發明，即高介電常數閘極介電層以及**金屬電極** (metal gate electrode) 的導入，取代了傳統電晶體 SiO_2 氧化層，與多晶矽電極，大幅改善了電晶體因持續微縮而導致巨幅增加的閘極漏電流，以及大幅降低的汲極電流。除此之外，此製程技術於整個閘極形成的過程中，也會對通道產生應力，進一步增加了通道的載子移動率。

可是當電晶體在持續的微縮之際，短通道效應便嚴重的衝擊元件效能，因此電晶體的整個結構，便於 2011 年由傳統的 **2D 平面電晶體** (planar transistor) 發展到 3D 立體結構的**三閘極電晶體** (tri-gate transistor)，開啟了電晶體另一個劃時代的創新，摩爾定律也得以延續。

圖 2-15 元件微縮時閘極氧化層漏電流及載子移動率之改善 [2.2]

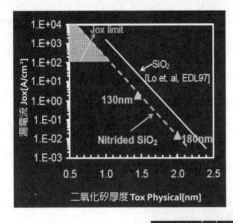

(a) SiO_2 和氮 SiO_2 厚度與漏電流比較

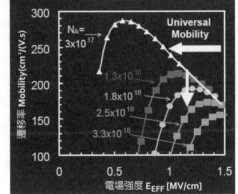

(b) 高濃度摻雜離子的散佈與載子移動率比較

圖 2-16 Intel 公司電晶體微縮的演進 [2.1]

由於這些新材料的導入，於電晶體元件製作的過程中，發展出重大的製程技術與設備的需求，例如：

① 非耦合電漿氮化矽製程 (de-coupled plasma nitridation)。

② 選擇式磊晶製程技術 (selective epitaxial film)。

③ 原子層氣相磊晶沉積技術。

④ 先進的離子佈植技術 (advanced ion implantation)。

閘極漏電的改善

傳統閘極介電層和閘極導線材料的替換，為最近半導體業界的重點課題，傳統的 CMOS 電晶體，以**氮氧化矽** (silicon-oxide/nitride, SiO_xN_y) 閘極介電層，和**多晶矽閘極導線** (polysilicon gate conductors) 製造，當介電層厚度進入個位數字的原子厚度 (埃 , Å) 時，介電層開始遭受嚴重的漏電流，便需要用到更高的介電材料去阻止漏電流的發生。

以 MOS 電晶體從 90 nm 到 40 nm 元件為例，改善閘極漏電流的設備技術如下：

1. 非耦合電漿氮氧化矽製程

簡稱 DPN，主要由美商應用材料公司提供。

其原理為以電漿活化氮原子，植入到微縮的閘極 SiO_2 層中，因為非耦合以較溫和的方式激發氮原子植入到 SiO_2 層的上表面，避免過高的氮原子分布於 SiO_2/Si 的介面，造成載子移動率的降低，以及元件可靠性的衰退。

另外，上表面高濃度的氮，也可以阻擋多晶矽閘極裡植入的，摻雜原子擴散至介電層中，破壞元件的電性。同時因為氮原子的植入，可增加 SiO_2 層的介電常數，並加強抵抗漏電流的能力。其原理如圖 2-17 所示。

2. 原子層氣相沉積

此技術為 1970 年於芬蘭所發展的技術，初期用於**電致發光** (electroluminescence) 的元件上，後來在氮化 SiO_2 也無法滿足元件漏電的需求時，此技術便應用於成長高介電常數材料，以取代傳統閘極的 SiO_2，並應用於 45 nm 和以下的先進製程。

3. 物理氣相沉積

物理氣相沉積 (Physical Vapoer Deposition, PVD) 或原子層氣相沉積金屬電極，因應高介電常數介電層的導入，所必須改變的閘極導電材料，以調配所需的工作起始電壓。

圖 2-17　氮化矽於閘極之應用 [2.17]

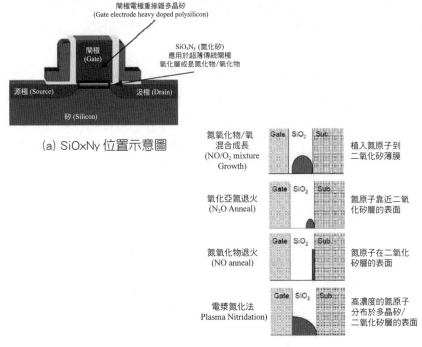

闡極電極重摻雜多晶矽
(Gate electrode heavy doped polysilicon)

SiO_xN_y (氮化矽)
應用於超薄傳統閘極
氧化層或是氮化物/氧化物

閘極
(Gate)

源極 (Source)　　汲極 (Drain)

矽 (Silicon)

(a) SiOxNy 位置示意圖

氮氧化物/氧混合成長
(NO/O_2 mixture Growth)　　　植入氮原子到二氧化矽薄膜

氧化亞氮退火
(N_2O Anneal)　　　氮原子靠近二氧化矽層的表面

氮氧化物退火
(NO anneal)　　　氮原子在二氧化矽層的表面

電漿氮化法
Plasma Nitridation)　　　高濃度的氮原子分布於多晶矽/二氧化矽層的表面

(b) 各種氮植入 SiO_2 的比較

載子移動率的改善 — 製程誘導式應力

改善載子移動率的主要技術有：

① 內建選擇性的嵌入式磊晶成長 (selective in-situ eptaxial growth)

在 Intel 高效能 90 nm 元件中，**嵌入式 SiGe (embedded SiGe)** 源極與汲極的技術已被用來對閘極通道產生壓縮應力 (因為 SiGe 的晶格距離大於 Si)，以增加電洞的移動率，並降低 PMOS 的啟動電流，如圖 2-18(a) 所示。

另外，經由源極 / 汲極**凹陷 (recessed)** 深度的優化以及鍺 (Ge) 含量的調整，或是嵌入式 SiGe (embedded SiGE) 形狀的控制，可使得 SiGe 應力的傳導更有效率。如圖 2-18(b) Intel 在 45 nm 高效能元件上所展現。最近相同的原理也應用在碳摻雜磊晶的 Si (strained Si：C)，它主要是被應用形成 NMOS 的源極與汲極，進而對通道產生拉伸應力，而增加電子的移動率。同時摻雜直徑較矽大的**鍺 (germanium, Ge)** 原子，使晶格距離拉大產生應變，並對通道產生壓縮應力；或摻雜直徑較矽小的**碳 (carbon)** 原子，使晶格距離變小產生應變，並對通道產生拉伸應力。因此，該晶格層便阻擋了閘極與通道間的垂直傳導，垂直方向的電子流動受到抑制，閘極漏電流也因而降低。

又因為電子密度的分佈變得更為均勻，令通道更為暢通，促使電子或電洞沿著元件表面流動，PMOS 及 NMOS 的的遷移率與對稱性，讓元件平面上的電子遷移率提升，減少垂直方向的閘極漏電流。如此，對於 CMOS 電晶體而言，增加能帶寬度即增加**崩潰電壓 (breakdown voltage)**，便不需要採用其他較為昂貴的材料如 GaAs 等。

一般 45 nm 以下的 PMOS 電晶體，以應變鍺化矽磊晶材料並摻雜**硼原子 (SiGe：B)**，對通道形成壓縮應力。如圖 2-19 所示。

NMOS 電晶體則以應變**磷化矽 (SiP)** 磊晶材料，應變**碳化矽 (SiC)** 磊晶材料或應變碳化矽摻雜**磷原子磊晶材料 (SiC：P)** 等，對通道形成拉伸應力。如圖 2-20 所示。

圖 2-18 內建選擇性的嵌入式磊晶成長 [2.15]

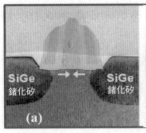
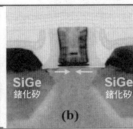
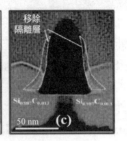

圖 2-19 應變鍺化矽於 PMOS 之應用 [2.1]

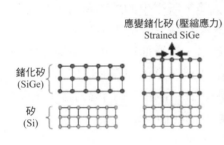
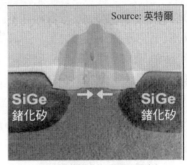

(a) 應變鍺化矽磊晶材料原理

(b) Intel 應變鍺化矽磊晶材料於電晶體的應用

圖 2-20 應變碳化矽於 NMOS 之應用 [2.15]

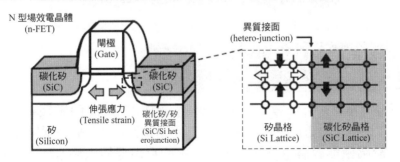

(a) 應變鍺化矽磊晶材料原理

(b) Intel 應變鍺化矽磊晶材料於電晶體的應用

② **應變氮化矽層**
(strained silicon nitride)

即改變氮化矽層的結構，對通道形成壓縮應力，或拉伸應力以符合元件性能的需求。另外的方式是產生局部式單軸式應力，此應力的產生是藉由 CESL (contact etch stop liner) 技術，藉由沉積的氮化矽層，調整其內部應力到 GPa 的程度，主要以拉伸應力為主，並用於改善 45 nm NMOS 的電性。稍後壓縮應力的氮化矽層也被發展出，形成所謂的**雙應力襯底技術** (dual stress liner, DSL)，如圖 2-21 所示。

③ **應力記憶式技術**
(stress memorization technique, SMT)

此技術主要藉由高劑量離子植入後，所產生的缺陷差排，此缺陷差排對 MOSFET 產生應力效應，在高劑量的離子佈植後，在進行退火之前，整個元件的區域會覆蓋上一層氮化矽層，然後進行退火，使源極與汲極區再結晶，如此會迫使源極與汲極記憶住這層氮化矽層所形成的形狀，即使在氮化矽層被移除之後，應力仍可維持住。兩種主要的應力會來至於 SMT 技術，兩種應力均可使電子移動率增加，如下所述。

ⓐ **壓縮垂直式應力** (compressive vertical stress, S_{zz})，由多晶矽的閘極而來，如圖 2-22(a) 所示。

ⓑ **橫向拉伸式應力** (tensie longitudinal stress, S_{xx})，由非晶矽的源極與汲極而來，如圖 2-22(b) 所示。

④ **取代式金屬閘極**
(replacement with metal gate)

當高介電常數介電層及金屬閘極技術被使用時，**後閘極** (gate last) 製程也可以使得在通道區域中的 S_{xx} 增加，這是由於在多晶矽**假閘極** (dummy gate)，於閘極堆疊層中移除後，所產生的**自由邊界效應** (free boundary condition) 以改善電子移動率，如圖 2-23 所示。

圖 2-21　應變氮化矽層 [2.15]

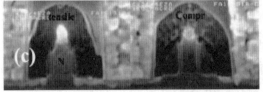

伸張應力
(Tensile nit)

接觸電極
(Contact)

壓縮應力
(Compr nit)

N　　　　　P

淺溝槽
(ST)

圖 2-22　應變氮化矽層 [2.15]

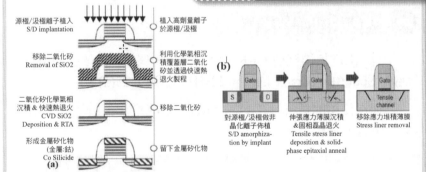

源極/汲極離子植入
S/D implantation

移除二氧化矽
Removal of SiO2

二氧化矽化學氣相
沉積 & 快速熱退火
CVD SiO2
Deposition & RTA

形成金屬矽化物
(金屬:鈷)
Co Silicide
(a)

植入高劑量離子
於源極/汲極

利用化學氣相沉
積覆蓋層二氧化
矽並透過快速熱
退火製程

移除二氧化矽

留下金屬矽化物

對源極/汲極做非
晶化離子佈植
S/D amorphiza-
tion by implant

伸張應力薄膜沉積
& 固相磊晶退火
Tensile stress liner
deposition & solid-
phase epitaxial anneal

移除應力堆積薄膜
Stress liner removal

(b)

圖 2-23　取代式金屬閘極 [2.15]

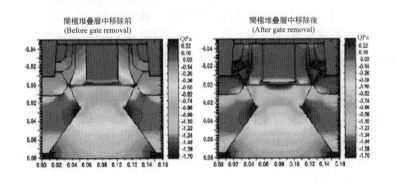

閘極堆疊層中移除前
(Before gate removal)

閘極堆疊層中移除後
(After gate removal)

寄生電阻的改善

1. 隨著 CMOS 尺寸的縮小，寄生電阻對電晶體性能的影響加劇。最有效改善接觸寄生電阻的方法有：

a. 離子佈植技術

離子佈植其他元素以控制及改變材料的特性，如圖 2-24 經由離子佈植技術對自行對準矽化物摻雜以降低寄生電阻。

- **表面摻雜析出** (doping segregated Schottky)。

- **蕭基特能障降低** (Schottky barrier height reduction)；藉由特殊種類 (exotic species) 離子佈植以調整界面偶極並降低蕭基特能障，如圖 2-24 所示。

b. 原子層氣相沉積介電層

以 ALD 技術沉積 Hi-K，以降低界面偶極，並改善**蕭特基能障** (Schottky barrier height, SBH)，如圖 2-25(a)。

而常使用的材料為 TiO_2，Al_2O_3，La_2O_3 以及 La_2O_3 / 化學氧化層等，如圖 2-25(b)。

小博士解說

隨著離子佈值技術的進步，除預離子佈值（矽、鍺、碳、氮、氙）以獲得非晶質的表面，並利用非晶質形成鎳矽化物所需能量較低，以獲得較平整且連續的鎳矽化物之界面，以降低接觸片電阻。

其他尚有植入鋁(Al)、硫(S)、硒(Se)、鉺(Er)、鐿(Yb)等元素，或以離子佈值搭配退火技術以降低蕭基特能障，接觸片電阻。當然還有攝氏零度以下 (-50℃～ -100℃) 之低溫離子佈值或高溫離子佈值 (400℃～ 500℃) 以降低破壞 (damage) 進而改善元件 I_{on} / I_{off} 之特性。

圖 2-24　自行對準矽化物摻雜以降低寄生電阻 [2.24]

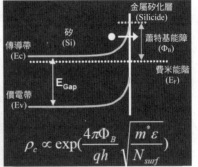

$$\rho_c \propto \exp(\frac{4\pi\Phi_B}{qh}\sqrt{\frac{m^*\varepsilon}{N_{surf}}})$$

圖 2-25　原子氣相沉積 (ALD) 技術於 Hi-K 之應用 [2.11]

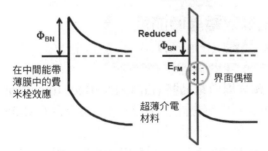

(a) 以 ALD 沉積 Hi-K 以改變介面偶極

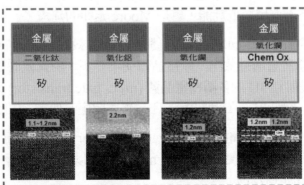

(b)Hi-K 材料於金屬閘極 / 矽介面的應用

2. **寄生電容** (parasitic capacitance) 也會降低導通與截止頻率，如圖 2-26，FinFET 的寄生電容及分類如下：

> C1：源極金屬與汲極金屬間的寄生電容
>
> C2：閘極金屬與源極 / 汲極金屬間的寄生電容
>
> C3：閘極與源極 / 汲極界面擴散層間的寄生電容
>
> C4：源極金屬與汲極擴散間的寄生電容

而改善的製程需求有：**低介電層** (low-k) spacer、infringe field reduction、低介電層 low-k ILD 與 IMD，低阻值的接觸自行對準金屬矽化物 (contact salicide)，低阻值的 copper barrier，低阻值的 capper layer 等。

由 2D 平面式場效電晶體演進 至 3D 鰭式電晶體 (FinFET)

FinFET 稱為**鰭式場效電晶體** (fin field-effect transistor, FinFET)，係由 2D **平面式** (planar) 場效電晶體發展而來。為符合 CMOS 尺寸同步縮小時，對高性能、低能耗、低漏電流的需求，及有效的成本控制以達商品化之目標。因此，Intel 於 2011 年，便將 FinFET 應用在 22 nm 節點的微處理器上，為第一代量產化的 3D CMOS，也開啟半導體的另一個新紀元，此元件不僅適用於低耗能，更是 Moore 定律的延續。

為克服 2D 平面單閘極電晶體的**次臨界效應** (subthreshold)，閘極漏電流以及控制短通道效應。矽電晶體便不得不，由傳統的 2D 平面單閘極電晶體，發展到 3D 的**多閘極電晶體** (multi gate transistor) 元件，如雙閘極、三閘極、π 型閘極、Ω 型閘極、和包覆式閘極元件等，如圖 2-27。

目前由**三閘極電晶體** (tri gate transistor) 元件的發展最為符合商業化的需求，如台積電便應用於 16 nm 節點及以下，聯電及 Samsung 則應用於 14 nm 節點及以下。

FinFET 初期應用於 SOI 上，如圖 2-27 之 extremely thin SOI，但因成本考量，便應用於**矽塊材上** (bulk Si)，且其製程與平面電晶體類似。

圖 2-26　FinFET 的寄生電容 [2.18]

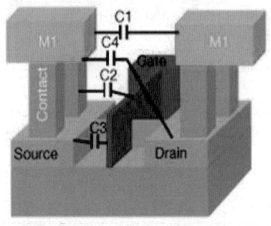

M1: 金屬
C1: 源極金屬與汲極金屬間的寄生電容
C2: 閘極金屬與源極／汲極金屬間的寄生電容
C3: 閘極與源極／汲極界面擴散層間的寄生電容
C4: 源極金屬與汲極擴散間的寄生電容

圖 2-27　多閘極電晶體元件的種類 [2.17]

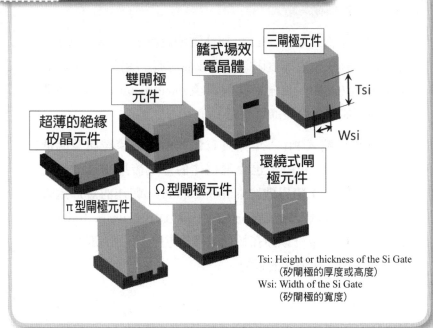

Tsi: Height or thickness of the Si Gate
　　（矽閘極的厚度或高度）
Wsi: Width of the Si Gate
　　（矽閘極的寬度）

首先，形成 Fin **作動區** (active region) 之後，填充 STI gap fill，平坦化 (planar)，及氧化形成**鰭** (fin); 接著製作 FinFET CMOS，例如**井** (well)，閘極、**磊晶源極 / 汲極** (epi source and drain)，沉積後閘極的高介電常數介電層，金屬閘極等製程技術。

如圖 2-28 為 Intel 公司之 (a) 32 nm 平面電晶體以及 (b) 22 nm 三閘極電晶體微結構圖，圖中標示閘極和鰭的位置。

如圖 2-28(c) 為傳統平面電晶體與三閘極電晶體的結構示意圖，其中平面電晶體之閘極與源極 - 汲極之接面為單向的，而三閘極電晶體 FinFET 為三接面接觸，而圖中灰色為 Hi-K gate stack。

如圖 2-29(a) 為平面電晶體在微縮時所面臨的挑戰，即如何令 I_{on} 在 on 的狀況下可得最大電流，以改善性能？又如何使 I_{off} 在 off 狀況下，漏電流最低？為達到低耗能的需求，並期望在執行開關時的處理速度夠快，以提高元件的效能。如圖 2-29(b)，三閘極電晶體，便可降低**臨界電壓** (threshold voltage)，同時降低漏電流；即在較低的操作電壓下，達到低耗能，低漏電及高速運作的目的。

圖解光電半導體元件

小博士解說

由於平面二維 MOSFET 無法繼續微縮至 20 nm 以下，主因於閘極氧化層厚度限制並導致漏電流。縱然以很薄的等效氧厚度 (EOT)，也會面臨靜電流 (electrostatic) 的控制問題。甚至無法克服短通道效應。

三維的鰭式 FinFET 則具有較佳的靜電流控制及降低漏電流。而且 FinEET 也表現較佳的靜電流控制及低漏電流、具較佳的次臨界效應 (subthreshold)、較佳的短通道效應控制，並降低汲極誘發位能障下降 (DIBL, drain induced barrier lowering)，以期在較低的操作電壓下，達到低能耗、低漏電流與高速運作的目的。

圖 2-28 Intel 的三種電晶體結構示意圖 [2.1,2.17]

(a)32 nm 平面電晶體　　　　(b) 22 nm 三閘極電晶體

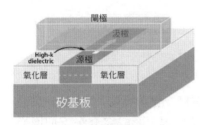

平面場效電晶體

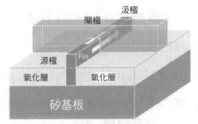

鰭式場效電晶體

(c) 傳統平面電晶體與三閘極電晶體之結構示意圖

圖 2-29 平面電晶體和三閘電晶體的設計用途 [2.1]

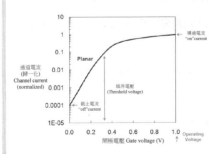

(a) 平面電晶體之操作

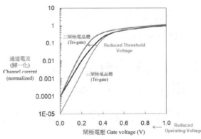

(b) 三閘極電晶體之操作

如圖 2-30(a)，當 Intel 由 32 nm 平面電晶體微縮至 22 nm 三閘極電晶體時，期望該元件有較低的**操作電壓** (operating voltage)，元件之訊號處理也同時變快。如圖 2-30(b) 在操作電壓 1.0 V 時，22 nm 三閘極電晶體的訊號處理速度較 32 nm 平面電晶體快約 18%；而當操作電壓在 0.7 V 時，其訊號處理速度卻可大幅增加約 37%。

若要達到相同的元件性能表現時，22 nm 三閘極電晶體較 32 nm 平面電晶體所需之操作電壓低約 0.2 V，也就是說可節省啟動元件所需能耗約 250% 以上，如圖 2-30(c)。

以 Intel 之 22 nm FinFET 為例，其前段及中段及後段製程分別為：

22 nm FinFET 之前段及中段製程

1. 利用**矽塊材** (bulk-Si) 為基材。

2. 其接觸閘極寬度為 90 nm。

3. SRAM cell 的大小為 0.092 μm^2。

4. 鰭為不規則四邊形形狀，寬度約 8 nm，高度約 35 nm 以最佳化**啟動電流** (drive current) 及電容，形成**完全空乏型通道** (fully depleted channel)，以改善短通道效應。

5. 為降低**外部電阻** (R_{ext}) 或寄生電阻，N-FinFET 使用**內摻雜** (in-situ doping) 及提升**源極 - 汲極** (elevated source / drain)，並在 P-FinFET 中使用對通道產生壓應力的**應變鍺化矽** (strained SiGe)，而其中鍺之含量約為 40-55%。

6. 而閘極則使用高介電常數和**金屬閘極** (Hi-K metal gate, HKMG)。

7. 在製程中亦需注意鰭之幾何形狀的保持，如角落或側邊的**矽損失** (silicon loss)。

8. 各製程的均勻性和可靠度均需考量。

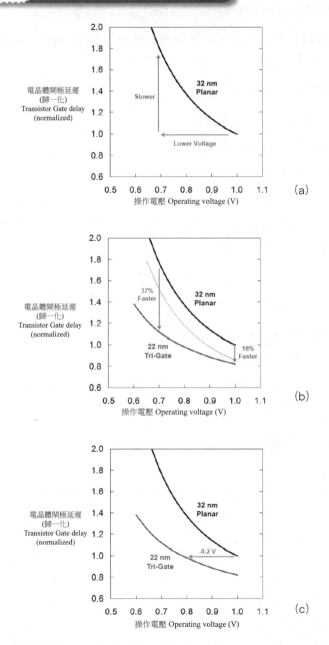

圖 2-30 電晶體操作示意圖 [2.1]

(a) 32 nm 平面電晶體操作電壓與閘極延遲；(b) 和 (c) 32 nm 為平面電晶體與 22 nm 三閘極電晶體之比較

在後段製程 (back end of line, BEOL) 方面須考慮之處

1. 使用**自行對準接觸矽金屬化合物** (self-aligned contact salicide)，以降低鎢 (W) 極金屬的接觸電阻。

2. **沉積氮化矽** (silicon nitride)。

3. **氧化覆蓋層** (oxide capping layer)。

4. CMP **平坦化** (planarization)。

5. 對接觸電極**圖案化** (patterning)。

6. 製作 9 層的銅 (Cu) 內連接金屬，並使用低介電常數或**極低介電常數** (ultra low-k) 介電層以提供較低的電容，並完成 FinFET CMOS 的製作。

綜上所述，Intel 22 nm FinFet 之 TEM 微結構圖，如圖 2-31 所示。

3D 鰭式電晶體製作上的挑戰

當我們展望 14 nm 以及更往後的先進元件，其中有許多非常關鍵性設計的挑戰，需要被好好的理解並解決，這些挑戰包括了：

1. 降低有效閘極長度

對於先進科技世代元件而言，降低有效閘極長度是一項非常關鍵的挑戰，比如說因為退化**汲極誘導的降低能障** (drain induced barrier lowering, DIBL)，會使得元件在關閉狀態的**漏電流** (off-state current)，因較差的短通道效應而增加，代表著有效閘極長度持續微縮接近 14 nm 的顯著限制。同樣的，當為了提供更有效的通道控制，而降低閘極氧化層厚度 (T_{ox})，也會使得閘極的漏電流 (I_G) 顯著增加，通常會以增加通道的植入濃度 (增加起始電壓)，去控制漏電流大小。然而增加通道的離子佈植濃度，會降低載子的移動率，同時也會增加**隨機摻雜擾動效應** (random doping fluctuation, RDF)，導致起始電壓的波動增加，進而衝擊到最低操作電壓 (V_{min})。

圖 2-31 Intel 22 nm FinFET 之 TEM 微結構圖 [2.19]

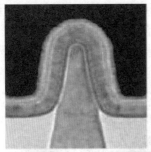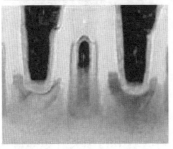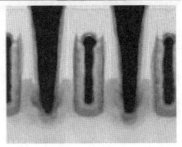

097

 知識補充站

先進元件關鍵製程設計面臨的挑戰：

1. 降低有效閘極長度 (L_{eff}：effective gate length)。

2. 降低閘極特徵尺寸 (gate pitch)。

3. 起始電壓 (V_t：threshold voltage) 的控制。

降低閘極特徵尺寸的重點：

1. 接觸到閘極 (contact to gate) 的接觸。

2. 磊晶到閘極 (epi to gate) 的接觸。

2. 降低閘極特徵尺寸

隨特徵尺寸的降低，也會降低 NMOS (stress induced nitride) 及 PMOS (e-SiGe) 的應力增強效應，而使得載子移動率及元件的啟動電流降低，同時也會使得寄生電阻與電容的影響增加，因此使得整個閘極的電阻與電容增加。

1. 接觸到閘極 (contact to gate) 的接觸。

2. 磊晶到閘極 (epi to gate) 的接觸。

最後，因為源極與汲極的作動區域的降低，而使得源極／汲極電阻上升，也降低了啟動電流 (I_{on})。

3. 啟動電壓 (V_t) 的控制

是另一項巨大的挑戰，特別是對低功率的 SOC (silicon on chip) 製程而言，最關鍵的矛盾在於同時需求更高的性能 (產生更低的漏電流與被動功率) 與更低的起始電壓 (產生更低的操作電壓與降低作業功率)。

在 Hi-K／**金屬閘極** (HKMG) 的堆疊結構沉積前，將鍺植入淺層矽通道區域，可獲得較好的低啟動**電壓調變** (V_t adjustment)。對於 16 nm 節點而言，這種方法可避免使用鋁頂蓋，並且解決**低啟動電壓** (low-V_t) 的問題，而且採用**低溫離子佈植** (Cryo implant)，可控制較厚的**非晶值層離子佈植** (pre-amorphous implant)，便解決了伴隨 SiGe 磊晶通道形成時的製程整合問題，因為在通道形成的過程中，需要使用**硬質遮罩** (hardmask)，並且需要精準地控制矽的**下凹量** (recessed)，以及 SiGe 的厚度。

由 IBM 聯盟研究，啟動**電壓飄移** (V_t shift) 與 EOT 之間的關係，鍺通道離子佈植造成約 500 mV 的啟動電壓的飄移但不會增加反轉層的厚度，且鋁離子的植入可提供大的 V_t 飄移，但是同時也造成較嚴重的 EOT 惡化情況。

為了達到 low-V_t 的調變，研究人員便針對鋁離子和鍺離子的通道離子植入製程作一比較。鍺離子植入之後，經過結晶退火，形成介面層，然後沉積 HKMG。研究團隊發現，藉由低溫離子植入，可以消除 CV 曲線中的異常突起。研究也發現鍺離子植入的效果優於鋁的植入，因為植入鍺可以降低臨限電壓達 500 mV，並且沒有增加等效氧化層厚度。相反地，鋁離子植入則大幅惡化氧化層的等效厚度。因為，堆積在介面層與通道接面的鍺原子是造成 PFET 啟動**電壓飄移** (V_t shift) 的主因。

鋁離子和鍺離子植入製程對其他的電性則是有利的，包含更小的閘極漏電流密度，低閘極引發汲極漏電流 (GIDL)，以及比控制組稍佳的 NBTI 特性。啟動電壓 (V_t) 的調配，於製程上的需求有均勻的源極與汲極的**延伸摻雜** (source/drain extension implant) 例如：**電漿摻雜** (plasma doping)，固態狀態擴散 (solid state diffusion)，以及**調整金屬閘極的功函數** (metal gate work function tuning) 以調配 V_t 的大小。

此外，鰭式電晶體的靜電約束性的優點，正好足以克服平面式電晶體在不斷持續微縮所導致的短通道效應。因此，為了維持微縮的規劃藍圖，短通道性質的改善將持續被需要，各種衍生的元件結構被大量提出改善元件的**靜電約束**。目前對於先進科技世代的元件而言，已有大量的研究與經費投入於此，而這些各式各樣的結構分類，根據不同的元件靜電約束機制來分類，可分為如圖 2-27 所示之多閘極電晶體元件的種類：

① 以平面式的結構而言，例如極薄化本體 (ultra-thin body, UTB)，完全空乏 SOI，FDSOI (fully-depleted SOI) 和 ETSOI (extremely-thin SOI)。

② 一維靜電約束結構 (1D electrostatic confinement)：double gate 與 FinFET。

③ 超過一維小於二維靜電約束結構：tri-gate FinFET 與 Omega-FET。

④ 完全二維靜電約束結構：gate-all-around 與 nano wire。

而這些不同靜電約束的表現，如表 2-1 所示。

當新技術導入時，20/16/14 nm 製程也遭遇到其他電晶體技術的挑戰，
如：

① 需要雙重曝光 (dobule patterning)，以便正確印出
20nm 及以下的圖案 (pattern)。

② 佈局依賴效應，在 28nm 或以上即已顯露，隨著新製
程發展，問題越來越嚴重。

③ 最上層和最下層的金屬，中間的電阻差異可能到 50
倍以上。

④ 電遷移 (electromigration) 隨著製程微縮而增加。

⑤ 眾多嶄新而且複雜的設計規則。

⑥ 複雜性。

而 2D 平面電晶體和 3D 三閘極電晶體的比較則如表 2-2 所示。

小博士解說

　　當 2D 平面電晶體微縮至 20 nm 達到極限後，針對 3D 立
體 MOSFET 之設計，科學家便提出很多方法。例如：超薄 SOI
(Extremely Thin-SOI)，雙閘極 (Double Gate)，鰭型 MOSFET
(FinFET)，三閘極 (Tri-Gate)，環繞型 MOSFET (GAA, Gate
All Around)，Ω 型 MOSFET(Omega-FET) 及 π 型 MOSFET
(Pi-Gate) 等。目前產業界在 16 nm ～ 10 nm 尚採用 FinFET，
而 7 nm 及 5 nm 則考慮用 GAA-FET。

圖解光電半導體元件

表 2-1　不同靜電約束的比較

參考文獻	Cheng VLSI 2009 ETSOI	Cheng IEDM 2009 ETSOI	Chang IEDM 2009 FIN	Yeh IEDM 2010 FIN	Dupre IEDM 2008 WIRE	Bangsaruntip IEDM 2009 WIRE	Tachi IEDM 2010 WIRE
閘極長度	25	25	25	30	90	25/35	32/42
n型場效電晶體次臨界斜率 (mV/dec)	85	80	83	75	68	85	64
n型場效電晶體汲極引致能障下降 (mV/V)	90	75	83	55	15	65	32
n型場效電晶體次臨界斜率 (mV/dec)	80	80	96	74	65	85	73
n型場效電晶體汲極引致能障下降 (mV/V)	85	95	158	68	7	105	63

表 2-2　2D、3D 電晶體的比較

2D 平面電晶體	3D 三閘極電晶體
元件作動之開關由單邊控制	元件作動之開關由三邊控制
高漏電流	低漏電流
低啟動電流	高啟動電流
通道控制較低	通道控制較高
製程複雜	製程程序複雜度降低
較高的操作電壓	低操作電壓
	較高的寄生電阻與寄生電容

Unit **2-6**
半導體與微影相關製程簡介

矽集體電路製程相當複雜,可概分為微影、蝕刻、薄膜以及擴散。當然,還包含晶圓檢測、品管、廠務製程整合、封裝與檢測等。為因應莫爾定律之微縮,各種相關製程技術,包含設備、材料、零組件供應商、IC 設計、晶圓代工、記憶體生產之企業,無不努力研發先進技術,並同步的有效成本控制。也因此得以將製程一一推升,為人類做出極大的貢獻。因各種先進技術皆有其挑戰與創新,在此不一一介紹,僅對部分關鍵技術探討,讀者可參考坊間前輩先進的相關書籍,以作更深入的了解。

微影 (photolithography) 製程技術

微影製程在集體電路元件製造中,對製程微縮最為重要的一項技術。即以光子束經由**光罩** (mask) 或**無光罩** (maskless) 將特定的圖案對晶圓上之光阻劑照射以定義後續製成的進行;如離子佈植、金屬蒸鍍,電漿蝕刻及薄膜沉積之用。

微影製程的歷史演進

微影製程的發展很早,以下即對其歷史的演進作一簡單的介紹:

1. 接觸式 (contact)

1962 年,接觸式轉印是半導體設備商所商業化最早,與最簡單的微影技術。接觸式轉印機包含做為光源的水銀燈泡,承載光罩與晶圓的支撐架,以及能夠將光罩上的**圖樣** (pattern) 精確地轉移到晶圓上的**對位** (alignment) 單元。

2. 接近式 (proximity)

1970 年代,由於接觸式轉印技術具較低的製程良率。主因為曝光製程期間,由於重複地傳送和光罩與晶圓彼此的接觸,導致晶圓易刮傷。因此,為避免直接接觸,便發展接近式技術,即在光罩與晶圓之間,分隔 10 ～ 20 μm 的間隙以提升良率。

3. 投影式 (projection)

投影式掃描機導入了透鏡的運用，並與一系列的反射鏡組合，將光罩影像投影到晶圓上。

4. 電子束 (e-beam)

利用電子束，依據事先程式化的圖樣，直接將圖案刻印到晶圓的光阻上，以減少光罩的使用。

5. G 光源 (g-line)

製造 1X 光罩的挑戰，驅使了業界開發出**步進機** (stepper)。利用 436 nm 波長的 G 光源步進機，將以前的光學技術予以改進。首先，光源由折射式透鏡系統來投影。

其次，光源每一次僅投影到晶圓的一部分上，以進行晶片圖案的多次曝光，到整片晶圓。這兩個發展大大簡化了光罩製造上的挑戰。

6. I 光源 (i-line)

1980 年代，I 光源步進機使用更短波長 365 nm 的光源，以改善 G 光源解析度的限制。而這需要開發一種新型的玻璃材料，以及相對應對於透鏡生產製程上的改變，同時也對光阻成分做了一些改變。而剩餘的元件則僅需要再從 G 光源世代轉換時，做一些提昇性的改進即可。

7. 248nm 深紫外光 (DUV 248nm)

　　1980 年代中期，由於製程的演進與元件的微縮，更短波長的 248 nm 的深紫外光便相繼導入。過去所使用的水銀燈，已無法提供 248 nm 波長的足夠能量，促使光阻產生化學反應，便由 KrF 氣體的準**分子雷射** (excimer lasers) 所取代。

8. 193nm 深紫外光 (DUV 193nm)

　　為了持續往更精密的解析度邁進，深紫外光 193 nm 波長的技術便於 1990 年代導入。因為 KrF 雷射無法提供 193 nm 波長的光源，因此便利用 ArF 氣體的準分子雷射，同時現存透鏡材料所帶來的光源吸收問題，便由新透鏡材料氟化鈣 (CaF_2) 的開發下獲得了解決，當然新的光阻與光罩技術也必須進行主要的開發。

9. 193nm 浸潤式深紫外光 (DUV 193 nm immersion)

　　為 193 nm DUV 的技術延伸，大量應用於 45 nm 節點的生產。主要是將原來在透鏡及光阻之間空隙，由**反射係數** (refractive index) 大於 1 的短波長液態溶液取代，因此容許較小尺寸的影像微縮，目前是利用水作為液態溶液介質。

10. 157nm 深紫外光 (DUV 157nm)

　　以 157 nm 波長氟 (F_2) 雷射，解析度約在 0.13 ～ 0.08 μm。在波長上的降低也同時對現存的透鏡造成了傳輸的問題，為了解決這個問題，透鏡需要含有比以前還來的更高濃度的氟化鈣，但是它也為透鏡製造製程帶來了很多挑戰，同時光阻也是另一個挑戰。

11. 極短紫外光 (EUV)

所使用的波長範圍為 10 ～ 100 nm，與 1 ～ 25 nm **軟 X 光 (soft X-ray)** 微影波長部份重疊。兩者區別不依波長範圍，而依成像方式。以 1：1 接觸法、1：1 鄰近法成像者歸類為軟 X-光微影；以縮小倍率投影成像者，早期稱之為投影式 X-光微影，EUV 主要光源為雷射誘發電漿產生之 X-光，目前研發之重點，集中在 13 奈米波長。且光源是發展 EUV 微影系統最棘手的課題之一。

12. 無光罩 (maskless)

係利用多個平行電子束寫入技術。即利用光來分別切換電子束，並利用 MEMS 透鏡陣列寫入，而無須利用任何光罩以節省製造成本，最小尺寸達 0.014 μm。 目前尚在研發階段。

微影製程簡介

微影的基本製程大致分為三大步驟：光阻塗佈、對準曝光以及顯影。但為了加強圖案傳遞的精確性與可靠度，微影製程還包含有**去水烘烤** (de-hydration bake)、**塗底** (priming)、**軟烤** (soft bake) 與**硬烤** (hard bake) 等步驟。

光　阻

類似照相底片之感光材料，首先塗佈於晶圓表面，將光罩圖案經由曝光轉移在光阻之上。主要由結合劑、感光劑、溶劑，以及添加劑混合而成。

光阻可分為**正光阻** (positive photoresist) 和**負光阻** (negative photoresist) 兩種，其功用就如同攝影之正片與負片；正光阻在曝光後，會解離成溶於顯影劑之化學結構，解析度較佳。負光阻在曝光後，會產生鏈結而不溶於顯影劑，解析度較差但相對便宜。此兩種光阻在顯影後之差異，如圖 2-32 所示。

好的光阻應具有良好的**附著性** (adhesion)、**抗蝕刻性** (etch resistance) 與**解析度** (resolution)，這些都會關係著該圖案是否能完整轉移到晶片表面。

光阻塗佈

光阻塗佈是在晶片表面覆蓋一層厚度均勻、附著性強，且無任何缺陷之光阻；目前幾乎所有光阻塗佈皆以**旋轉塗佈** (spin coating) 來進行。另外，光阻厚度除與光阻液黏性有關外，也受旋轉器的轉動速度影響。

光阻塗佈後，需經**軟烤** (soft bake)，主要是將晶片上的光阻溶劑從光阻裡驅除，使光阻由原本液態經軟烤後，變成固態的薄膜，並增加光阻之

圖 2-32　正光阻和負光阻顯影後之差異 [2.22]

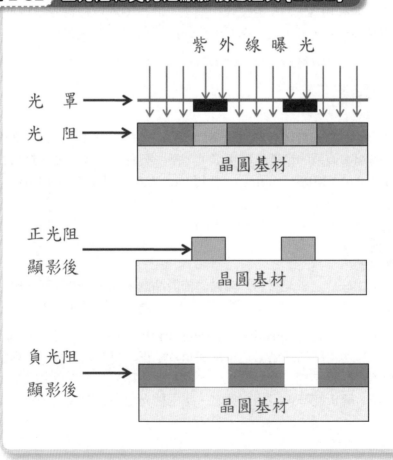

附著力。軟烤的品質受熱源、溫度與時間影響，需尋求最佳化製程。

對準曝光

　　對準曝光技術主要有：**接觸式** (contact)、**近接式** (proximity)、**投影法** (projection)、**步進機** (stepper) 與**掃描機** (scanner) 等。如圖 2-33 為對準曝光以形成閘極之範例。

　　曝光通常是以光為媒介進行光罩圖案轉移，一般是以**汞弧燈管** (mercury arc lamp) 所產生的**紫外光** (UV light) 作為曝光之光源，而曝光的解析度取決於所使用的光源的波長。控制曝光能量的條件為曝光光源的強度以及時間，而決定此兩項的條件的參數包含光阻的厚度、軟烤、顯影、及顯影後光阻線寬的容許誤差等。

圖 2-33　對準曝光以形成閘極 [2.22]

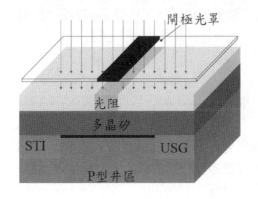

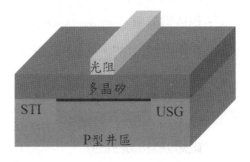

圖解光電半導體元件

顯 影

為避免曝光後光阻因其他的反應而改變化學結構,經曝光後的光阻,應盡速進行顯影。而準確控制顯影相當重要,控制顯影的主要條件有顯影時間、顯影劑的濃度與溫度。

硬 烤

硬烤係藉由蒸發而降低光阻內的溶劑含量,除了強化光阻對晶片表面的附著力外,也可幫助光阻對後續製程,如蝕刻與離子佈植的阻擋能力,使其製程**選擇性** (selectivity) 增加,以進行所謂的**選擇性蝕刻** (selective etching) 與**選擇性離子佈植** (selective implantation)。

通常硬烤的溫度都會比前面的軟烤與曝光後的烘烤還高,假設硬烤的溫度較高,使得光阻溶劑含量少,相對的,最後要去光阻也相對困難;溫度若太高,反而會使光阻的附著性因累積太多的拉伸硬力而降低,故溫度必須適量的控制。

小博士解說

微影製程技術對元件是否能持續微縮至關重要,因此,微影技術為所有半導體製程技術的核心,也是投資金額及挑戰最大的研發及生產技術。

其製程步驟包含:

－晶圓表面清洗 (wafer surface cleaning)

－形成阻障層 (barrier layer formation)

－光阻塗佈 (spin coating with photoresist)

－軟烤 (soft baking)

－光罩對準 (mask alignment)

－曝光 (eoposure) 及顯影

－硬烤 (hard baking)

－去光阻及清洗

去光阻

去除光阻的方式主要有兩種，即乾式蝕刻和濕式蝕刻。乾式蝕刻是利用電漿方式蝕刻。濕式蝕刻則是將晶圓浸入溶液中進行蝕刻。

(a) 乾式蝕刻去光阻

藉由電漿放電，在無損基板表面的光阻下，直接針對光阻進行蝕刻，使得晶片上的光阻 (為碳氫化合物) 被氧電漿進行反應性蝕刻，產生 CO 、CO_2、H_2O，再被電漿反應器之真空系統抽離。

(b) 濕式蝕刻去光阻

- **有機溶液去光阻法：**有機溶劑主要利用對光阻進行結構性的破壞，使光阻溶於有機溶劑中，常用有機溶劑為**丙酮** (acetone) 及**芳香族** (phenol base) 等。

- **無機溶液去除法：**利用一些無機溶液 (如硫酸 H_2SO_4 和雙氧水 H_2O_2)，把光阻內的碳 (C) 元素，以雙氧水將其氧化為二氧化碳 (CO_2)，氫 (H) 元素則以硫酸施以**去水** (dehydration)，如此便可把光阻去除。

(c) 等向性蝕刻與異向性蝕刻

若以蝕刻的方向區分，又可分為**等向性蝕刻** (isotropic etching) 和**異向性蝕刻** (an-isotropic etching) 兩種。

等向性蝕刻 (isotropic etching) 是垂直方向和水平方向以等比例進行蝕刻，易形成盆狀圖案，以濕式蝕刻為代表。而異向性蝕刻 (an-isotropic etching) 則幾乎只在垂直方向進行蝕刻，水平方向則處於停滯的狀態，以乾式蝕刻為代表，這也是乾式蝕刻的優點，適用於較精密形狀之圖案。

Unit **2-7**
高介電常數介電層及金屬閘極

高介電常數介電層

當**等效氧化層厚度** (effective oxide thickness, EOT) 持續降低時，傳統 SiO_2 與 SiON 的閘極漏電流便無法滿足元件的需求，因此高介電常數介電層便因應而生，其主要的功能便是在相同等效的氧化層厚度下，以較高的物理厚度來阻擋漏電流。

然而，材料的選擇並非單看介電常數，同時必須兼顧材料本身的能帶寬度是否足以抵擋載子直接穿隧。而且，材料本身與 Si 或是 SiO_2 相容性也相當重要。

通常**介電常數** (dielectric constant) 與**能帶寬度或能隙** (bandgap) 互為牴觸，因此在選擇材料時需在這兩參數間的特性取得平衡。

圖 2-34(a) 為高介電常數介電材料的種類，圖中顯示各種高介電常數介電材料的介電常數與能帶的比較。目前，氧化鉿 (HfO_2) 為 MOS 量產的高介電常數介電材料，主因其能兼顧介電常數與能隙的平衡。

等效氧化層厚度 (effective oxide thickness, EOT) 持續降低時，傳統 SiO_2 與 SiON 的閘極漏電流便無法滿足元件的需求，因此高介電常數介電層便因應而生，其主要的功能便是在相同等效的氧化層厚度下，以較高的物理厚度來阻擋漏電流，如圖 2-34(b) 所示。

然而，材料的選擇並非單看介電常數，同時必須兼顧材料本身的能隙是否足以抵擋載子直接穿隧。

如圖 2-35(a) 為 Intel 公司 65 nm CMOS 的 Hi-K 相對於 SiO2 在等效氧化層厚度 (EOT) 下，可沉積較厚的高介電常數介電層，除可提高電容 1.6 倍以外，並可將電晶體的漏電流降低 100 倍以上，如圖 2-35(b) 所示。

圖 2-34 高介電常數介電材料的種類與能帶寬度的比較 [2.1]

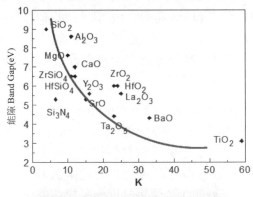

(a) 高介電常數介電材料的種類

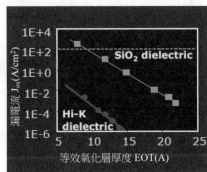

(b) Hi-K 可有效降低漏電流

圖 2-35 Hi-K 於閘極電極之應用及效能 [2.2]

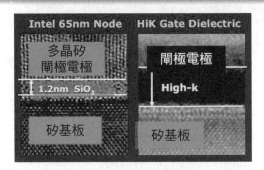

(a) Hi-K 與 SiO_2 的氧化層厚度比較

	二氧化矽	High-k
電　容	1.0x	1.6x
漏　電	1.0x	< 0.01x

(b) Hi-K 可增加電容並有效降低漏電流

金屬閘極

　　當高介電常數介電層取代 SiO_2 為閘極介電層時，傳統的多晶矽的電極便無法與高介電材料相容，因此，造成電晶體的驅動起始電壓過高，無法滿足元件本身應有的特性需求，**高介電常數金屬閘極** (Hi-K metal gate, HKMG) 電晶體首次應用於 45 nm 世代。

　　介電層材料為**鉿氧化物** (oxide of halfnium)，如 HfO_2，$HfSiO_4$ 及 HfZrOx 等，主因為此種材料可保持低漏電流。同時，**多晶矽導線** (polysilicon conductor) 因為無法與新的介電材料相容，便需要尋找其他替代材料。NMOS 與 PMOS 電晶體需要對薄金屬的**功函數** (work-function metals) 複雜堆疊結構各自進行最佳化，便需於堆疊結構頂部覆以導線層，其原因如下：

> ① 多晶矽與 Hi-K 介面產生缺陷，並形成**金屬矽鍵結** (polycide)，如圖 2-36(a) 所示。同時，此鍵結會產生**光聲子** (optical phonon) 並造成載子**移動率嚴重衰退** (mobility degradation)，如圖 2-36(b) 所示。

> ② 因為金屬矽鍵結會使費米能階的位置發生不對等偏移致靠近導電帶的位置，造成 PMOS 與 NMOS 起始電壓的對稱性無法調整。如圖 2-37 所示。

　　綜合以上兩點需求，在接續的元件上，**金屬閘極** (metal gate) 扮演極為重要與必要的角色，金屬閘極本身的高電荷密度，恰可抵銷高介電常數介電層的**偶極震動** (dipole vibration)，圖 2-38 (a) Hi-K / poly-Si 介面會產生偶極共振現象；(b) Hi-K/metal 介面互相抵銷偶極共振現象；(c) 金屬閘極搭配 Hi-K 可大幅改善載子移動率 50% 以上。

圖 2-36　Hi-K 與 Poly-Si 閘極搭配所產生之缺陷 [2.1]

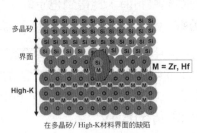

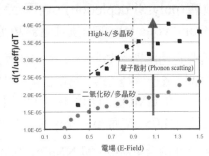

(a) Hi-K/ poly 產生介面缺陷　　　(b) Hi-K/ poly-Si 聲子的產生

圖 2-37　Hi-K 與 Poly-Si 閘極搭配所產生的費米能階偏移 [2.11]

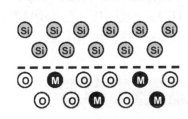

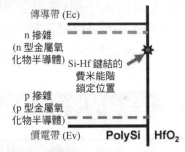

圖 2-38　Hi-K 搭配 Poly-Si 閘極和 Hi-K 搭配金屬閘極之比較

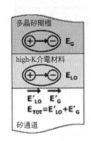

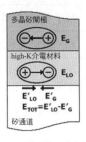

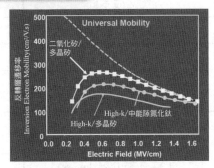

(a) Hi-K/poly-Si 介面產生偶極共振現象　(b) Hi-K/metal 介面互相抵銷偶極共振現象　(c) 金屬閘極搭配 Hi-K 對 mobility 的改善

　　另一方面，金屬閘極亦可避免，傳統晶**多晶矽 (poly-Si)** 閘極的**多晶矽空乏效應 (poly-Si depletion)**，選擇金屬閘極材料時，為得到穩定的平帶電壓(flatband voltage)，需特別注意該**功函數**(work function)是否符合需求。

　　所謂的功函數，是將一電子從固體表面中釋出，所必須提供的最小能量，通常以電子伏特 (eV) 為單位，其大小通常約為金屬自由原子電離能的二分之一。在 CMOS 常用的電極材料中鋁的功函數為 4.1 eV，n+ Poly-Si 之功函數為 4.05 eV 而 p+ Poly-Si 的功函數為 5.05 eV

　　為設計適合 PMOS 與 NMOS 的功函數及工作起始電壓，**雙金屬閘極 (dual metal gate)** 是必需的。也導入新材料或利用離子植入氮，鋁，銻等金屬以調配其功函數 (或平帶電壓) 以形成 p-type metal，n-type metal 以及 mid-gap metal 等；其中氮化鈦 (TiN) 為常用的 mid-gap 金屬閘極材料，如圖 2-39 所示。金屬閘極的製作方面，如圖 2-40，可概分為二種技術，即**前金屬閘極沉積 (gate first)** 及後金屬閘極 (gate last)，而後金屬閘極又可分為先 Hi-K (Hi-K first)，後閘極或後 Hi-K 及後閘極。而其優缺點之技術比較如圖所示。表 2-3 為前金屬閘極及後金屬閘極之技術比較。

表 2-3　前金屬閘極及後金屬閘極之技術比較

前金屬閘極沉積	後金屬閘極
可與 poly/SiON 整合	須與 Hi-K/metal gate 整合
製造成本低	製造成本較高
載子移動率與效能較差	載子移動率與效能較高
V_t、EOT，漏電流較差	V_t、EOT，漏電流較佳
製程整合較具挑戰性： 如後蝕刻，高熱預算等。	製程整合較具挑戰性： 如蝕刻，gap fill，CMP 等。
熱預算會將 metal gate 移到 midgap	需要選擇對的功函數 (work function) 金屬
約 3～4 層介層(layers)	約6～7層介層 (layers)
應用於 low power device 及 DRAM	應用於 high performance device

圖 2-39 雙金屬閘極的選擇 [2.24]

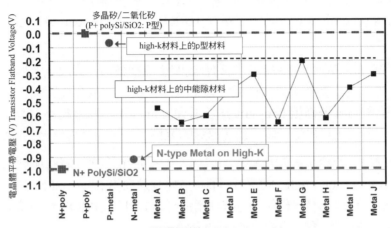

圖 2-40 金屬閘極的種類 [2.24]

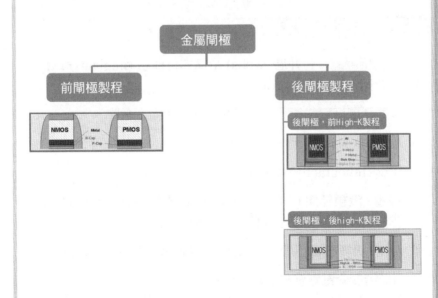

　　如圖 2-41 前金屬閘極及後金屬閘極之沉積層及技術之比較，如圖 2-41(a) 前金屬閘極，先沉積 SiON，之後為 Hi-K，N-cap 或 P-cap 層，再沉積 metal gate 及 poly gate。而圖 2-41(b) 後金屬閘極金屬閘極先沉積**化學氧化層** (chemical oxide)，之後為 Hi-K(HfO_2)、TiN-cap 層、阻障，再實施鋁填充。

　　由 32 nm 節點開始發展不同的金屬閘極流程技術，即決定金屬閘極的沉積是在源極及汲極完成之前或之後形成。主要是考量源極與汲極的形成時，會使用到**離子佈植** (implants) 及**退火** (anneal) 等高溫製程，所以若先製造閘極會增加熱預算，並限制其導線的選擇與及提高製程整合的挑戰。

　　相反的，若最後再製作閘極，或稱此製程為**替換性金屬閘極製程流程** (replacement metal gate, RMG)，不僅可控制**熱預算** (thermal budget)，又可使用鋁金屬作為導線材料。也有採用混合方式，及 NMOS 電晶體先以前閘極形成，PMOS 電晶體則以後閘極形成。

　　後閘極製程流程，基本上與形成傳統 SiON/poly 閘極的製程幾乎類示，不同的是，在所有的高溫製程步驟完成後，把**多晶矽閘極** (poly gate) 蝕刻出，並以金屬填入其所留下的閘極開孔，形成金屬閘極。其基本製程流程如下：

金屬閘極基本製程流程

1. 淺溝槽隔離，對**井區** (wells) 結構進行**佈植** (implants) 以**控制起始電壓** (V_t control)。

2. 以原子層沉積技術，沉積高介電常數閘極介電層。

3. 以 PVD 方式沉積多晶矽閘極。

4. **微影** (lithograohy) 與**閘極蝕刻** (gate etch)。

5. **源極 / 汲極延伸** (S/D extention)、**隔離層** (spacer)、**矽凹陷** (Si-recessed) 與**矽鍺沉積** (SiGe deposition)。

6. **源極 / 汲極形成** (S/D formation)，**鎳矽化物** (Ni salicidation)。

7. 首層層間**介電層沉積** (ILD deposition)。

8. 打開**多晶矽化學機械研磨製程** (poly open CMP)，**多晶矽蝕刻** (poly etch)。

9. PMOS **功函數金屬沉積** (work-function metal deposition)。

10. **金屬閘極微影與蝕刻** (metal gate lithography and etch)。

11. NMOS 功函數金屬沉積。

12. **鋁金屬閘極填充** (Al metal gate fill) 與 **化學機械研磨** (CMP)。

圖 2-41 前金屬閘極及後金屬閘極之沉積技術比較 [2.24]

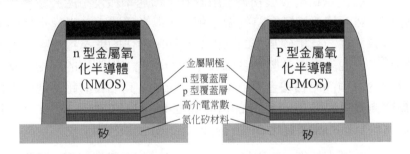

n 型金屬氧化半導體 (NMOS)　　P 型金屬氧化半導體 (PMOS)

金屬閘極
n 型覆蓋層
p 型覆蓋層
高介電常數
氮化矽材料

矽　　矽

(a)

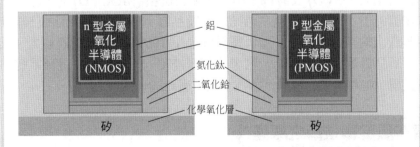

n 型金屬氧化半導體 (NMOS)　　P 型金屬氧化半導體 (PMOS)

鋁
氮化鈦
二氧化鉿
化學氧化層

矽　　矽

(b)

Unit **2-8**
原子層沉積

　　原子層沉積 (atomic layer deposition, ALD) 技術，在 1970 年代由芬蘭的 Tuomo Suntola 博士和他的工作團隊發明，主要是為了製作高品質、大面積的**電致發光薄膜** (thin film electroluminescence, TFEL) 平面顯示器而研發出來。

　　ALD 有別於一般傳統**化學氣相沉積** (chemical vapor deposition, CVD) 的成長方式，**前驅物** (precursors) 依序地被引進反應腔體之中，藉由前驅物在基材表面的**飽和化學吸附** (saturated chemisorption) 及**自我限制** (self-limiting) 的化學反應，將原子一層一層地堆疊起來，進行薄膜的成長。而這種成長方式一開始被稱之為**原子層磊晶** (atomic layer epitaxy, ALE)，由於這項沉積技術今日多使用於成長非晶與多晶的薄膜，是故又稱之為原子層沉積或是**原子層化學氣相沉積** (atomic layer chemical vapor deposition, ALCVD)。

　　在原子層沉積技術發展初期，由於其沉積速率緩慢不適於量產化，故未受重視。然而隨著積體電路的微小化，使得半導體工業製程及材料技術遇到了瓶頸。以二氧化矽為主的閘極氧化層，很快的就達到薄膜厚度的極限，需要被一個高介電常數的金屬氧化物所取代；銅製程的展開，需要能夠在溝渠內沉積高**階梯覆蓋率** (step coverage)、高品質的超薄薄膜；**替換性金屬閘極製程流程** (replacement metal gate, RMG) 的深溝槽，亦需新的介電層材料及新的**高深寬比** (high aspect ratio) 沉積技術。

　　傳統薄膜製程技術：如**濺鍍** (sputtering)、化學氣相沉積、**電漿輔助化學氣相沉積** (PECVD) 及**有機金屬化學氣相沉積** (MOCVD) 等，因為薄膜階梯覆蓋能力不足、製程溫度過高或薄膜品質不佳…等等原因，已經無法滿足製程上的需求。而原子層沉積具備幾乎 100% 的階梯覆蓋能力、低溫製程、高品質薄膜沉積技術及精準的膜厚控制，使得原子層沉積系統逐漸受到重視，並為未來的薄膜沉積技術開啟嶄新的一頁。

原子層沉積技術之原理

　　原子層沉積技術，是將參與反應的前驅物，以一次只通入一種前驅物的方式，依序地將前驅物導引至反應腔體內。並藉由基材表面飽和化學吸附方式，一次只吸附一層前驅物；而過多的前驅物及副產物，將由鈍氣 Ar 或 N_2 沖洗 (purge) 以達自我限制的目的。

一個基本的原子層沉積循環包括四個步驟

步驟一

金屬鹵化物，譬如：MCl_4，M=Hf，Zr 先脈衝式的流入晶圓表面，鹵化鍵結 (M-Cl) 會與晶圓表面上的官能基 (譬如：氫氧鍵結，－OH) 進行置換反應，並形成反應副產物 (HCl)。

步驟二

此時，未反應完的金屬鹵化物，以及產生的反應副產物會被惰性氣體沖洗出反應腔體。

步驟三

接著再將水以脈衝式流入晶圓表面，水中的氫氧鍵會與步驟二中，吸附於晶圓表面的金屬鹵化鍵結，再次進行官能基置換反應。將表面置換成金屬氫氧鍵，並形成反應副產物。

步驟四

將未反應完的水，及產生的副產物 (HCl)，以惰性氣體沖洗出反應腔體。

此四步驟為原子層氣相沉積的基本成長循環。介電常數介電層的厚度，便是以成長循環的循環次數控制。因此，高介電常數介電層成長前的介面準備變得非常重要，因介面的官能基種類以及密度，會直接影響成長介電層的品質，而影響到閘極電性的表現。

其反應機制如下頁圖 2-42 所示。

一般常使用的**前驅物** (precursor) 如表 2-4 所示，且須滿足下列要求：

1. 在反應溫度下要有足夠的揮發性。

2. 在反應溫度下不會發生前驅物自我分解、凝結及脫離。

3. 在表面基材上，前驅物必須擁有良好的化學吸附性。

4. 足夠的活性可以跟 H_2O，NH_3 或 O_3 反應。

5. 不會對基材產生蝕刻現象。

表面薄膜成長的速率除受溫度影響外，吸附金屬複合物所造成的**空間障礙** (steric hindrance) 以及鍵結的模式都會影響沉積速率。一般而言，相較於較小的吸附金屬複合物，較大的吸附金屬複合物的成長速率會比較慢。而前驅物除了會和一個反應區產生鍵結之外，其同時還可能和 2 個或是 3 個反應區產生鍵結，此情況依前驅物種類而定。是故，除了溫度之外，基材的表面性質、前驅物的種類亦會影響原子層沉積的薄膜沉積速率。而且薄膜成長的品質與基材表面的飽和反應的完全與否有關，如圖 2-43 所示。

表 2-4　一般常使用的前驅物

Chlorides and oxychlorides:
$AlCl_3$, $TiCl_4$, $ZrCl_4$, $HfCl_4$, $ZnCl_2$, $WOCl_4$, $MoCl_5$, $CrOCl_2$, $CuCl$, $SiCl_4$, $TaCl_5$, $InCl_3$

Alkylmetals:
$Al(CH_3)_3$, $Al(CH_2CH_3)_3$, $Zn(CH_3)_2$, $Zn(CH_2CH_3)_2$

Metallocenes:
$ZrCp_2Cl_2$, $TiCp_2Cl_2$, $NiCp_2$

Alkoxides:
$Ti(OCH(CH_3)_2)_4$, $Ta(OC_2H_5)_5$, $Nb(OC_2H_5)_5$

Others:
$(CH_3)_3SiNHSi(CH_3)_3$

Beta-diketonates:
$Y(thd)_3$, $Zr(thd)_4$, $Hf(thd)_4$,
$La(thd)_3$, $Ce(thd)_4$, $Cu(thd)_2$,
$Mn(thd)_3$, $Mg(thd)_2$, $Sr(thd)_2$,
$Pd(thd)_2$, $Ni(thd)_2$,

$Cr(acac)_3$, $Ni(acac)_2$, $Al(acac)_3$,
$Co(acac)_2$, $Co(acac)_3$, $In(acac)_3$

圖 2-42 原子層氣相沉積原理示意圖，其中 M 為鉿 (Hf) 或鋯 (Zr) 等 [2.24]

$MCl_4(g)$

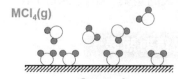

Step 1

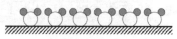

Step 2

$MCl_4 + 2H_2O\ (g) \rightarrow MO_2 + 4HCl(g)$

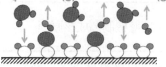

Step 3

MO_2

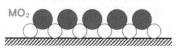

Step 4

圖 2-43 原子層沉積基材表面的飽和反應

氣流方向 (Flow direction)

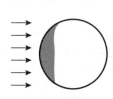

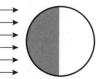

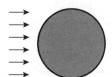

	劑量 (Dose)	劑量 (Dose)	劑量 (Dose)
$Al(CH_3)_3$	未飽和 (Unsaturated)	未飽和 (Unsaturated)	飽和 (saturated)
H_2O	飽和 (saturated)	飽和 (saturated)	飽和 (saturated)

原子層沉積與化學氣相沉積之比較及其優缺點

原子層沉積和化學氣相沉積之間有很大的差異，如表 2-5 所示：

表2-5　原子層沉積與化學氣相沉積對照表

原子層沉積	化學氣相沉積
1.高活性的前趨物。	1.前趨物的活性較低。
2.前趨物依序進入反應腔體。	2.前趨物同時進入反應腔體。
3.反應機制為表面飽和化學性吸附及自我限制。	3.反應機制為成核原理。
4.在反應溫度下，前趨物不會發生分解。	4.在反應溫度下，前趨物會發生分解。
5.允許過量的前趨物進入反應腔體，不會影響鍍膜厚度。	5.不允許過量的前趨物進入反應腔體，會影響鍍膜厚度。
6.鍍膜的均勻性：表面由飽和化學性吸附及自我限制。	6.鍍膜的均勻性：反應物氣體流量的穩定性。
7.鍍膜厚度由反應的循環數所控制。	7.鍍膜厚度由前趨物的量所控制。
8.擁有較高的深寬比鍍膜能力及階梯覆蓋率。	8.深寬比鍍膜能力及階梯覆蓋率較差。
9.製程溫度較低。	9.製程溫度較高。
10.對溫度變化的容忍度較高。	10.對溫度變化的容忍度較低。
11.薄膜的品質較優。	11.薄膜的品質較差。
12.較高的製程穩定度。	12.製程穩定度比較低。

原子層沉積由於表面飽和化學性吸附及自我限制的反應機制，使得原子層沉積擁有下列優缺點，如表 2-6 所示：

表 2-6　原子層沉積優點與缺點

優　　點	缺　　點
1.透過循環數控制，可以精確地控制薄膜的厚度。	1.在一般製程溫度下，前趨物需要有良好的揮發性。
2.由於表面飽和的機制，因此不需要控制前驅物流量的均一性。	2.沉積速率較低。
3.可大面積成長。	3.在較低成長溫度時，會有較差的結晶性。
4.傑出的高深寬比的階梯覆蓋能力。	
5.低溫製程(室溫到400°C)。	
6.製程穩定度高。	
7.前驅物材料的研發，廣泛適用於各種形狀的襯底。如：閘極氧化層、**深溝式動態隨機記憶體**(deep trench DRAM)、電致發光顯示器絕緣體、電容器及銅製程的擴散阻障層…等等。	

原子層沉積設備技術

原子層沉積系統，以提供的反應能量方式作為區分，大致上可以區分為兩種系統：一是**加熱式原子層沉積系統** (thermal-ALD)，另一個是**電漿式原子層沉積系統** (plasma enhanced-ALD, PE-ALD)。當然為因應 FinFET 的需要，近來也發展所謂的**選擇式原子層沉積系統** (selective ALD)。

(a) 加熱式原子層沉積系統

此系統以石英管為腔體，以電阻器通電為熱量來源，以電腦控制電磁閥門，將氣體以不同導管依序引進反應腔體內。由於石英亦處於整個反應過程，因此石英管內壁亦會沉積薄膜。此種系統不但需耗費過多電力資源，而且管壁須時常拆裝清洗，實在不方便。因此為改善此狀況，原子層沉積系統便被研發出來。此系統有一金屬外腔體及石英內腔體，電阻器只設置在需要加熱的石英管下方，氣體只被引導至石英管內。是故，不但節省了電力，而且石英管拆裝容易，減少了腔體暴露時間，因而提高了腔體的潔淨度。

(b) 電漿式原子層沉積系統

此系統以傳統**電漿輔助化學氣相沉積系統** (plasma enhanced chemical vapor deposition, PECVD) 為主體，以電腦控制電磁閥門，將氣體以不同導管依序引進反應腔體內，以**射頻** (radio frequency, PF) 電源產生**電漿** (RF plasma)。雖然此製程所需溫度較加熱式原子層沉積系統低，但是電漿卻對第一前驅物進行分解，降低了薄膜階梯覆蓋率。而電漿製程需要較高的製程壓力，因而拉長了鈍氣的沖洗時間。因此為改善階梯覆蓋率降低的問題，第一前驅物直接進入主要反應腔體，而第二前驅物進入石英腔體。第一前驅物未經電漿分解直接吸附於材料表面，因而維持原本結構，而經電漿分解的第二前驅物，經由離子化的氣體提高本身的活化能增進反應的進行。因此，此系統能夠在低溫製程下擁有良好的階梯覆蓋率。

原子層沉積之應用

由於原子層沉積可精準控制膜厚、幾乎 100% 的階梯覆蓋率及良好的薄膜均勻性，使得原子層沉積不論是在微觀的奈米世界或是在奈米積體電路應用，均扮演著一舉足輕重的腳色。以下將舉例一些其應用：

(a) 深溝式動態隨機記憶體之應用

積體電路微縮，動態隨機記憶體的電容再也無法只依靠增加面積提高電容值。

是故，為了提高電容值，除了尋找可取代的高介電係數材料之外，將電容結構由原本簡單的二維發展至複雜的三維亦是解決之道，即深溝式電容結構或是圓柱堆疊式電容結構。

但是欲在深溝式動態隨機記憶體沉積高均勻性薄膜並擁有高階梯覆蓋率，對傳統的製程而言將是一大挑戰。而具備高潛力的原子層沉積，就是解決問題的最佳方法。

根據最近的研究顯示，運用原子層沉積技術，已經成功地將氧化鋁均勻地沉積於 60：1 深寬比的深溝式電容，並擁有近乎 100% 的階梯覆蓋率。

(b) 場效電晶體閘極氧化層之應用

隨著積體電路元件的微縮，金氧半場效電晶體的閘極氧化層厚度亦隨之減小，伴隨而來的是閘極氧化層的漏電問題。當二氧化矽閘極的厚度縮小至 2 nm 時，已達到閘極尺寸設計上的極限。

穿透效應 (tunneling effect) 所帶來的漏電議題，將隨著閘極厚度的縮小，使得漏電量大增。是故，高介電係數材料的研發，取代傳統的二氧化矽是勢在必行。

而閘極在設計上也必須符合更多的要求，例如：較低的**介**

面狀態 (interface-state)、硼擴散率及電荷散射，以提高電晶體承載電流的能力。

當**等效氧化層厚度** (equivalent oxide thickness, EOT) 等於 1.5 nm 時，漏電量相較於同等厚度的氮氧矽化合物 (SiON) 降低兩個數量級。在低電場載體移動率可達氮氧矽化合物的 80%，而在高電場載體移動率和氮氧矽化合物相當。

這是在製作低功率高階金氧半場效電晶體閘極的重大突破，也為原子層沉積技術在積體電路上的應用更跨出了一大步。

(c) 銅製程之應用

為了降低 RC 時間延遲，在半導體製程上，擁有較佳導電率的銅，逐漸地取代傳統的鋁製程。銅製程跟傳統的鋁製程不一樣：鋁製程是先將鋁沉積成薄膜，經微影刻繪出導線再沉積絕緣的電介層；而銅製程是先沉積一層介電層，經微影刻繪出導線溝渠結構，由於銅的擴散速度很快，很容易汙染其他元件，因此必須沉積一層擴散阻障層，以防止銅的擴散，再沉積一層種子層，以電鍍方式將銅沉積至導線溝渠，此製程稱之為**嵌入式製程** (damascene processing)。

當半導體向 65 nm 和 45 nm 及以下製程發展時，原先由 PVD 製程所沉積的擴散阻障層其膜厚遇到了瓶頸，無法再進一步變薄，導致阻障層橫截面積佔整個導線橫截面積的比例越來越大。

是故，可精準控制膜厚的原子層沉積，取代了 PVD 製程，提供了一個很好的解決辦法。

(d) 奈米微觀世界之應用

材料在奈米化之後，奈米結構材料特有的「**量子尺寸效應**」、「**量子穿隧效應**」及「**表面效應**」等等的現象，導致材料的光、聲、力、電、磁、熱學與化學等特性皆因奈米化而有所改變。

例如：黃金隨著尺寸的縮小被製成**金奈米粒子 (nanoparticle)** 時，顏色不再是金黃色而是呈現紅色，光學性質因尺度的不同而產生了變化。

因為如此，奈米材料深深吸引著各國科學家紛紛投入研究。而原子層沉積優異的階梯覆蓋率、良好的薄膜均勻性及精確的膜厚控制，在奈米孔隙的填充或是奈米材料的覆蓋上，均有極佳的表現。

例如：在陽極氧化鋁模板的孔洞內填充氧化鋁及氧化鋅，在高分子光晶體的孔隙內填充二氧化鈦，在氧化鋅奈米柱表面均勻覆蓋一層氧化鋁薄膜……等等。

127

由於依序性的氣體引進方式，飽和吸附與自我限制的鍍膜機制，使原子層沉積擁有優異的階梯覆蓋率、良好的薄膜均勻性、精確的膜厚控制、傑出的製程穩定度、低溫製程及優良的薄膜品質……等等優點。

除了基本製程參數之外 (如：溫度、鈍氣的流量)，基材的表面性質及前驅物的種類亦會影響原子層沉積的薄膜沉積速率。原子層沉積在沉積超薄薄膜的表現上，明顯的優於一般傳統的沉積技術。這使得原子層沉積不論是在半導體工業的積體電路上或是學術界的奈米科技裡，將扮演著舉足輕重的角色。

結 語

　　當 FinFET 持續微縮，同時 fin 的寬度也持續下降，Si-fin 便無法滿足性能的需求，SiGe-FinFET 便因應而起，主因其具有較高的移動率及可降低短通道效應，如 SiGe P-FinFET 便較 Si P-FinFET 的 I_{dsat} 高 35.5%。

　　因此，一般 P-FET 使用 Ge，N-FET 則利用 III-V 族作為替代 Si 的通道材料。其材料特性如表 2-7 所示：

表 2-7　材料特性對照表

材料特性	材料種類				
	Si	Ge	GaAs	InAs	InSb
電子移動率 $(cm^2/ (volt - sec))$	1600	3900	9200	40000	77000
電洞移動率 $(cm^2/ (volt - sec))$	430	1900	400	500	850
能帶(eV)	1.12	0.66	1.424	0.36	0.17
介電常數	11.8	16	12.4	14.8	17.7

　　而在 gate stack 方面，則希望未來在 Hi-K 和 metal gate 之間，沒有任何的**介面層** (interface layer)。同時，為降低寄生電阻，也有業者研發**奈米碳管** (nanowire FET) 以取代**多閘極矽** (Si FinFET)。而且，零缺陷的磊晶，接面最佳化等都是很重要的課題。

　　相信未來半導體技術的挑戰會更加嚴峻，為迎向更高技術的需求，半導體產業需要導入更多的新材料，新技術以及新的元件結構。當然，更需要各領域的技術人才的加入，期能讓半導體產業更加蓬勃發展，為人類生活的進步共襄盛舉與貢獻。

半導體矽集體電路之製程技術，隨元件尺寸的微縮，逐步導入各種先進的材料、製程及元件結構。

　　例如，隨著元件尺寸微縮，金屬的接面面積也同步縮小，使得接面電阻升高，此一現象對元件的操作性能，有著極大的負面影響。因此，在有限的接觸面積條件下，如何改善寄生電阻，便成為元件微縮時重要的課題。也使得先進離子佈值 (ion implantation) 及原子層沉積 (atomic layer depostion) 等技術，相繼被導入半導體技術製程。

　　同時，在膜 (film) 的成長及沉積方面，也導入新的原子層沉積技術，以低於 250°C 以下之成長溫度及選擇性成膜的條件下，便需研發新的前驅物以滿足該製程之需求。

　　另外，在高深寬比的條件下，如何選擇精密的蝕刻材料，達到選擇性蝕刻、清洗及烘烤等技術，以提升元件性能及良率。同時材料之空隙填充 (gap fill)、化學機械研磨 (CMP) 及金屬沉積 (metal depostion) 技術等，也在高深寬比的條件下，面臨重大的技術挑戰。

　　此外，元件微縮時如何有效控制離子佈值破壞 (implant damage)、摻雜濃度分布 (doping profile) 與退火 (anneal) 條件等也面臨新的技術變革。

　　總之，不管是微影 (lithography)、擴散 (diffusion)、薄膜 (thim film)、蝕刻 (etching)、製程整合 (integration) 及檢測 (inspection) 等技術部門莫不上緊發條，深深投入新材料，新製程及新的元件結構的研發，以迎向元件微縮之挑戰。

129

Unit **2-9**

習題

1. 何謂 PMOS，NMOS，CMOS 及其應用？

2. 何謂短通道效應？

3. CMOS 電晶體在微縮時所面臨的挑戰為何？

4. 鰭式電晶體製作上的挑戰為何？

5. 試比較 2D 平面電晶體和 3D 三閘極電晶體？

6. 何謂 Hi-K? 何謂 metal gate？及其應用？

7. 何謂 gate first? 何謂 gate last？

8. 請比較 ALD 及 CVD 之差異及其優缺點為何？

圖解光電半導體元件

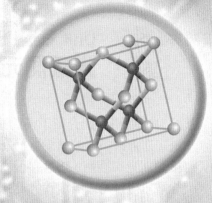

第 3 章

光電感測元件及其應用

章節體系架構 ▼

李朱育
國立中央大學機械工程學系

Unit 3-1 光感測元件

Unit 3-2 光感測器之系統與應用

Unit 3-3 習題

本章說明：

在光電領域中，光電感測器是個不可或缺的元件。由於在此領域內常常需要對光訊號做調解的動作，尤其是針對光的相位或強度。但人類無法直接量化光線中相位或強度的資訊，所以需要一個橋梁將光訊號轉為電子的訊號。所以藉由半導體材料的特性，開發出光感測器，使得光訊號可轉換成電訊號。光電感測元件大致上可以分為兩大類，使用光電效應的光二極體，與外光電效應的光電倍增管。光電感測元件基本上的應用為感測光的強度、相位與位置，或者二維影像的擷取等。對於現代工業來說，自動化是提升產量與產值的不二法則，而在這趨勢下，光電感測元件扮演的角色就更為重要。運用的例子有自動對焦系統、表面形貌量測儀、精密定位系統等。除此之外，在生醫領域光電感測器也是一個不可以忽視的元件，其可用於侵入式或非侵入式的檢測，常見的例子有冷光儀、內視鏡、表面電漿共振（surface plasmon resonance, SPR）生醫感測器等。由上述可以理解到光電感測元件對於當代人類生活的重要性。

本章主要闡述常見的光感測器運作方式，包括半導體接面式感測器、光電晶體、累崩二極體、光敏電阻、光電倍增管與 PSD 光電位置感測器等。此外，並將探討各種光電元件、運作原理與其運用。

Unit **3-1**
光感測元件

　　本節將分別介紹不同的光電感測元件之結構，與其工作原理。除此之外，亦針對不同的感測器，分別簡述其使用特性。在此所討論的元件有 PN 接面式光二極體、PIN 接面式光二極體、光電晶體、累崩光二極體 APD、光敏電阻、光電倍增管與 PSD 光電位置感測器。

PN 接面式光二極體

　　PN 接面形式光二極體的結構如圖 3-1 所示，由 p^+ 型與 n 型半導體相接所構成的元件，其中 n 型半導體佔有全體大多數的體積。接面處由於電子與電洞的擴散，將於接面處形成所謂的空乏區。因為電子電動的復合，則將於空乏區內 p^+ 區累積電子，而在 n 區累積電洞。內部的電荷分佈圖如圖 3-1 所示，於此電荷分佈下，空乏區產生電場，其方向由 n 型半導體指向 p^+ 型半導體。

　　由於半導體的折射率都很高 (Si 折射率約 4)，所以表面的反射會很嚴重。為了使其光線使用效率提高，通常於照光面 (p^+ 型的表面) 做抗反射膜的設計。除此之外，在二極體上下都會有一個電極，而於照光面為環形電極，以便光線入射。

　　於逆向偏壓下，**二極體** (pn junction) 的空發區寬度 d 會增大。當有光線由照光面進入空乏區時，若入射光的光子能量大於此二極體的能隙時，它會被吸受產生光電效應。在光電效應下，入射光子的能量會使空乏區內產生電子電洞對，而空乏區內的電場會使電子電洞對分離。當電子與電洞分別抵達 p^+ 與 n 型半導體時，此時半導體會個別流出電子與電洞至外接電路，此時的電流就是所謂的光電流 I_{ph}。

　　在巨觀上來看，二極體可視為電流變化的元件。實際上，光電流的大小與入射光的照度和波長有關，可用來檢測光的強度或波長的檢測。二極體的 I-V 特性曲線如圖 3-2 所示。

　　順向偏壓下，操作電壓都很小，若超過此電壓，光電流將無法被入射光控制。所以一般操作都以逆向偏壓為主。若附加的電壓無超過此二極體的崩潰電壓，此時光電流幾乎和短路電流一樣，其電流與照度成正比。

圖 3-1 PN 接面式光二極體之結構圖

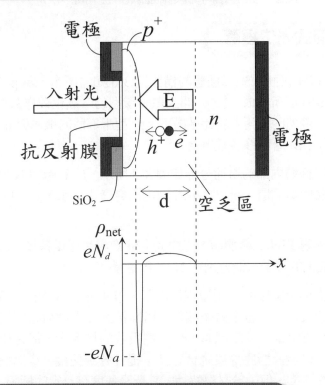

圖 3-2 PN 接面式光二極體之 V-I 特性曲線

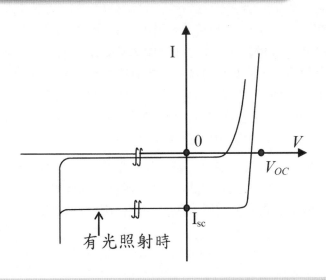

二極體於不同的波長入射下，其靈敏度會有不同的變化。除此之外，不同型號的光二極體，對於相同的波長靈敏度也不同。

PIN 接面式光二極體

簡化的 PIN 接面式光二極體的構照圖 3-3 如右所示，為 p^+ 與 n^+ 型半導體中間夾 i-Si 層所構成。於 p^+ 面上做一環型的二氧化矽作為保護層，其上放在加入一環型的電極。於此結構下，p^+ 型半導體的電洞與 n^+ 型半導體的電子，會往 i-Si 層漂移並且復合。

復合後二極體內部的電荷分佈如圖 3-3 所示，於 P 層與 N 層分別產生薄薄的電子層與電洞層。所以在 i-Si 層內部會產生電場，其方向由 N 層指向 P 層。

當光線入射 PIN 二極體時，光線於 i-Si 層發生光電轉換。由於內建電場 E，光線產生的電子電洞分別往 N 與 P 層漂移。

PIN 接面與 PN 接面二極體相較之下，PIN 可在高調變光頻率下做光學檢測。且於長波下，量子效率較佳。PIN 接面二極體得響應速度主要由 i-Si 層的厚度所決定，厚度越厚，光子被吸收的量增大，但會使得電子躍遷時間增加，以至於響應速度降低。為了提升響應速度，會以提升外加電場來提高響應速度，但由於材料特性，其響應速度有一定的極限。

光電晶體

光電晶體可視為 PN 介面式二極體與電晶體結合的一種結構，其具有光電流的放大效應。示意如圖 3-4，其結構簡單來說分為 n^+ 型、p 型與 n 型半導體，個別為射極、基極與集極。此架構於 PN 接面形成兩個空乏區，個別有不同的作用。於射極與基極之間的空乏區，其功用為產生電流增益；而基極與集極之間的空乏區為產生光電效應的地方。

施加一電壓 V 正端接於集極，負端接於射極，如圖 3-4 所示。此電壓對於射極與基極之間的空乏區為順向偏壓，其空乏區會變小，為空乏區 I。而對於基極與集極之間的空乏區來說為逆向偏壓，會使空乏區變大，為空乏區 II。

圖 3-3 PIN 接面式光二極體之結構圖

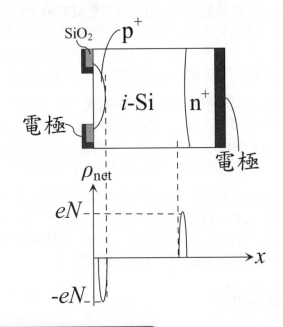

圖 3-4 光電晶體之結構圖

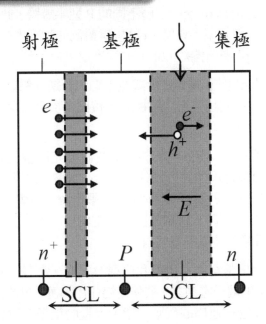

光線入射光電晶體時，主要於射空乏區 II 產生光電效應，與此產生的電子與電洞會被電場驅動，分別往集極與基極移動。當電洞進入基極時，空乏區 I 的電場會驅策大量的電子通過，到基極與電洞中和。電子在與電洞中和所花的時間，會比電子注入基極的時間還要長，所以會有大量的電子被強迫進入基極。簡單來說，在基極僅有少量的電子與電洞中和，剩餘的大量電子所形成的電流，就成為我們眼中看到放大的光電流。

光電晶體可簡化為光二極體與電晶體的組成。光二極體的兩只接角分別接在電晶體積極與集極的接腳上，其電晶體的放大倍率為 M。光電晶體輸出電流可以表示為 $I_{out} = MI_{ph}$，其中 I_{ph} 為 PN 接面二極體所產生的光電流，由此可知輸出電流可由電晶體控制，使其放大光電流的訊號。

光電晶體得輸出電流會隨著外加電壓與照射光強而改變，於同樣外加偏壓下，其輸出的電流大小隨照度而變。理論上來說，照度為零時，輸出電流就為零。但由於電晶體在放大電流時，會有一定的雜訊量。所以無光線入射時，光二極體會產生電流，及所謂的暗電流。

累崩光二極體 APD

累崩二極體 (avalanche photodiode, APD) 的主要結構分為四層，其結構的示意如圖 3-5，分別為 n^+ 層與三層不同的 P 型半導體。此三層為 p 層、π 層與 p^+ 層，p 層為一般 p 型半導體，π 層摻雜電洞的程度大於 p 型半導體，其幾何厚度最大，而 p^+ 層所摻雜的電洞的程度遠大於 p 型半導體。

於此結構下，於 n^+ 與 p 層間會形成空乏區。於逆向偏壓下操作，若偏壓達到工作電壓時，可以使得空乏區由 n^+-p 接面拓展到 π 層，此時電荷分布如圖 3-5 所示。

當光線由入射面進入 APD 內部時，主要於吸光區發生光電效應，在此產生的電子電洞對被電場加速分別往 n^+ 與 p^+ 漂移。當電子進入 pi 層累崩區，會被強電場加速，獲得足夠的動能去撞擊電離半導體內部的共價健。當 n^+-p 介面共價健被打開時，會釋放出電子電洞對，同時又被累崩區的電場加速，再去撞擊電離更多電子電洞對。

在空乏區內發生撞擊電離之過程我們稱為累崩。當有一光子入射空乏區，基於光電效應產生電子電洞對。被強電場作用，獲得足夠動能的電子，可把共價健打斷。經過一連串的反應，產生大量的電子電洞對，而電子電洞對會被拉出形成光電流。累崩過程產生的光電流，其量子效率超過 1。

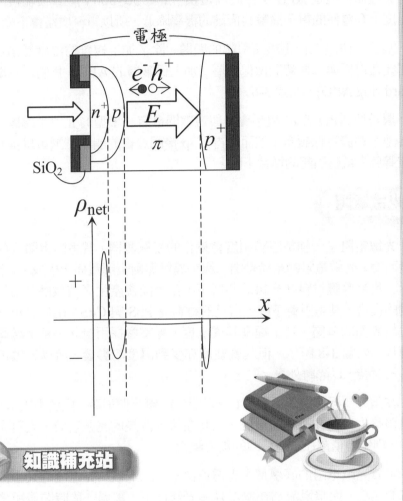

圖 3-5 累崩二極體之結構圖

　　無論是 PN、PIN、光電晶體或累崩光二極體，都是以矽為基底作成的感光元件。若只考慮空氣與矽的單介面，此介面的反射率約為 40%，所以無抗反射膜之感光元件的光線使用效率較差。

　　一般市面上買到的感光元件都會於入射窗口鍍上一層抗反射膜，常見的抗反射膜材料為氮化矽。

　　由於累崩二極體具有高速與內部增益，可運用於為小的訊號放大上，例如光通訊。但是 APD 操作於高電壓下 (為 50~300V)，會使溫度上升。而溫度上升會使的電子撞擊共價健的機率降低，所以電流增益會下降。

　　為了解決高工作電壓所引起的問題，除了加上複雜的溫度補償電路，也需要在電極與二極體間做保護層。加上保護層的 APD，我們稱為**環護型** (guard ring APD)，如圖 3-6。

　　環護型 APD 於 n$^+$ 型半導體與電擊間會有一環型的 n 型半導體，在此的 n 型半導體為保護層。進而使得 n$^+$-p 接面邊緣的崩潰電壓可以提高，以此來避免大電壓引起的增益下降。

光敏電阻

　　光敏電阻是一種電阻隨照度會變化的光感測器，其電阻會隨入射光的照度而變。光敏電阻的結構是由一塊半導體與兩金屬電極所構成，如圖 3-7 所示。此半導體材料在光線的照射下，在表面會產生光電效應。由於電子電洞的復合，其電阻會下降。常見的材料有 PbS 與 CdS。由於光電效應只發生於表面的薄層，為了提高其靈敏度，電擊會採用梳狀，且半導體會做成薄片，如圖 3-8 所示。但其靈敏度亦受到濕度的影響，所以光敏電阻須小心被封裝，以隔離外界。

　　在兩旁電極接上外加電源 (交 / 直流)，無光照射時，由於電阻值很大，所以迴路中只存在微小的電流。只有在特定波長的光照射時，入射光強度越強，則電阻值越小，迴路中的電流越大。

　　定義光敏電阻的好壞是由光電流決定，此定義為亮電流的大小減去暗電流的大小。而暗電流為在室溫且無光條件下，經過一段時間後所量測到的電流值。亮電流定義為特定的波長下照射，所測得的電流值稱為光電電流。

　　光電流越大，則靈敏度越大，其性能就越好。在給定偏壓下，光電流隨照度變大。而照度固定下，偏壓越大則光電流越大。但所施加給光敏電阻的電壓不可以超過其上限，若超過，光敏電阻無法正常工作。除此之外，不同材質所做成的光敏電阻，其對於波長有不同的靈敏度。

　　對於相同材料的光敏電阻，溫度升高其靈敏度的特性會向波長短偏移。

圖 3-6　環護型累崩二極體結構圖

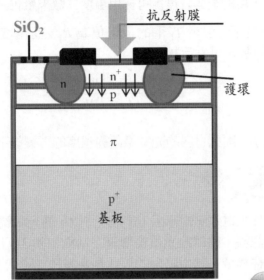

抗反射膜

SiO₂

n⁺

n

p

護環

π

p⁺
基板

圖 3-7　光敏電阻結構圖

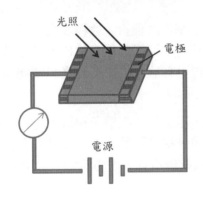

光照

電極

電源

圖 3-8　光敏電示意圖

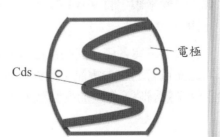

電極

Cds

　　光敏電阻的電阻值會受到溫度的影響，所以在不同溫度下其光照特性會不同。同樣照度下，溫度升高時，會使得暗電流變大，影響其靈敏度。若要定義其受溫度的影響程度，可採用溫度係數來量化。

　　當相同照度下，溫度 T_1 下的電阻值為 R_1，而溫度 T_2 下的電阻值為 R_2。所以溫度係數 α 可表示為：

$$\alpha = \frac{R_1 - R_2}{(T_2 - T_1)R_1}$$

　　若 α 值越小，則此材料的光敏電阻對溫度的影響越不顯著。

光電倍增管

　　光電管為外光電效應的應用，其可以將微小的光訊號經由外光電效應，產生放大的電訊號。簡單的光電倍增管之結構如圖 3-9 所示，由兩個電極與真空玻璃管柱構成。其中陽極的形狀為金屬絲或環狀金屬絲，至於圓柱中心。一般來說，會以多陰極的形式，達到大訊號放大的目的，如圖 3-10。

　　在外加偏壓下，各個電極存在一定的壓差，主陰極電壓最低，依次升高至陽極。主陰極在適當的波長的照射下，會因應外光電效應放出電子，此電子被各極之間的電場加速。

　　在加速過程中會去撞擊次陰極，撞擊次陰極後，會釋放出更多電子。而被撞擊出來的電子又被電場加速，且再次撞擊其他次陰極，直到陽極停止。經過這一連串的反應，光電倍增管可有效地將微弱的光訊號轉換，且放大為電子訊號，達到放大微小訊號的目的。

　　光電倍增管之所以能放大光電流，是基於二次電子釋放效應。此效應指的是外光電效應產生的電子，在加速後撞及固體表面，引起電子發射的過程。一般來說，有 9~14 次陰極的光電倍增管，光電流的放大效率可達 $10^6 \sim 10^7$。

　　此放大率與各極之間的電壓差成正比關係，但放大率存在一個飽和值，即為此光電管的工作電壓。此外於固定照度下光電流存在著飽合值。所以於入射光效弱時，無須加高電壓，即可收集所有的電子。

圖 3-9 光電倍增管結構圖

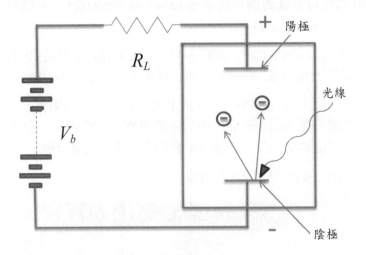

圖 3-10 多級光電倍增管示意圖

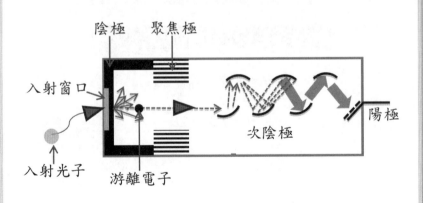

PSD 光電位置感測器

PSD 光電位置感測器 (position sensitive detector) 是一種典型的 PIN 半導體，其結構如圖 3-11 所示。

當光照射再 PSD 上時，如圖 3-11，其光點位置離中心距 X_A。此光線會於 I 層產生光電效應，所產生的電子與電洞會分別往 N 層與 P 層移動。

由於 P 層上的兩個電極，電動於 P 層會產生兩道光電流，分別為 I_1 與 I_2。由於 P 層電阻為均勻分布，所以兩個電極上的電流大小會與照射光斑與電極之間的距離成反比。這種現象我們稱為**橫向光電效應**。

此時所產生的光電流 I_1、I_2 可表示為：

142

> ### (1) 當座標原點選在 PSD 的中心時：
>
> $$I_1 = I_0 (L - X_A) / 2L$$
>
> $$I_2 = I_0 (L + X_A) / 2L$$

> ### (2) 當座標原點選在 PSD 一端時：
>
> $$I_1 = I_0 (2 - X_B) / 2L$$
>
> $$I_2 = I_0 X_B / 2L$$

所以只要量測出 I_1、I_2 的大小，即可算出光點在 PSD 上的位置。在二維的 PSD 上的 XY 方向上的感光層是互相獨立，其兩組電極為相互垂直，當光點打在 PSD 上時，分別感應出不同的電流。基於相同原理，可計算出光點在 PSD 上的位置，如圖 3-12。

圖 3-11　PSD 結構圖

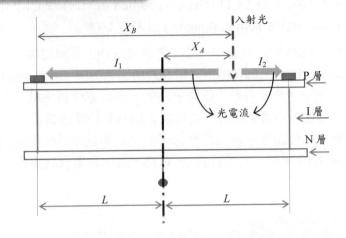

PSD 光電位置感測器結構圖的說明：

由上而下可分為三個部分：

(1) 上層為 P 層，此層電阻為均勻的分布，兩旁各有一個輸出信號的電極。

(2) 中間為較厚的 I 層，是以矽基材為主，為大部分吸收光子的地方，有較大的光電轉換效率與高的靈敏度。

(3) 下層為 N 層，用來引出共用的電極，以便施加反向偏壓。

圖 3-12　二維 PSD 結構圖

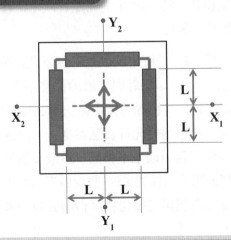

　　當有一光點在 PSD 感光區移動時，它可以給出光點在其表面移動時連續性的訊號，這是與 CCD (charge-coupled device) 或 CMOS (complementary metal-oxide-semiconductor) 最大的不同。

　　除此之外，PSD 的位置解析度高，響應速度快，光譜響應可靠性高，訊號處理簡單，光敏面內無盲點區又可同時檢測光強度。然而 PSD 所測的光斑位置是與光斑大小、形狀、能量無關的。所以要得到光點真實的位置是有點難度，存在著少許的誤差，這種誤差稱為點位感測誤差。若以 PSD 的中心當原點，點位誤差定義為真實光斑的位置與量測訊號所推出的位置的差異。如圖 3-13 所示，真實位置在 X_r 處，而由光電流計算出的位置在 X_m 處。

小博士解說

　　PSD 於工業上常被使用在直線度的量測，所謂的直線度，被定義為理想的直線與實際量測值的差量。舉例來說，線性滑軌的移動不會直線的前後移動，一定會伴隨著上下或者左右的偏移。上下與左右的偏移量，就是所謂的直線度。當線性滑軌上方載有儀器，此儀器的精度會受到此滑軌的直線度影響，所以量測直線度是提高加工精度的一大重點。常見的量測方式就是利用 PSD，此方法以雷射作為光源，以角稜鏡至於待測平台上，由 PSD 接收角稜鏡反射回來的光線。當線性滑軌運動產生左右或上下偏移時。於 PSD 上的光點會產生位移，連續記錄此位移量即可獲得直線度。

　　而 PSD 於科學上的應用就以原子力顯微鏡最為代表，可分為機械支撐結構、AFM 探針與三維的位移平台。而 AFM 探針可分為懸臂樑探針、光槓桿的光學系統與 PSD 偵測器。其偵測原理如下所述，利用雷射光打在懸臂樑上，而懸臂樑的探針會與待測物表面原子作用而上下移動，造成反射光的偏移，再藉由光槓桿原理的光學系統與 PSD 將反射光的偏移轉換成光點的位移。由此位移資訊與三維位移平台的資訊，即可換算出物體的表面形貌。

圖解光電半導體元件

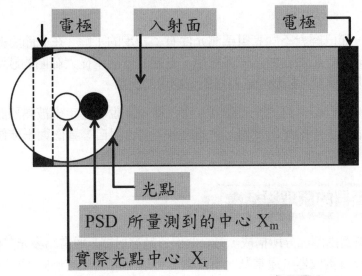

圖 3-13 PSD 誤差示意圖

電極　入射面　電極

光點

PSD 所量測到的中心 X_m

實際光點中心 X_r

 知識補充站

光點的橫向位移除了可以用 PSD 來偵測之外，還可以使用 CCD（電荷耦合器）或者 QPD（四象限偵測器）。其中 CCD 可以清楚的知道實際光點的位置與大小，但是其解析力受限於像素大小，而解取數度受限於 CCD 之快門數。

一般上來說，高速二維 CCD 的快門數約為 200 FPS。而四象限偵測器為四個光偵測器的組合，可由四個光偵測器上的電壓訊號來判斷光點位置，量測速度快。但其量測範圍小，且光點大小有一定的限制。

Unit 3-2
光感測器之系統與應用

　　在上一節已經對不同光電感測元件有了初步的了解，在此節將繼續介紹幾種常見的光感測器的系統與應用。光感測器應用從大範圍的感測，小至奈米等級的感測，都是光感測器所可應用的範圍。

　　本章除了介紹常見的光遮斷器，也將進一步說明近年來被熱烈討論的太陽能追蹤器之中的光感測器。除此之外，還會對自準直儀與干涉儀等特性做詳盡的描述。

光遮斷器的原理與結構

　　光遮斷器由兩部分所構成，第一個部分為發射器，通常為發光二極體；第二個部分為接收器，通常為光電晶體。可以照接受光的形式不同，區分為穿透式與反射式。穿透式的示意如圖 3-14，發光二極體與光電晶體被設置於同一個基座上，兩個元件之間有一個凹槽。當有不透光板在凹槽時，發光二極體所發出來的光就無法被光電晶體接收，即可作為一個開關或感測元件。

　　反射式的光遮器又可稱為光反射器，其在構造上無溝槽的設計。此時光二極體與光電晶體被設置在同一側，所以必須經由一個反射面，才可將二極體所發出的光線反射進光電晶體。此設計可用來偵測不透明的物體是否接近光遮斷器，又稱為光電式近接開關。

光遮斷器的應用

1. 光學式滑鼠

　　光學式滑鼠是由圓球的滾動作為控制游標的媒介，所以若能測得圓球的運動，即可控制游標在螢幕中的位置。其結構如圖 3-15 所示，當圓球滾動時會帶動齒輪，再經由齒輪帶動光柵作旋轉。

　　光柵為圓盤上有許多相同間隔的孔洞，當旋轉時，光柵會使得光線時而通過時而不通過，所以接收器上的訊號，會產生相對應的變化。經由接收器所接收到的脈波訊號，就可以控制游標移到目的地。

圖 3-14 光遮斷器示意圖

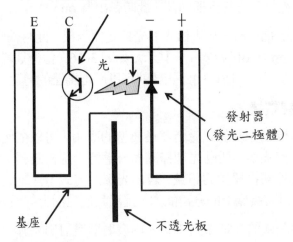

圖 3-15 光學滑鼠示意圖

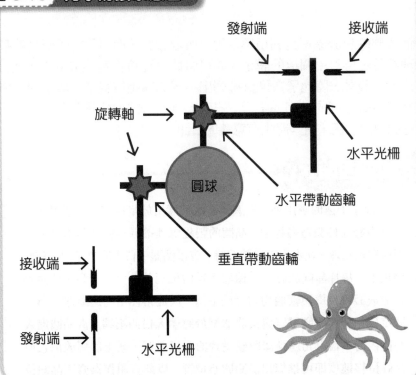

2. 光電轉速計

光電轉速計主要是由細縫圓盤與光遮斷器所構成，通常會安裝在馬達內部。當馬達帶動縫隙圓盤旋轉，依序產生透光與不透光的情形。光線通過細縫時，光線打入光接受器內部，此時輸出為 on。

光線被圓盤擋住時，無光線入射光接受器內部，此時輸出為 off。輸出訊號隨時間在 on 與 off 做變化，其示意如圖 3-16。當轉速增加時，此輸出訊號的頻率也會增高，所以由此訊號就可以反推馬達的轉速。

3. 條碼閱讀機

條碼閱讀機為光反射式遮斷器最典型的應用，可以依使用上的不同，分為固定光源掃瞄器、活動光源掃瞄器、手持光源掃瞄器、陣列掃瞄器。條碼閱讀能將外部物理量的訊號，經由光學的方式，轉為類比訊號。此功能使得電腦可以有視覺上的分辨能力，提高我們生活上的便利性。

在條碼閱讀機的示意如圖 3-17，由發射器發射出光源，經過條碼的反射後，由透鏡組聚焦置接收器。在接收器將光訊號轉為電子訊號，經過波形整型濾掉雜訊後，再將其轉為類比訊號，送至解碼器即可獲的需要得資訊。

而條碼的設計原理是利用黑色對光吸收較強，而白色對光線吸收較弱之物理特性，再藉由閥值的設定，即可將此物理特性轉換成 0-1 訊號。根據使用者的設計，將此黑白條紋排列出不同的間距與粗細，於空間中作分割使其代表著不同的數字或字母。經由上述的方式，接受器端量測的訊號可由電腦做出解碼，使其產生有意義的資訊。

小博士解說

除了上述的應用外，光遮斷器還被應用於半導體製程設備上。在半導體元件製造過程中，晶圓的製程處理透過多個腔體來完成不同的製程處理。在進出不同腔體時，會以機器手臂去取放晶圓。在此過程中，每片晶圓於腔體與機器手臂的位置並非完全一致，此誤差會造成製程良率與薄膜均勻度的下降。因此常使用光遮斷器作為晶圓定位系統。將發射器與接收器至於腔體入口的兩端，當晶圓進入腔體內時，藉由光遮斷器所感測到的時序訊號，感測器擺放位置與晶圓位移速度即可推算出晶圓圓心位置。以此資訊作為修正晶圓位置的依據，將可以有效地提升製程良率。

圖 3-16　光電轉速計示意圖

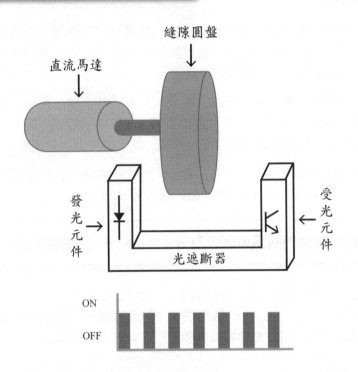

直流馬達

縫隙圓盤

發光元件

受光元件

光遮斷器

ON

OFF

圖 3-17　條碼閱讀機之原理圖

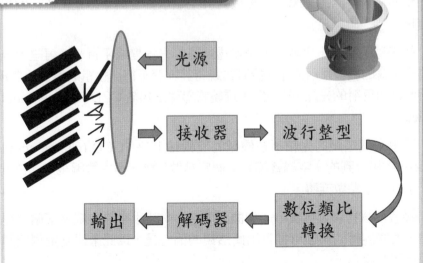

光源

接收器

波行整型

數位類比轉換

解碼器

輸出

自準直儀

　　自準直儀為量測微小角度變化的儀器，其業界或者學界中都被廣泛地運用。除了可用於檢查校正鏡組，也可量測平面之間的垂直度與菱鏡角度等。近年來更是被運用在表面形貌的量測。

　　原理為光學的反射定律，利用入射光與反射光的夾角，就可得知角度變化的情形。如圖 3-18 所示，光源經由物鏡 (L) 形成平行光，接著再入射於待測面 (M) 上。若此平面與入射光線垂直，則入射光與反射光無夾角。

　　若此平面的法線與入射光線夾 θ 角，其反射光會與入射光夾 2θ。反射光經由物鏡聚焦於一點，此點會與入射光點有著 d 的位移。

> **其位移與角度的關係可表示為 $d = 2\theta f$，f 為物鏡焦距。**

　　自準直儀常用來校正光學系統的偏心，而偏心為軸對稱之光學系統的光軸與機械軸無重合。偏心可分為兩類，一類為光軸與機械軸存在橫向的**位移** (decenter)，另一類為光軸與機械軸彼此有角度的**傾斜** (tilt)，如圖 3-19 所示。

　　用於量測光學系統偏心的自準直儀架構如圖 3-20 所示，其為光學反射式的量測法。待測的光學系統被放置於空氣承軸旋轉平台上，並且做規律的旋轉。

　　經光源照亮的十字絲，由聚焦透鏡將其光線變成平行光。再經由分光鏡將十字絲的影像反射向下，接著物鏡將其匯聚至待測鏡組的第一個透鏡。被待測鏡組反射的光線，經由聚焦透鏡將影像聚焦於 CCD (charge-coupled device) 上。

　　若第一個透鏡的光軸不在機械的旋轉軸上時，CCD (charge-coupled device) 所接收到的十字絲會繞著某個定點做旋轉，藉由微調鏡片的位置，使十字絲在定點做旋轉。

　　接著再讓物鏡聚焦置下一個曲面中心，此時十字絲會繞著某個半徑做旋轉，根據旋轉的半徑可推算出此透鏡的偏心量，以此來達到量測與調整光學系統的偏心。

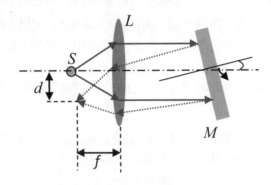

圖 3-18 自準值儀原理示意圖

圖 3-19 光學系統偏心示意圖

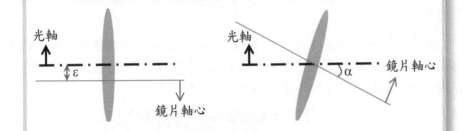

圖 3-20 光學系統偏心示意圖

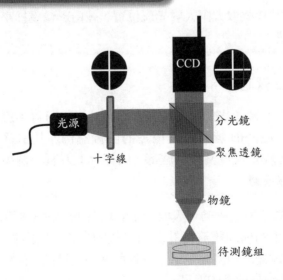

追日系統之感測器

傳統的太陽能發電需使用大量的結晶矽，佔用許多空間且光電轉換效率低，此發電效益不符合經濟效益。而高光電轉換效率的 CPV 太陽光電系統，則需要精準的面向太陽，才可以達到高光電轉換效率，所以需要追日控制系統來達成此目的。而光電元件於此扮演重要的角色，此節介紹光電元件於其中的應用。

追日控制系統會直接影響到 CPV 太陽光電系統的發電特性，控制系統可分為開迴路、閉回路與混合型控制。閉迴路與混和型需要光感測器，以感測器上的訊號來修正追蹤器角度。

光感測器通常由一對光感測元件 (光二極體或光敏電阻) 與遮光器所組成，當追蹤器沒有正對太陽時，在兩個光感測元件上會有著不同的陰影，如圖 3-21。

兩光感測元件會產生不同的電流，以此作為驅動追蹤器的訊號。驅動追蹤器轉動方位角與仰角，直到光線直射光感測器時，兩感光元件上的陰影會一致，且產生相同的電流。此時即達成追日的目的。

除了上述的方法外，目前被廣泛應用的方法有兩種：

❶ 機械視覺法

使用 CCD 截取太陽入射光斑位置，經由影像處裡來判斷追日誤差。

❷ PSD 感測法

光線入射後產生的橫向電流，經過計算後可得到追日的誤差。以 PSD 感測角度偏差的設備為例，其示意如圖 3.22，PSD 置於圓柱管底部，圓柱管上方有一個小洞以讓光線通過。

當追蹤器無正對太陽時，入射於 PSD 表面的光線會與法現有一個夾角，由 PSD 產生的橫向電流可計算出光斑的位置，經由管高 H 與光斑位置 r，計算出追蹤器的角度偏差量。得到角度偏差量後，再驅動追蹤器始其正對太陽，以達到高精度的追日。

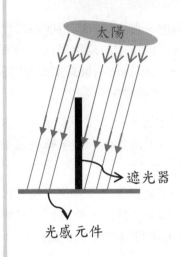

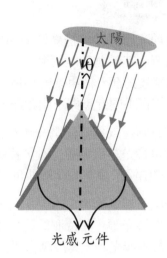

太陽

遮光器

光感元件

太陽

θ

光感元件

圖 3-21 光感測器示意圖

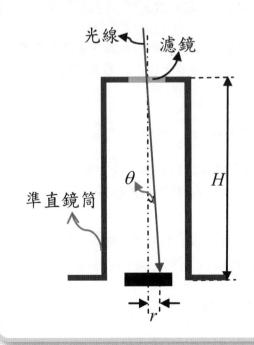

光線　濾鏡

準直鏡筒

θ

H

r

圖 3-22 PSD 感測示意圖

干涉儀

目前光學干涉儀被廣泛運用於位移、角度、表面輪廓與折射率等物理量的量測。其量測精度可到奈米等級,被廣泛地運用於學術界與產業界,於奈米科技扮演一個重要的角色。在這領域光被視為波的形式來傳遞能量,當光波經過不同介質與不同距離,其相位會產生改變。

若有兩道或多到同調光源在傳遞過程中相遇,及產生干涉現象。根據干涉原理將光之電場疊加後,藉由光感測器將干涉光之光強度轉為電子訊號,再經由電子訊號的調解即可獲得帶測物理量。

依照干涉儀光源的種類,可分為單頻干涉儀與外差干涉儀,前者以單頻光線作為光源,其待測的物理量表現於干涉光強度上。後者則以雙頻的光線作為干涉光學,其待測物理量載於干涉拍頻的相位或者振幅中。

外差干涉儀比起單頻干涉儀更能夠抵抗環境的擾動,所以被廣泛地運用於干涉儀的領域內。圖 3-23 為一個麥克森式的外差干涉儀,由**雷射系統** (laser system) 產生有正交偏振態的光源,兩正交偏正態存在一定的頻差。其電場可表示為:

$$E_p = A_0 e^{-i\omega_1 t} , E_s = A_0 e^{-i\omega_2 t}$$

其中 A_0 為電場的振幅,ω_1 為 P 偏正光的頻率,ω_2 為 S 偏正光的頻率。光線由 BS 分為待測光線與參考光線,參考光線由光偵測 (PD1) 接收,其 P 偏光與 S 偏光干涉光強度可寫為:

$$I \propto 1 + \cos(\Delta\omega) \qquad \Delta\omega = \omega_1 - \omega_2$$

其中 $\Delta\omega$ 即為外差拍頻,其可由雷射系統調製。待測光線由即化分光鏡 (PBS) 分為兩道光,其中一到由固定的角稜鏡 (RR1) 返回,另一到由待測的角稜鏡 (RR2) 返回。

當待測的角稜鏡有位移、轉動或者折射率產生變化,其物理量將會被載入相位內。此時光偵測器 (PD2) 所測得的光強度可寫為:

$$I \propto 1 + \cos(\Delta\omega + \phi) \qquad \Delta\omega = \omega_1 - \omega_2$$

其中 ϕ 為待測稜鏡所引起的相位差。將兩個光偵測器所量到的訊號送入相位計，即可調解出待測相位，再經由物理公式的變換即可獲得所需的物理量。以量測位移的干涉儀為例，其相位與物理量換算的公式為：

$$\phi = \frac{4\pi}{\lambda} d$$

其中 λ 為光波長，d 為待測稜鏡的位移。若相位計可解析相位為一度，則最小可量測的位移量約為 1/12 的波長，故干涉儀可量測到奈米等級的變化。若光可減小光偵測器的雜訊與提高相位計可解析的最小相位，即可達小於奈米等級的量測。

結 語

在本章介紹多種光電感測元件，其中有 PN 接面式二極體、PIN 接面式二極體、光電晶體、累崩二極體、光敏電阻、光電倍增管與**光電位置感測器** (position sensing device, PSD)。

這些元件可將光訊號轉為電子訊號，而共同的工作原理為光電效應。在應用上，依據使用者的需求，可以選用不同的元件來達成量測光訊號的目的。在本章所舉出的例子有光遮斷器及其應用、自準直儀、CPV (concentrated photovoltaic) 太陽光電系統與干涉儀。

圖 3-23　麥克生干涉儀之架構圖

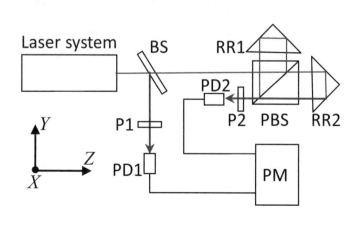

Unit 3-3
習題

1. 說明 PN 與 PIN 的結構與特性差異。

2. 說明光電晶體與光電倍增管其特性，並且比較其放大光電流原理。

3. 舉出三個光敏電阻的應用實例。

4. 試說明光電位置感測器之原理，且舉出三個應用的實例。

5. 舉出三個例子，說明光遮斷器生活上之應用。

6. 以自準直儀的架構設計一量測角度的實驗。

7. 當麥克森干涉儀其中面鏡有角度偏差時，其干涉訊號(條紋)會有何變化。

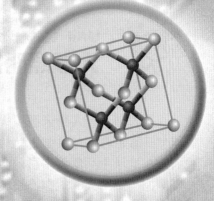

第 4 章

固態照明系統與應用

章節體系架構 ▼

柯文政
元智大學機械工程學系

本章說明：

　　本章首先介紹人類照明史的發展歷程，並透過固態照明與傳統照明比較，說明固態照明何以成為 21 世紀人類照明的主流。接下來針對固態照明使用之基本元件發光二極體(LED)動作原理、結構設計、薄膜磊晶成長、晶粒製作與封裝過程做全盤介紹。最後介紹固態照明在照明、建築、生物醫療、農業……等領域的應用概況與發展趨勢。期盼讀者能對固態照明發展與應用有更系統性完整的瞭解。

Unit **4-1**
人類照明歷史演進

　　遠古時代，人類未發現火之前，僅能依靠著大自然陽光生活，日出而作、日落而息，人類生活受到非常大的侷限。隨著地球生命演化過程中，人類在地球生活環境中意外發現到火，加上逐漸發達的智慧系統，人類慢慢掌握了使用火的能力；飲食得以由生食擴展到熟食，作息得以由白天延伸至夜晚。毫無疑問，火的使用帶給人類世界極大進步成長。

　　火的功能中，照明的應用延長了人類活動時間，在漆黑的夜晚使人類能預見野獸或外敵，增加生存機會。然而火必須藉由燃燒物質才能持續不滅，這種不方便性，驅使人類不斷地改進照明工具與燃燒材料，使照明變得更方便、照明時間更加長久。

　　在電力發明以前，人類照明幾乎是依賴燃燒物質來產生火，這些照明包含了蠟燭、煤油燈……等。直到 1801 年，英國化學家 Humphry Davy 將鉑絲通電發光，並在 1810 年發明利用兩根碳棒產生電弧 (電燭) 的照明方法，開啟了人類使用電力照明的新里程。1850 年，英國人 Joseph Wilson Swang 開始研究電燈，於 1878 年，在真空下用碳絲通電之燈泡取得英國專利，並於英國設立公司開始安裝電燈。1854 年美國 Heinrich Göbel 使用一根炭化的竹絲，放在真空的玻璃瓶下通電發光，當時實驗已可維持 400 小時之發光，可惜並沒有申請相關專利。

　　1874 年，加拿大電氣技師 Henry Woodward 與 Mathew Evans 在玻璃泡之下充入氮氣，以通電的碳桿發光，並取得了電燈專利，但很可惜並未能成功將發明商品化，於是將此專利賣給愛迪生 (Thomas Edison)。愛迪生買下專利後，1879 年改以碳絲製造燈泡，成功維持 13 個小時；次年，在實驗室更成功造出可維持 1200 小時炭化竹絲燈泡，愛迪生最大發現是使用鎢代替碳作為燈絲。之後在 1906 年，通用電器發明一種製造電燈鎢絲的方法，最終廉價製造鎢絲方法得到解決，鎢絲電燈泡得以被使用至今。隨後 1910 年霓虹燈、1938 年螢光燈 (日光燈前身) 相繼被發明。

　　此後鹵素燈、螢光燈、省電燈泡、復金屬燈、高壓鈉燈……等陸續被發明，不斷地改寫人類照明史，將人類照明史推向頂峰。直到**發光二極體** (light emitting diodes, LEDs) 的發明，才讓人們意識到照明還能有更長遠的發展。

圖 **4-1** 人類照明歷史的演進

火焰照明

煤油燈照明

螢光燈與固態照明

燈絲型燈泡照明

發光二極體的發展過程最早可追溯到 1907 年，由 Marconi 實驗室的 Henry Joseph Round 首先注意到，**半導體接點 (蕭特基接點**，Schottky contact) 可以發光。在 1920 年代中期，俄國的 Oleg Vladimirovich Losev 發明第一個發光二極體，他的研究即使廣佈於英國、德國、俄國的科學期刊，卻被忽視。

1955 年，**美國無線電公司** (radio corporation of America, RCA) 的 Rubin Braunstein 指出砷化鎵 (GaAs) 以及其他半導體合金能放出紅外線。

1961 年，德州儀器的實驗家 Bob Biard 以及 Gary Pittman 發現砷化鎵，在通入電流時，會釋放紅外光輻射。Biard 和 Pittman 在成果上取得優先並取得紅外線 LED 的專利。

1962 年，**通用電氣公司** (general electric company) 在伊利諾大學香檳分校 (university of Illinois at Urbana-Champaign) 的 Nick Holonyak Jr. 開發出第一個實際應用的可見光 LED，並且被視為「發光二極體之父」，但其發光效率僅有 0.1 lm/W；而 Holonyak 的前研究生 M. George Craford 於 1972 年發明了第一個黃光的 LED 而且亮度是紅色或橘紅色 LED 的 10 倍達到 1 lm/W。

1980 年代，新材料砷化鋁鎵 (AlGaAs) 的開發，使紅光 LED 的光效達到 10 lm/W。

直到 1993 年，日亞化的投入促成了藍光 LED 出現，由當時任職於日本日亞 (Nichia) 化工的中村修二 (Shuji Nakamura) 展示了第一個以銦氮化鎵 (InGaN) 為基礎之高亮度 LED，藉由低溫氮化鎵 (GaN) 在藍寶石基板的成核作用，以及名古屋大學的赤崎勇 (I. Akasaki) 和天野浩 (H. Amano) 之 p 型摻雜氮化鎵的關鍵發展，藍光 LED 的出現快速地引領了第一個白光 LED (藍光 LED 晶片搭配 $Y_3Al_5O_{12}$：Ce (YAG) 螢光粉，混合藍光和黃光而製造出白光)。

中村修二於 2006 年因其發明而被頒予芬蘭**千禧科技獎** (Millennium Technology Prize)。藍光 LED 的出現，代表了自然界紅、綠、藍三原色的到齊。

原先單色 LED 光源僅能做為顯示燈之用，如今隨著光效的提升及藍光 LED 的出現，LED 邁入了全彩的時代，也順利跨入交通號誌燈、大面積顯示屏、照明等應用領域。

圖解光電半導體元件

圖 4-2　發光二極體照明歷史的演進

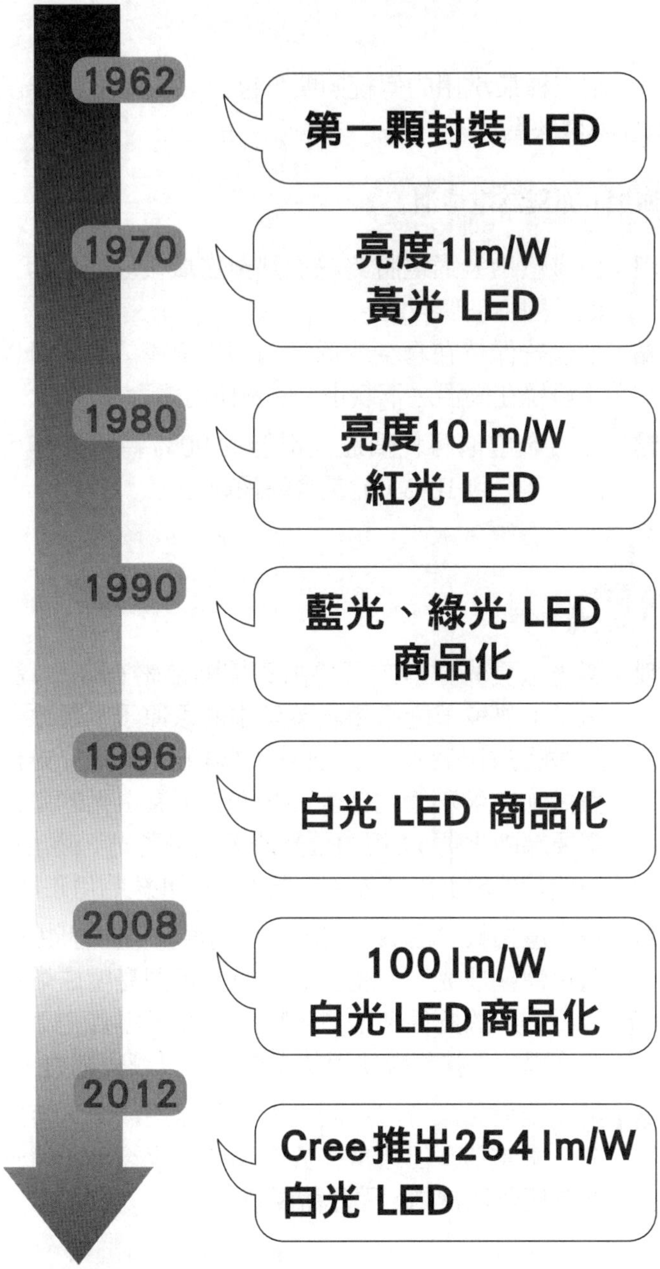

1962 | 第一顆封裝 LED

1970 | 亮度1lm/W
黃光 LED

1980 | 亮度10 lm/W
紅光 LED

1990 | 藍光、綠光 LED
商品化

1996 | 白光 LED 商品化

2008 | 100 lm/W
白光LED商品化

2012 | Cree推出254 lm/W
白光 LED

Unit **4-2**

傳統照明與固態光源

　　本節首先介紹三種最常用的傳統照明，包含：白熾燈、螢光燈與省電燈泡之動作原理與優缺點。

(1) 白熾燈 (亦稱為電燈泡)

原理： 白熾燈透過通電將鎢絲加熱至白熾後發光的燈，燈泡外圍由玻璃製造。

優點： 把燈絲保持在真空或低壓的惰性氣體之下，可以防止燈絲在高溫之下氧化，延長使用壽命。

缺點： 為白熾燈泡將耗損通入電能的 90% 轉化成無用熱能，僅不到 10%，能量會轉換成光。

(2) 螢光燈

原理： 螢光燈發光原理主要係由高熔點金屬 (鎢絲) 發射電子；熱電子碰撞到汞蒸氣中的汞原子；汞原子受到激發放出紫外光 (波長約 254 nm)；紫外光再激發塗佈在玻璃管內部表面螢光體 (發白光的螢光體主要為鹵化鈣)；再由螢光體發出可見光；最後穿透玻璃管外放射出紫外、可見光與紅外線的電磁波。

優點： 螢光燈相較於白熾燈泡，效率高很多，約有 40% 能量可轉換成光，所產生的熱只是相同亮度白熾燈的六分一。故此很多地方，特別是夏天需要空氣調節的商場、大樓都會使用螢光燈照明以節省電力。

缺點： 螢光燈與白熾燈泡不同之處為其需將放電電流維持在一適當值，但通常在放電開始，流經螢光燈管的電流便無法控制，因此需要鎮流器。

(3) 省電燈泡

原理：省電燈泡是指將螢光燈與鎮流器 (安定器) 組合成一個整體的照明設備。省電燈泡的尺寸與白熾燈泡相近，與燈座的介面也和白熾燈相同，所以可以直接替換白熾燈泡。省電燈泡發光效率比白熾燈高得多，同樣照明條件下，省電燈泡消耗之電能要少得多。例如一個 23 瓦的省電燈泡，發出的亮度為 10 瓦，熱量為 13 瓦。

優點：白熾燈泡若要發出相同於省電燈泡 10 W 亮度，必須消耗約多出四倍電力，達 92 瓦；放出熱量多六倍，高達 78 瓦，省電燈泡明顯具有節能優勢。

缺點：省電燈泡含汞，對環境污染較大，先進國家、歐盟等相繼有停產之計畫。

圖 4-3　傳統照明光源

高壓放電燈

優點：便宜、省電
缺點：顏色差
　　　啟動時間長
　　　壽命短

傳統燈泡

優點：最便宜、顏色好
缺點：壽命最短
　　　耗能

螢光燈管

優點：便宜、節能
缺點：不易點亮
　　　不環保

省電燈泡

優點：節能
缺點：顏色質感差
　　　不環保

鹵素燈

優點：顏色好、距焦強
缺點：壽命極短
　　　能源轉換效率差

電燈泡經由愛迪生改良後，燈的發展經歷了白熾燈、螢光燈等，現在更新的技術為**固態發光技術** (solid-state lighting, SSL)，其中有我們常見的 LED 燈。LED 作為白熾燈和螢光燈的替代品被稱為固態照明 (係指多個白光 LED 組合成一簇構成一個光源)。

LED 基本上由 pn 二極體結構所構成，p 型端具有多數載子－電洞，n 型端具有多數載子－電子。當加入一順向偏壓時 (p 型端加正偏壓、n 型端加負偏壓)，電流注入 LED 結構內部，促使電子與電洞在 LED 結構內部產生復合現象，進而放出光子。近年 LED 的效率提升得很快 (如圖 4-4 所示)，目前大功率白光平均光輸出已達每瓦 100 流明 (1m) 以上。

LED 的長壽命讓固態照明非常有吸引力，機械上固態照明也比白熾燈和螢光燈更堅固。白熾燈泡非常便宜，但效率低，家用鎢絲燈效率約為 16 (流明 / 瓦 , lm/W)，鹵素燈大約為 22 lm/W。螢光燈效率很高，可達 50-100 lm/W，但是燈管易碎，舊式的螢光燈需要起輝器和鎮流器，因而有時會產生聽覺噪音，光度也有閃爍問題。

隨著技術發展，固態照明成本不斷降低。目前 LED 廣泛用於信號指示，顯示出 LED 在這一領域具有明顯的優勢。在世界各地，採用 LED 的交通信號燈、汽車指示燈及道路狀況告示等已變得相當普遍。另一方面，由於具有極好的單色性，在一些需要某種顏色的場合，LED 也比其他白色的光源更有優勢。

例如：「碧綠」色 (藍綠色，波長約 500 nm)，符合交通指示燈和導航燈的規範要求。有些應用場合要求光源不能帶藍色成分，比如暗室的安全照明，存放一些感光化學材料實驗室的指示燈，以及一些必須保持暗夜適應性 (夜景模式) 的場合，諸如飛機尾部和橋樑的顯示和觀察，黃光發光二極體是滿足這種需求的最佳選擇，因為人眼對黃光比其他顏色光敏感得多。

LED 高發光、低發熱特性，更加節能。例如理髮廳，傳統燈具由於發光效率不佳，絕大部分以放熱型式消耗電能，為保持理髮廳舒適溫度，卻造成冷氣空調用電量大增。改用 LED 燈可以有效解決此問題，降低空調用電量。另外，超商 24 小時販售飲品冰箱，如可以全面裝設 LED 燈，則可以省下大筆空調電費。還有 LED 具有高演色、高色彩飽和度特性，可用於室內情境照明，讓居家照明可以隨心境做轉變，隨時創造出適合自己心境的照明色彩。LED 發展至此，其應用發展正逐步深入一般民眾日常生活中，相信未來以 LED 為照明的商品，將如雨後春筍般推陳出新，為人類創造出更加節能、便捷、舒適的照明環境。

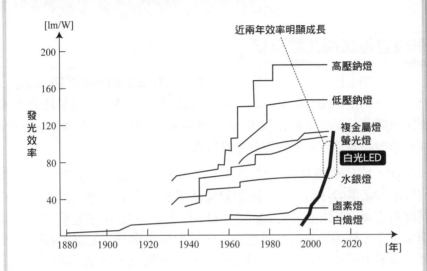

圖 4-4 固態照明 LED 與傳統照明光源之發光效率提升演進圖

知識補充站

LED 燈泡

　　長久以來我們已經習慣傳統照明燈源的使用，也適應了這些燈源下的照明感覺。如果傳統燈源要全面以 LED 固態照明取代，則其各項性能必須盡可能與傳統燈源相似。例如：傳統燈源之一的白熾燈泡，光線柔和且給人溫暖感覺，主要原因為人類記憶裡，對於燃燒的照明方法已產生了安全信賴與舒適感。而關鍵處在於燈絲放出的光線與燃燒產生光譜相似，且看到燈絲發光具有溫暖的感覺。因此，目前市面上已陸續有燈絲狀 LED 燈泡推出，保留白熾燈泡光線溫暖特性，更貼近消費大眾的使用習慣。

Unit **4-3**
固態光源製作

有機金屬氣相沈積系統

　　產業界中 LED 元件結構磊晶成長主要以**有機金屬氣相沉積** (metal organic chemical vapor deposition, MOCVD) 系統為主，反應氣體通入加熱的反應腔體內，經由熱裂解方式，將反應氣體分解成成長薄膜所需要原子，進而在基板表面進行規則性排列堆疊成膜。

　　例如：於藍寶石基板上成長氮化鎵薄膜，通入反應氣體為三甲基鎵 (TMGa) 與氨氣 (NH_3)，當反應腔體溫度達到反應氣體熱裂解溫度時 (三甲基鎵約需 400℃以上；氨氣約需 900℃以上)，即在反應腔體內產生鎵原子與氮原子，經由控制反應腔體溫度、壓力與反應分子濃度等條件，致使鎵原子與氮原子得以在基板上進行規則性排列堆疊，形成高材料品質之氮化鎵薄膜。

166

　　有機金屬氣相沉積系統之反應腔體設計對於 LED 元件結構磊晶品質極為重要，一般反應腔體設計依照反應氣體與基板擺放方向可以區分為三大類，如圖 4-5 所示：**(1) 水平式反應腔體設計** (德國 Aixtron 單片研發機台)，反應氣體氣流方向與基板平行。**(2) 垂直式反應腔體設計** (美國 Veeco 機台)，反應氣體氣流方向與基板垂直。**(3) 垂直與水平混合式反應腔體設計** (德國 Aixtron 量產機台)，反應氣體先以垂直基板方向進入反應腔體，再以平行基板氣流方向離開反應腔體。

　　圖 4-6 為一般水平式反應腔體側視圖，黑色長方形為承載體，其上放置基板，通常乘載體材質為石墨，並鍍上碳化矽 (SiC) 作為保護膜，以避免氨氣直接腐蝕石墨乘載體。

　　反應氣體由腔體左方通入，在固定流速下於承載體上面建立一邊界層，在邊界層下方至基板距離間，氣體流速為零，反應分子由高濃度氣相區以擴散方式移動到低濃度之基板端。

　　在擴散過程中，可以因腔體內部空間高溫給於反應氣體裂解所需能量，得以裂解反應氣體，產生薄膜沈積所需之反應原子；另外，高熱基板端亦提供了裂解反應氣體分子所需之高溫能量，故反應氣體分子幾乎可以在基板表面獲得充分裂解，產生反應原子。

而高溫之基板亦提供反應原子在基板表面移動與鍵結所需之能量，反應原子在充足能量下，得以移動到能量最低之成核位置，進行鍵結與堆疊步驟，隨著成長時間增加，最後沈積成薄膜。

圖 4-5　有機金屬氣相沈積系統反應腔體設計型態

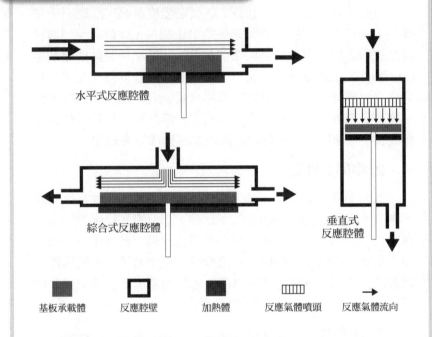

水平式反應腔體

綜合式反應腔體

垂直式
反應腔體

| 基板承載體 | 反應腔壁 | 加熱體 | 反應氣體噴頭 | 反應氣體流向 |

圖 4-6　水平式反應腔體反應氣體分子濃度與腔體溫度分佈圖

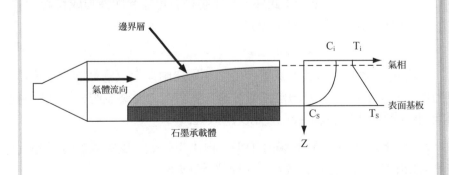

邊界層

氣體流向

氣相

表面基板

石墨承載體

C_i　T_i

C_s　T_s

Z

沈積薄膜過程中，控制反應腔體條件對於薄膜成長及材料品質亦扮演重要角色，這些條件包含：溫度、壓力、氣體流量、氣體比例等。

在基板溫度方面，通常可以區分為三個溫度區間加以說明。

1. 低溫區

反應原子濃度隨基板溫度升高而增加，增加的反應原子濃度，加速薄膜成長速率；此外，基板端溫度越高，反應原子在基板上鍵結速率越快，薄膜成長速率也越快，故會發現到薄膜成長速率隨成長溫度升高而增加趨勢，此區域稱為**動能限制區**(kinetic limited region)；另一方面，基板表面同時存在未裂解完成之反應氣體分子，影響到薄膜成長過程；加上反應原子無法獲得足夠動能，在基板表面無法充分遷移到能量最低位置成核成長，在薄膜成長過程中薄膜內部將形成許多缺陷。

2. 中間溫度區

此時溫度已能近乎百分之百裂解反氣氣體，基板端反應原子濃度不再隨溫度升高而增加；此外，基板表面反應原子鍵結速率也達到飽和，成長速率幾乎與溫度無關。此狀況下，增加通入反應氣體流率，提供更高濃度反應氣體分子，才能再提高薄膜成長速率，為適合成長薄膜之溫度區間。成長速率幾乎與溫度無關，為適合成長薄膜溫度區間。

3. 高溫區

反應氣體由於溫度過高，導致氣相副反應增加，產生許多副反應產物，消耗可參與反應氣體分子濃度，使得薄膜成長速率隨溫度升高而下降；此外，副反應物有可能參與薄膜成長過程，使薄膜內部產生雜質缺陷。

反應腔體壓力攸關反應氣體分子之平均自由徑與反應氣體分子濃度。壓力低，反應氣體分子平均自由徑較長，換言之，反應氣體分子在反應腔體氣相區間發生碰撞機率較低，副反應較輕微。

反之，壓力高，反應氣體分子平均自由徑較短，反應氣體分子在反應腔體氣相區間發生碰撞機率較高，副反應較嚴重。

副反應嚴重時，將導致負反應產物增加，消耗反應氣體分子，使得基板上反應氣體分子濃度降低，薄膜成長速率降低；另外，副反應產物，亦有可能參與薄膜成長反應過程，使薄膜產生缺陷，故一般有機金屬氣相沈積系統多選擇在較低壓力區間進行薄膜沈積。

　　一般化學氣相沈積法成長薄膜過程如圖 4-7 所示。

圖 4-7 化學氣相沈積法中成長薄膜之反應機制示意圖

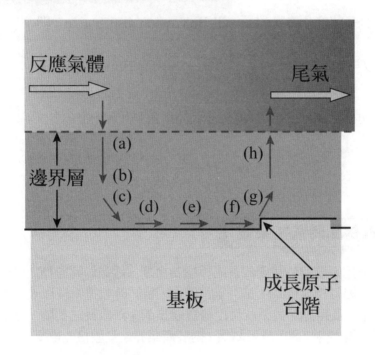

(a) 反應氣體擴散進入邊界層內。

(b) 反應氣體在氣相中產生反應。

(c) 其生成物吸附在基板表面。

(d) 在加熱的基板表面上進行反應。

(e) 反應原子表面擴散。

(f) 移動到晶格位置，參與薄膜成長。

(g) 未參與成長之反應原子從基板表面去吸附。

(h) 以擴散方式回到氣相態。

薄膜成長速度估算

在單位時內反應分子碰撞到一截面積範圍內之分子數目，定義為**分子通量** (molecular flux)，J，單位為分子數 / 平方公尺 - 秒。

$$J = \int_0^\infty v_x dn_x$$

假設分子速度分佈為 Maxwell-Boltzmann distribution，則

$$J = 3.513 \times 10^{22} \frac{P(\text{torr})}{\sqrt{M(\text{g/mole})T(\text{K})}} \text{ molecules / (cm}^2\text{sec)}$$

薄膜沈積速率 r 即可以由基板表面分子通量計算出來，

$$r = J\left(\frac{M}{\rho_{\text{film}}N_A}\right)$$

薄膜成長即時監控系統

即時監控系統對於薄膜成長過程極為重要，透過即時監控，得以隨時了解有機金屬氣相沈積系統是否正常運作，當即時監控系統反映出異常訊號時，工作人員可立即對系統做出繼續成長或中斷成長之判斷，無須等到打開反應腔體才得知薄膜成長結果，對於產業界之量產格外重要。

一般用於有機金屬氣相沈積系統之即時監控包含了：**薄膜反射率監控、薄膜成長速率監控、薄膜成長溫度監控、薄膜曲率監控**等。

薄膜反射率監控

利用光入射物體表面，依物體表面幾何形貌粗糙度差異，有不同程度的反射。一般而言，粗糙面散射光比例增加，反射光比例降低；反之，平滑面散射光比例降低，有較高之反射光。因此僅需要監控反射光的強度，就可以隨時掌握薄膜成長過程中表面幾何形貌，如圖 4-8 所示。

圖 4-8 光學式薄膜反射率監控系統示意圖

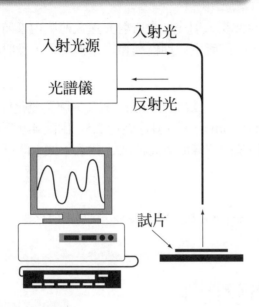

入射光源

光譜儀

入射光

反射光

試片

 知識補充站

　　有機金屬化學氣相沈積系統為目前發光二極體產業主要用於成長 LED 結構之薄膜磊晶設備,目前商業型量產 MOCVD 機台主要以德商 Aixtron 與美商 Veeco 為主,約囊括了九成之市佔率;而日商 Nippon Sanso 約有 7% 的市佔率,但主要以日本本土市場為主。目前 MOCVD 系統研發主流主要分成兩大趨勢:(1) 提升機台量產能力,(2) 改善熱場 / 流場均勻性。其主要目的用以改善 LED 磊晶片之厚度與發光主動層組成均勻度,此舉對於 LED 磊晶片之發光波長,亦即 LED 產業的良率提升極為重要;此外在六吋大面積基板之量產機台熱場與流場穩定控制須更為精準。

　　為降低 LED 磊晶廠購買昂貴 MOCVD 設備之成本,設備機台國造將是未來提升產業競爭力關鍵所在,目前國內亦有許多研究團隊致力於 MOCVD 機台設計改良,筆者認為台灣在 MOCVD 機台設計開發上應朝薄膜磊晶品質進一步改善方向發展,與目前國際 MOCVD 設備大廠發展趨勢有所區隔,較有機會讓台灣 MOCVD 機台設計具創新性的賣點。

圖解光電半導體元件

薄膜成長速率監控

使用固定波長入射光,當入射光進入薄膜內部時,將隨著薄膜厚度增加,而產生週期性震盪之干涉現象,反射率將隨成長時間改變。

假設入射光源波長為 600 nm,成長薄膜為氮化鎵,氮化鎵薄膜在波長 600 nm 時,折射係數約 2.5,由圖 4-9 反射率即時監控圖中,相鄰兩波峰間隔時間 Δt,代入下式,即可估算出薄膜成長速率 r。

$$r = \frac{\lambda/n}{2\Delta t}, \lambda \text{ 為入射光波長,} n \text{ 為折射係數。}$$

薄膜成長溫度監控

主要利用黑體輻射概念,偵測基板溫度不同時,幅射出不同能量之光子,並以光纖將此光訊號導入偵測器內,轉換成電訊號,供電腦計算後,顯示溫度。

通常深入反應腔體內部為藍寶石材質光纖,其前端精準鍍上一層金屬當成黑體輻射腔體,當此金屬受熱後,因溫度不同幅射出不同能量光子,並以下式計算出溫度。

$$E(\lambda, T) = \frac{\varepsilon C_1 \lambda^{-5}}{e^{\frac{C_2}{\lambda}} - 1}$$

其中 $E(\lambda, T)$ 為光子放射能量 (W/m²-μm)

ε 為放射率 (0-1 之間)

λ 為波長 (μm)

T 為溫度 (K)

C_1 與 C_2 為第一與第二輻射常數

圖 4-9 　薄膜成長速率監控方法

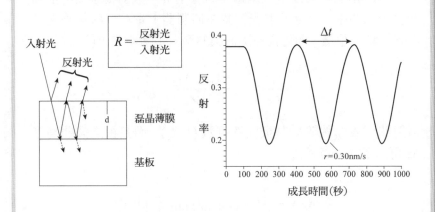

$$R = \frac{反射光}{入射光}$$

入射光

反射光

磊晶薄膜

基板

d

Δt

反射率

$r = 0.30\text{nm/s}$

成長時間(秒)

圖 4-10 　金屬薄膜

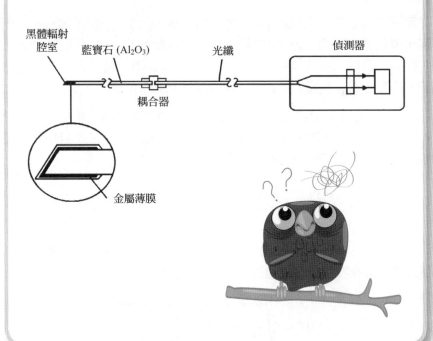

黑體輻射腔室

藍寶石 (Al_2O_3)

光纖

偵測器

耦合器

金屬薄膜

薄膜曲率監控

利用相隔距離固定之兩道平行雷射光，入射薄膜後，依照薄膜表面曲率，產生反射光，並在偵測器上量測反射後兩道雷射光光點之距離，即可推算出薄膜曲率，如圖 4-11 所示。

$$\frac{1}{R_C} \cong - \frac{\Delta X_D - \Delta x_0}{2\Delta x_0 Z_D}$$

雷射間距 ΔX_D 約等於基板曲率倒數 $(1/R_C)$，而基板之翹曲高度 Δz 可由下式計算獲得

$$\Delta z = r \cdot \left(1 - \cos \left(\text{arc} \sin \frac{r}{R} \right) \right)$$

發光二極體結構與磊晶成長

發光二極體基本上仍由 pn 二極體所組成，我們先再次回顧 pn 二極體相關半導體物理概念。圖 4-12 所示為未加偏壓下之 pn 二極體能帶圖，費米能階為一常數且真空能階為連續狀態下，在 n 型區位於傳導帶主要載子電子，擴散進入 p 型區，將看到一能障高度為 eV_D 能量。

在假設 pn 為陡峭接面，n 型與 p 型區摻雜濃度為 N_D 與 N_A；並假設摻雜雜質完全離化，意即電子濃度 $n = N_D$ 與電洞濃度 $p = N_A$；且摻雜雜質並未被缺陷或其他未經摻雜之原生雜質所補償。此位能大小為：

$$V_D = \frac{kT}{e} \ln \frac{N_A N_D}{n_i^2}，其中 n_i 為本質載子濃度。$$

圖中 W_D 為空乏區寬度，由於空乏區內沒有可移動之自由載子，為高阻值區域，其寬度可由下式估算

$$W_D = \sqrt{\frac{2\varepsilon}{e}(V - V_D)\left(\frac{1}{N_A} + \frac{1}{N_D} \right)}$$

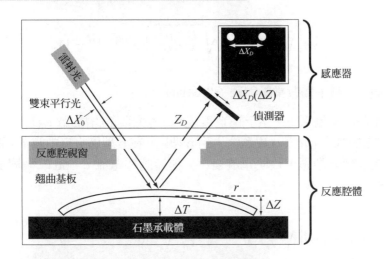

圖 4-11 薄膜曲率監控原理示意圖

雷射光
雙束平行光
ΔX_0
Z_D
$\Delta X_D(\Delta Z)$
偵測器
感應器

反應腔視窗
翹曲基板
r
ΔT
ΔZ
石墨承載體
反應腔體

圖 4-12 pn 二極體在零偏壓與順向偏壓下能帶示意圖

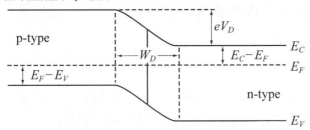

(a) 無外加偏壓下 pn 接面

p-type
eV_D
W_D
$E_C - E_F$
E_C
E_F
$E_F - E_V$
n-type
E_V

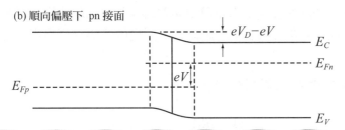

(b) 順向偏壓下 pn 接面

$eV_D - eV$
E_C
E_{Fn}
eV
E_{Fp}
E_V

　　圖 (b) 在順向偏壓下，空乏區寬度縮小，位能高度下降為 $e\,(V_D - V)$，在 n 型區有更多自由載子（電子）可注入到 p 型區；在 p 型區有更多自由載子（電洞）可注入到 n 型區，致使電流增加。

載子流動產生電流可以 Shockley 方程式表示，在截面積為 A 時，電流為

$$I = eA\left(\sqrt{\frac{D_P}{\tau_P}\frac{n_i^2}{N_D}} + \sqrt{\frac{D_n}{\tau_n}\frac{n_i^2}{N_A}}\right)(e^{e\,(V_D+V)/kT} - 1)$$

其中 D 與 τ 為載子擴散常數與載子生命期。

　　然而在逆向偏壓下，空乏區寬度變大，位能高度增加為 $e\,(V_D+V)$，在 n 型區之自由載子 (電子) 更難注入到 p 型區；在 p 型區之自由載子 (電洞) 亦難以注入到 n 型區，致使電流變小，稱為飽和電流 I_s，pn 二極體 IV 特徵可寫成

$$I = eA\left(\sqrt{\frac{D_P}{\tau_P}\frac{n_i^2}{N_D}} + \sqrt{\frac{D_n}{\tau_n}\frac{n_i^2}{N_A}}\right)(e^{e\,(V_D+V)/kT} - 1)$$

$$I = I_s(e^{eV/kT} - 1) \text{，} I_s = eA\left(\sqrt{\frac{D_P}{\tau_P}\frac{n_i^2}{N_D}} + \sqrt{\frac{D_n}{\tau_n}\frac{n_i^2}{N_A}}\right)$$

　　非理想效應下之 IV 特徵為：

$$I = I_s e^{eV/(nkT)}$$

其中 n 為理想因子，理想二極體時 $n = 1$，一般實際二極體 $n = 1.1\text{-}1.5$，III-V 之砷化物或磷化物 $n = 2$，但 GaN/InGaN 材料 n 值高達 6。

　　另外不理想效應考慮了串聯電阻與並聯電阻，串聯電阻一般是由金屬接點或中性區阻值過大造成；而並聯電阻則提供了額外不通過二極體之電流通道。

　　因此 IV 特徵表示式應修正為

$$I - \frac{(V - IR_S)}{R_P} = I_s e^{e\,(V-iR_S)/nkT}$$

當 $R_S \sim 0$，$R_P \sim \infty$，上式即為 Shockley 方程式。

在 pn 二極體當中，載子分佈狀態與載子之擴散有關，擴散常數可以由霍爾量測得到載子遷移率，並假設為非簡併態之半導體，配合愛因斯坦方程式求得

$$D_n = \frac{kT}{e}\,\mu_n\,,\ D_p = \frac{kT}{e}\,\mu_p$$

當電子由 n 型進入到 p 型區時，即成為少數載子，在電子與 p 型區之多數載子電洞復合前移動之距離，即稱為擴散長度。

電子注入到 p 型區後能夠移動之距離為 L_n

$$L_n = \sqrt{D_n \tau_n}$$

電洞注入到 n 型區後能夠移動之距離為 L_p

$$L_p = \sqrt{D_p \tau_p}$$

在一般同質接面 pn 二極體，由於載子復合行為大部分發生在中性區，並非理想之狀態。

知識補充站

當我們使用理論計算 LED 中載子移動產生之電流時，會需要用到許多薄膜材料特性參數，包含：載子移動率、載子濃度、擴散係數、載子生命期、載子擴散長度..等。底下我們簡要說明這些參數是如何量測出來：載子遷移率主要為載子在薄膜材料中移動能力評量指標，藉由霍爾量測可獲得薄膜材料之載子移動率。再帶入愛因斯坦方程式，可以間接計算出載子擴散常數。而載子濃度可以使用電容-電壓量測方法求出。值得一提，使用霍爾效應量測所得為載子經過活化過程後，成為自由載子的濃度，與電容-電壓法求得之載子濃度並不相同。

載子生命期可以使用海尼斯蕭克利(Haynes-Shockley) 實驗，另用光導法求得。而載子擴散長度便可以藉由已知的擴散係數、載子生命期求出。各項參數取得後，便可以得到 LED 理論之電流與電壓關係圖。

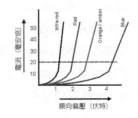

雙異質結構提出,改善了同質接面問題,如圖 4-13 與 4-14 所示,可將載子集中在能隙值較小之主動區內,進行復合發光。通常主動區厚度必須小於載子之擴散長度,故載子在主動區內可以有較高濃度。

而輻射再結合率可以雙分子再結合方程式表示

$$R = Bnp$$

意即,主動區內有較高載子濃度下,將增加輻射復合機率,並減少載子復合生命期。雖然主動區與侷限載子層能障高度大約有數百 meV,該值遠超過室溫下 kT 之能量,大部分載子將被侷限在主動區內。

然而自由載子在主動區內分佈依舊依循 Fermi-Dirac 分佈,意即有部份自由載子可能會出現在能量高於侷限載子層的能態位置,載子有機會跳脫侷限層,造成擴散電流。

使用高能隙材料之侷限層、較低**態位密**度 (density of state) 或較高值之 ΔE_c 與 ΔE_v 材料系統都可以改善此問題。

圖解光電半導體元件

178

小博士解說

　　如何讓 LED 發光效率更好?一般而言,LED 最大光輸出 (L_{max}) 相關於外部量子效率 (external quantum efficiency, η_{ext}) 與最大操作電流 (I_{max}),即 $L_{max} = \eta_{ext} \cdot I_{max}$,其中 $\eta_{ext} = \eta_{int} \cdot \eta_{extr}$,$\eta_{int}$ 為內部量子效率 (internal quantum efficiency)、η_{extr} 為光萃取效率 (light extraction efficiency)。

　　以藍光 LED 為例,藍光 LED 目前內部量子效率藉由改良發光層結構設計與薄膜材料磊晶品質提升,已達 80% 以上;而光萃取效率亦可以由圖案基板、透明導電電極等製作提升至 80%,整體外部量子效率約在 64% 左右。另外,LED 最大光輸出亦相關於最大操作電流,與載子注入 LED 結構內部有關,因此在 n⁻ 型層和 p⁻ 型層之金屬電極製作顯得相當重要,唯有製作良好歐姆特性之金屬接點降低金屬與 n⁻ 型層和 p⁻ 型層接面電阻,外加電流才能更有效率注入 LED 結構內部,並減少跨越在金屬與 n⁻ 型層和 p⁻ 型層接點間壓降之熱生成,才能有效提升 LED 發光亮度與壽命。

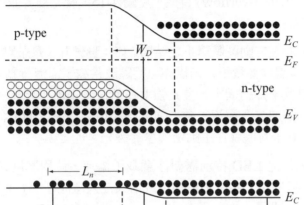

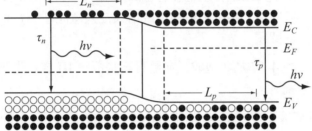

圖 4-13 同質接面結構在零偏壓與順向偏壓下之能帶示意圖

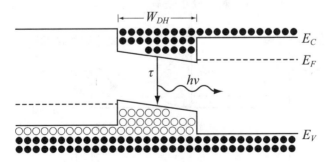

圖 4-14 異質接面結構能帶示意圖

此外，當注入電流增加，主動區內載子濃度變高，造成費米能階上升，當費米能階位置高過侷限層傳導帶位置時，主動區內子由載子數目已達到飽和，主動區內無法再容納更多自由載子，注入之自由載子將造成雙異質結構**載子溢流** (carrier overflow) 行為，見圖 4-15，發光強度並不會隨著注入電流增加而增強。

載子溢流情形在主動區體積小之結構 (如：量子井、量子點……) 特別容易發生。使用多層堆疊量子井結構亦可明顯改善載子溢流行為，如圖 4-16 所示，在單一層量子井結構下，發光強度在低注入電流下已飽和；增加量子井層數時，可增加注入電流，發光強度飽和現象往後延伸，意即載子溢流降低，注入之載子有機會在主動區內復合發光。

在高電流動作之 LED 特別需要注意載子溢流，使用厚度較厚之雙異質結構主動區、多層量子井主動區結構或增大注入電流區域 (大接點製作) 都可以有效解決此問題。

綜合上述，圖 4-17 為典型成長在藍寶石基板之 III 族氮化物藍光 LED 結構與對應能帶圖。

在藍寶石基板上先成長未摻雜 GaN 緩衝層，再成長高濃度 $(1 \times 10^{18}$ cm$^{-3})$ 之 n 型 GaN 電子提供層，隨後成長由 InGaN/GaN 組成之多重量子井主動發光層，成長 p 型 AlGaN 電子阻擋層，最後在成長 p 型 GaN 電洞提供層。

圖 **4-15** 雙異質接面結構中載子溢流示意圖

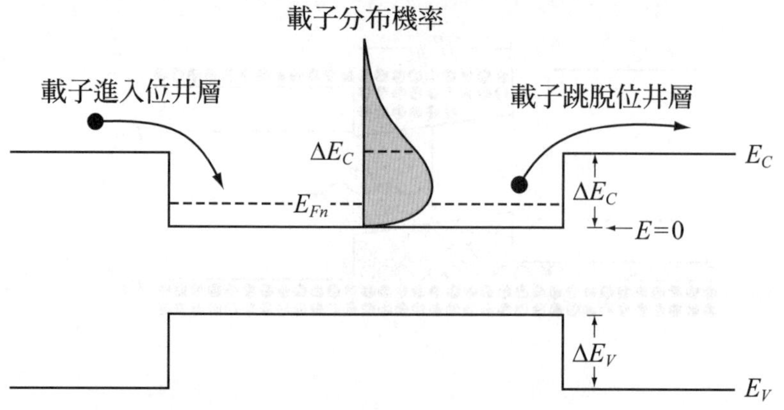

圖 4-16 載子溢流影響發光二極體發光強度與注入電流關係圖

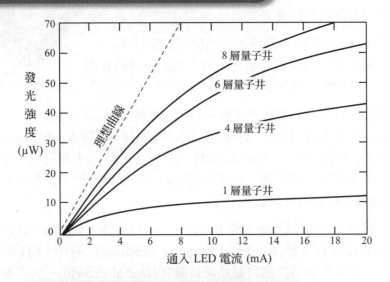

圖 4-17 在藍光發光二極體中加入電子阻隔層防止電子溢流之能帶示意圖

LED 結構：

p-GaN	p-AlGaN	GaN	InGaN	GaN	InGaN	GaN	InGaN	GaN	n-GaN

LED 能帶圖：

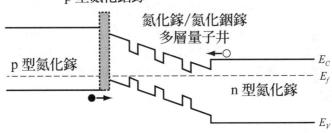

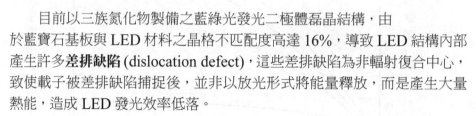

在外加偏壓下，n 型 GaN 多數載子電子注入主動發光層，並與由 p 型 GaN 層注入之多數載子電洞在主動發光層內復合發光。

由於 GaN 材料電子遷移率遠高於電洞遷移率，通常為了避免電子溢流情形發生，加入高能隙材料 p 型 AlGaN 電子阻擋層可有效解決。

目前以三族氮化物製備之藍綠光發光二極體磊晶結構，由於藍寶石基板與 LED 材料之晶格不匹配度高達 16%，導致 LED 結構內部產生許多**差排缺陷** (dislocation defect)，這些差排缺陷為非輻射復合中心，致使載子被差排缺陷捕捉後，並非以放光形式將能量釋放，而是產生大量熱能，造成 LED 發光效率低落。

有鑑於此，LED 磊晶廠主要工作之一，便是降低差排缺陷，最有方法為使用**圖案藍寶石基板** (patterned sapphire substrate)，藉由 LED 結構磊晶成長於藍寶石基板時之**側向磊晶成長機制** (lateral growth)，填平圖案藍寶石基板上之圖案。

過程中將使差排缺陷產生彎曲，改變差排缺陷成長方向，達到降低差排缺陷之目的。

圖案藍寶石基板之開發對於 LED 性能之提升極為重要，除改善上述差排問題外，另一項在光學特性問題亦可獲得解決，由於三族氮化鎵折射係數約 2.5 與空氣介面將產生全反射現象，形成之臨界角度僅 23 度，由 LED 結構之發光層射出之光子，僅有 4% 左右可以傳輸到空氣中，此類似**波導** (waveguide) 行為，導致 LED 發光層射出之光子最後被其本身吸收，產生熱。

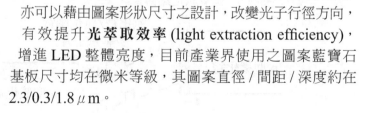

根據幾何光學理論，只要能改變 LED 發光層射出之光子行徑方向，將可以提高光子逃逸至空氣中之機率，而圖案藍寶石基板亦可以藉由圖案形狀尺寸之設計，改變光子行徑方向，有效提升**光萃取效率** (light extraction efficiency)，增進 LED 整體亮度，目前產業界使用之圖案藍寶石基板尺寸均在微米等級，其圖案直徑 / 間距 / 深度約在 2.3/0.3/1.8 μm。

三族氮化物 LED 結構中發光層結構主要由 GaN 與 InGaN 材料堆疊而成，能隙較高之 GaN **位能障層** (barrier layer) 可以有效侷限載子在能隙較低之 InGaN **位能井層** (well layer) 中復合發光，一般設計 GaN/InGaN 厚度分別為 20/2 nm，堆疊層數越多對整體發光亮度提升越佳。

而發光層在實際磊晶成長時將受限在兩者磊晶溫度差異過大問題，獲得高材料品質 GaN 需要攝氏 1000 度以上溫度，而 InGaN 溫度約在 800 度，為避免過高磊晶溫度破壞 InGaN 位能井層，必須盡可能降低 GaN 位能障層溫度，但卻又導致 GaN 位能障層材料品質劣化，產生很多非輻射復合缺陷，使 LED 發光層發光效率變差。

通常在實際磊晶成長時，僅能在兩者之間優化成長溫度，以藍光 LED 而言，InGaN 位能井層 /GaN 位能障層溫度分別為 800/900 度。未來如能開發低溫 GaN 薄膜磊晶技術，相信有助於提升 LED 發光亮度。

此外，由於極化電荷問題，將使 InGaN 位能井之能帶產生傾斜，傳導帶最低能量位置與價電帶最高能量位置不在同一晶格方向，導致電子與電洞在 InGaN 層內復合機率降低，目前研究亦指出使用非極性基板或半極性基板可以有效改善此問題。

最後為 p-GaN 電洞提供層之磊晶技術瓶頸，受限於 InGaN 發光層較低成長溫度，如果 p-GaN 成長溫度過高，將破壞 InGaN 發光層，降低 LED 發光亮度。

因此，一般 p-GaN 成長溫度在 900 度附近，低溫成長下之 GaN 薄膜，其內部將產生大量缺陷，其中以**氮空位** (nitrogen vacancy, V_N) 缺陷影響最鉅，氮空位缺陷為屬於施體型缺陷，在 p-GaN 薄膜中扮演**補償中心** (compensation center)，與摻雜進入 p-GaN 薄膜之鎂原子形成 Mg-V_N 複合物，不利於 Mg 原子活化成電洞，導致 p-GaN 薄膜阻值過高，影響載子注入 LED 發光層；另一方面低溫成長之 p-GaN 薄膜存在高密度缺陷，亦使得 LED 之抗靜電能力變差。

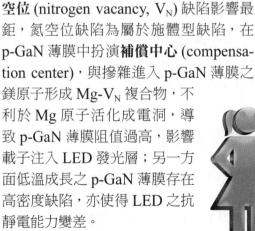

長發光二極體晶粒製作

在完成 LED 結構磊晶後，晶片開始進行晶粒製作流程，典型晶粒製作流程包含下列步驟：

(1) 晶片清洗

(2) 黃光微影

以傳統黃光微影技術定義蝕刻平台位置。

(3) 平臺蝕刻

由於藍寶石基板不導電，必須利用**電感耦合式電漿活性離子蝕刻系統** (inductively coupled plasma reactive ion Etching, ICPRIE) 蝕刻 p-GaN、MQWs 與部分 n-GaN 層，以利在 n-GaN 上製作金屬接點。

(4) 去除遮罩層

(5) 沈積透明導電金屬層與退火

由於 p-GaN 層阻值較大，容易造成電流分佈不均，故在整層 p-GaN 上成長一層透明導電層，改善電流分佈問題，傳統使用 Ni/Au = 3/7(nm)，可與 p-GaN 有良好歐姆接觸。

但由於可見光範圍內，薄電極 Ni/Au 穿透率 <70%，不利於 LED 出光，目前透明導電電極製作均改成 ITO。沈積透明導電層後，再進行爐管退火，以增進歐姆接點特性。

(6) p-GaN 與 n-GaN 層金屬接點製作

先以 PECVD 沈積保護層，再配合 lift-off 技術分別在 p-GaN 與 n-GaN 製作金屬接點。p-GaN 層主要使用 Ni/Au，n-GaN 層主要使用 Ti/Al，以利後續打線之用。

(7) 晶片性能測試

包含量測順向導通電壓 (V_f)、逆向電壓 (V_R)、亮度、發光波長……等。

(8) 研磨與拋光

將藍寶石基板背面利用鑽石研磨液進行研磨，通常將厚度磨到 100 μm，以利後續切割與散熱。

(9) 劈裂

將研磨後之晶片利用雷射切割，並進行劈裂，形成單顆晶粒，最後黏貼在藍膜膠帶上。

圖 4-18 發光二極體晶粒製作流程圖

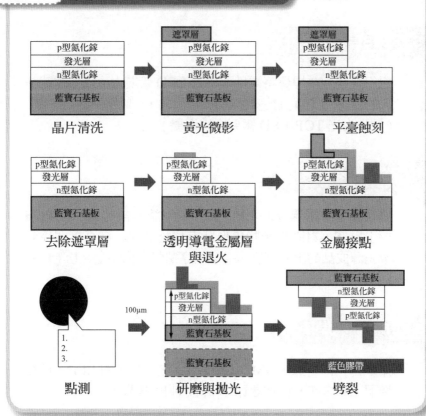

發光二極體封裝

傳統發光二極體封裝製程包含下列步驟

Step 1 ⇨ 清洗

採用超聲波清洗 PCB 或 LED 支架，並烘乾。

Step 2 ⇨ 裝架

在 LED 管芯 (大圓片) 底部電極備上銀膠後進行擴張，將擴張後的管芯 (大圓片) 安置在刺晶台上，在顯微鏡下用刺晶筆將管芯一個一個安裝在 PCB 或 LED 支架相應的焊盤上，隨後進行燒結使銀膠固化。

Step 3 ⇨ 壓焊

用鋁絲或金絲焊機將電極連接到 LED 管芯上，以作電流注入的引線。LED 直接安裝在 PCB 上的，一般採用鋁絲焊機。(製作白光 TOP-LED 需要金線焊機)。

Step 4 ⇨ 封裝

通過點膠，用環氧將 LED 管芯和焊線保護起來。在 PCB 板上點膠，對固化後膠體形狀有嚴格要求，這直接關係到背光源成品的出光亮度。這道工序還將承擔點螢光粉 (白光 LED) 的任務。

Step 5 ⇨ 焊接

如果背光源是採用 SMD-LED 或其它已封裝的 LED，則在裝配工藝之前，需要將 LED 焊接到 PCB 板上。

Step 6 ⇨ 切膜 ≫

用沖床模切背光源所需的各種擴散膜、反光膜等。

Step 7 ⇨ 裝配 ≫

根據圖紙要求，將背光源的各種材料手工安裝正確的位置。

Step 8 ⇨ 測試 ≫

檢查背光源光電參數及出光均勻性是否良好。

白光 LED 封裝

　　主要分成兩大類型，分別為傳統 LED 與高功率 LED，表 4.1 分別分析這兩種封裝的性能，封裝後依照亮度不同而有不同之應用範圍。

表 4-1　傳統 LED 與高功率 LED 規格比較表

	傳統 LED	高功率 LED
照片		
亮度	0.5～2 流明	40～250 流明
功率	25～50 毫瓦	1～8 瓦
使用壽命	5千～1 萬小時	5 萬小時以上
等效價值	1～4 流明/元	超過 70 流明/元

傳統白光 LED 封裝

傳統白光 LED 封裝結構示意圖，如圖 4-19 所示。

Step 1 ⇨ 藍光晶片挑選 »

選擇與螢光粉匹配的藍光晶片將決定白光 LED 之品質，藍光晶片發光波長範圍在 430-470 nm，使用時配合螢光粉可獲得較高量子效率，而得到更大的功率輸出。

Step 2 ⇨ 固定晶片 »

將 LED 晶片固定在支架或散熱器上，必須依照晶片類型選擇合適類型膠做黏合。例如，LED 晶片為 V 型，兩個電極均同在晶片上面，下面不允許導電，故使用黏合膠特性需屬於絕緣膠。

Step 3 ⇨ 銲線 »

由於 LED 晶片大小約 100 μm，電極必須使用顯微鏡才能觀看，故需對電極進行焊接，導出正負極，才能通入電流使其發光。一般白光 LED 採用金線球銲技術。

Step 4 ⇨ 填膠 »

將 LED 晶片黏在支架上後，晶片正極分別用金線連接引線架上，晶片負極亦利用金線連接到有反射杯之引腳。

塗覆螢光粉過程中，首先要將螢光粉與環氧樹脂調配好，並確認膠與螢光粉要均勻攪拌，亦要讓 AB 膠充分混合。

目前白光 LED 大部分使用人工點螢光

粉，工人須經過長期訓練才能掌握此項技術。

有廠商先將螢光粉與環氧樹脂配好，做成一個模子，之後將配好螢光粉的環氧樹脂做成一個膠餅，將膠餅黏在晶片上，周圍再灌滿環氧樹脂。但點螢光粉膠時周圍易產生氣泡，抽真空時如無法將氣泡處理乾淨，在焊接時，熱量容易傳給晶片，使晶片周圍膨脹，脹裂螢光粉膠。

此外亦有 AB 膠沒有充分混合或膠調配不均，亦使螢光粉膠餅裂開。

在高功率 LED 構裝過程中，由於點亮時熱量較高，不使用環氧樹脂，而是在 LED 晶片上覆蓋一層矽凝膠，防止金線熱脹冷縮時與環氧樹脂不匹配而被拉斷。另也可以防止環氧樹脂溫度過高而變黃。

圖 4-19　傳統 LED 封裝結構示意圖

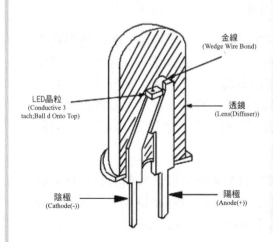

金線
(Wedge Wire Bond)

LED晶粒
(Conductive 3
tach;Ball d Onto Top)

透鏡
(Lens(Diffuser))

陰極
(Cathode(-))

陽極
(Anode(+))

高功率 LED 封裝

高功率白光 LED 製作時也是與上述相同的方法將 LED 晶片固定在散熱器上，關鍵技術有低熱阻構裝技術、構裝電極形式與基板減薄技術、陣列構裝與系統積體技術，如圖 4-20 所示。

高功率 LED 構裝有其特殊性，包含：螢光粉使用、高功率產生高熱，因此構裝時需要考量電流通道、出光通道與熱通道問題。

電流通道

由於高功率 LED 通入電流高達幾十到幾百毫安培，選用之金線需要比較粗。另外，電流大，在開關電源時有很大衝擊電流，所有電流流過地方必須要承受得了此衝擊電流。

而高功率白光 LED 元件溫度差異大，構裝使用之材料熱膨脹係數必須仔細考慮，尤以金線在熱膨脹下須能承受住大的衝擊電流。

出光通道

光由藍光 LED 晶片發光層發射出後，如何讓部分藍光激發螢光粉，發出黃光與另一部份藍光組合成白光，在高功率白光 LED 構裝時特別需要注意。

由於高功率白光 LED 發熱量大、溫度高，環氧樹脂在高溫下逐漸變黃，降低透光率。尤其在長期紫外光照射下，將使膠產生玻璃化，一般均使用矽凝膠進行封裝。另外考慮到材料折射係數，光從 LED 晶片折射係數約 3 左右，要傳輸到空氣折射係數約 1 時，中間過渡材料至少要大於 1.5 以上，才有較高的光取出效率。

高功率白光 LED 出光的半強度角取決於構裝膠與蓋殼設計，需依照 LED 晶片出光特性而定，以 LED 出光位置把光強度集中向出光角度射出，才能得到較大的光強度。

熱通道

高功率白光 LED 動作時將產生大熱量，會影響到高功率白光 LED 使用壽命與光衰問題。

在大電流驅動下，LED 晶片之 pn 接面溫度遽升，必須配合高導熱特性之導熱膠，才能順利將熱量傳導到散熱器上。

目前連接 LED 晶片與散熱器可使用晶圓固著膠或錫金合金進行共晶焊接，皆可獲的不錯的導熱效果。

圖 4-20　高功率 LED 封裝結構示意圖

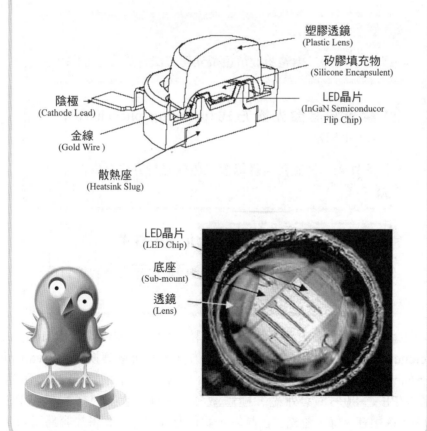

塑膠透鏡
(Plastic Lens)

矽膠填充物
(Silicone Encapsulent)

陰極
(Cathode Lead)

LED晶片
(InGaN Semiconducor Flip Chip)

金線
(Gold Wire)

散熱座
(Heatsink Slug)

LED晶片
(LED Chip)

底座
(Sub-mount)

透鏡
(Lens)

Unit 4-4
白光固態光源

發光二極體眾多應用的趨勢裡，以照明市場最被看好，其中又以白光光源為主流。以台灣家庭照明用電量約 200 億度，若所有照明改採用白光發光二極體燈，則每年至少省下 126 億度的用電量，相當於一座核能發電廠一年的發電量。

產生白光方法可以由 CIE1931-XYZ 系統說明之，CIE 色度學系統是以色光三原色 RGB 為基準，以光源、物體反射和配色函數計算出 X、Y、Z 刺激值，任何色彩都可以由 RGB 混色而成，如圖 4-21 所示。

以現階段白光二極體及製造技術而言，主要可以分為三大類 (如圖 4-22 所示)，包括：

❶ 雙色互補色方式

即是以藍光二極體激發黃色螢光粉方法合成白光光源。

❷ 紫光激發螢光體方式 (pumping phosphorus, UV-LED)

以紫外光二極體激發紅綠藍三色螢光粉方法合成白光光源。

❸ 紅、綠、藍光三色晶粒一體化混光方式

以三顆分別為紅、綠、藍發光波長之發光二極體經封裝一體後混色成白光光源。

理論計算使用紅、綠、藍光三色晶粒一體化混成**流明效率** (luminous efficiency) 達 200 lm/W 之白色光光源方法，其**功率轉換效率** (wall plug efficiency, WPE) 僅需要 67%，相較於直接使用藍光 LED 激發黃色螢光體 WPE 之 80%，紫外光二極體激發紅、綠、藍三色螢光體 WPE 之 100%，採用紅、綠、藍光三色晶粒一體化混成白光方式將較容易達到高發光效率之需求。

圖 4-21 CIE 色標座標圖

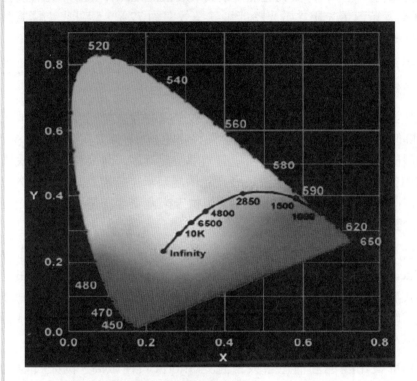

圖 4-22 白光合成三種主要方式

紫光 LED 激發紅綠藍磷光粉　　　　雙互補色方式　　　　　紅綠藍三原色方式

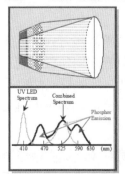

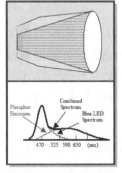

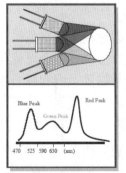

紫光 LED 激發紅綠藍磷光粉　　　藍光晶粒激發黃色磷光粉　　　　紅綠藍三晶粒

造成此三種白光發光二極體製作技術 WPE 的差異最主要原因為螢光粉之能量轉換效率,即**史托克能量損失** (Stokes' energy loss),相較於藍光 LED 激發黃色螢光體之螢光粉能量轉換效率約 72%,紫外光二極體激發紅、綠、藍三色螢光體約 63%。

由於紅、綠、藍光三色晶粒一體化組合之白光 LED 沒有螢光粉之能量轉換效率問題,故最容易達到高發光效率之目標。

然而,紅、綠、藍各晶粒間之發光效率隨時間衰減程度不盡相同,在長時間使用後也許有可能產生演色性偏移問題,如有機會在同一顆晶粒上,同時發出紅綠藍三原色光,將可以有效解決此問題。而筆者在中華民國專利 I291247 中,揭發一種多波長發光元件之奈米粒結構及其製法,突破很多項目前白光二極體製造專利限制,提供未來產業界在超高亮度白光發光二極體製造上另一可行作法。

白光 LED 最早發展之技術為雙色互補色方式,其發光效率根據 1950 年 MacAdam 計算可以高達 400 lm/W,然而這種雙色互補色產生白光光源方式其演色性不佳,無法反應物體實質上之全彩顏色,只能用在戶外與工業工作上的運用,而無法運用在戶內照明 (博物館內、辦公室內、桌上) 之運用。

目前使用雙色互補色合成白光光源的代表性廠商,例如日亞化學 (Nichia) 的白光發光二極體之專利,US 5,998,925、US 6,069,440 及 TW 383,508,係使用釔鋁石榴石螢光粉與氮化物二極體之設計製作白光發光二極體,藉由藍光發光二極體 (460 nm InGaN) 激發塗佈在其上方之黃色 YAG 螢光粉 (555 nm 的黃光),螢光粉被激發後產生黃光與原先用於激發的藍光互補產生白光。

雖然利用藍光晶粒配合黃色螢光粉的白光二極體製作方式是目前比較成熟的技術,然而尚有許多問題無法獲得解決,首先是均勻度問題,因為激發黃色螢光粉的藍光晶粒實際上參與白光的配色,因此藍光晶粒發光波長偏移、強度改變及螢光粉塗佈厚度均會影響到白光的均勻度 (白光發光二極體之中央部份較藍,而旁邊較黃)。

另外加上色溫偏高與演色性較低等問題,迫使許多國際大廠逐漸轉移朝其他白光發光二極體製造技術發展,可參考圖 4-22 白光合成三種主要方式。

再者，以紫外光二極體激發紅綠藍三色螢光粉方法合成白光光源之技術，Thornton 早於 1971 年，即提出使用三種單色 (450、540 及 610 nm) 混光方式產生之白光光源具有較高的演色性，演色性越高之白光光源越可以避免白光因缺乏某些波段之光源造成物體色澤之失真，因此可以運用之領域範圍較廣，同時可滿足包含了室外與室內照明之需求。

另外，**通用電氣** (general electric) 在 US6,522,065 專利中使用 $A_{2-2x}Na_{1+x}E_xD_2V_3O_{12}$ 作為螢光粉，其中 A 可以為 Ca、Ba、Sr 其中之一或混合三者，而 E 可以為 Eu、Dy、Sm、Tl、Er 其中之一或混合使用，D 可以為 Mg 或 Zn 其中之一或混合使用，在 UV 激發螢光粉所發出之白光顏色完全由螢光粉所決定，可藉由調整活性劑的比例而調整光色。

以 UV LED 激發紅綠藍三色螢光粉之白光發光二極體是目前國際各 LED 廠商主要發展的技術，然而因為紫外光發光二極體之發光效率目前仍無法有效提昇，再加上抗 UV 封裝材料的開發、配合螢光粉紫外光波段之選擇，以及螢光體本身亦具有環境污染之問題，未來這些問題是否能獲得進一步突破，將決定此白光發光二極體製作技術可否繼續發展。

最後，以三顆分別為紅、綠、藍發光波長之發光二極體經封裝一體後混色而成白光光源之技術，其必須考慮插座**轉換效率** (wall plug efficiency)，即 WPE(%)= $\eta_{nt} \times \eta_{extract} \times \eta V$，其中 η_{int} 代表內部量子效率、$\eta_{extract}$ 代表取出效率、ηV 為**電能效率** (electrical efficiency)。

理論計算使用紅、綠、藍光三個發光二極體混成白色光方法，其 WPE 僅需要 67%，相較於直接使用藍光 LED 激發黃色螢光體 WPE 之 80%，紫外光二極體激發紅、綠、藍三色螢光體 WPE 之 100%，採用三原色發光二極體混成白光方式將較容易達到高發光效率之需求。

造成此三種白光發光二極體製作技術 WPE 的差異最主要原因為螢光粉之能量轉換效率，即**史托克能量損失** (Stokes' energy loss)，相較於藍光 LED 激發黃色螢光體之螢光粉能量轉換效率約 72%，紫外光二極體激發紅、綠、藍三色螢光體約 63%，由於三顆 RGB 三色 LED 組合之白光 LED 沒有螢光粉之能量轉換效率問題，故最容易達到高發光效率之目標。

例如 Lumileds 在 US 6,686,691 專利中所揭露，係使用三原色燈泡混合成白光光源；而 Philips 在 US6,234,645 專利中亦提到使用至少三顆以上之 LED 合成白光，其發光效率可以達 40 lm/W。

單晶粒方式

(1) InGaN 藍晶片 + 黃螢光粉 (YAG)

日本日亞化學提出用藍光 LED 來激發黃色 YAG 螢光粉產生白光 LED，為目前市場主流方式。日亞化學所研發出的白光 LED，其結構如圖示。在藍光 LED 晶片的週邊填充混有黃光 YAG 螢光粉的光學膠，此藍光 LED 晶片所發出藍光的波長約為 450 nm，利用藍光 LED 晶片所發出的光線激發黃光螢光粉產生黃色光。

但同時也會有部分的藍光發射出來，這部分藍色光加上螢光粉所發出的黃色光，即形成藍黃混合兩波長的白光。

優點：效率高、製備簡單、溫度穩定性好、顯色性較好。

缺點：一致性差、由於藍光佔發光光譜的大部分，因此，會有色溫偏高與不均勻的現象。基於上述原因，必需提高藍光與黃光螢光粉作用的機會，以降低藍光強度或是提高黃光強度。藍光 LED 發光波長隨溫度提升而改變進而造成白光源顏色不易控制。因螢光粉激發紅色光譜較弱，所以造成**演色性** (color rendition) 較差現象。InGaN 藍晶片 + YAG 黃螢光粉白光 LED 的光譜曲線如圖示，藍光峰值波長在 460 nm，螢光粉被激發峰值波長為 580 nm，兩者合成後為白光。

(2) InGaN 藍晶片 + 紅螢光粉 + 綠螢光粉

LumiLEDs 公司採用 460 nm LED 配以 $SrGa_2S_4 : Eu^{2+}$ (綠色) 和 $SrS : Eu^{2+}$ (紅色) 螢光粉，色溫可達到 3000-6000K 較好的結果，顯色指數 Ra 達到 82~87，較前述產品有所提高。

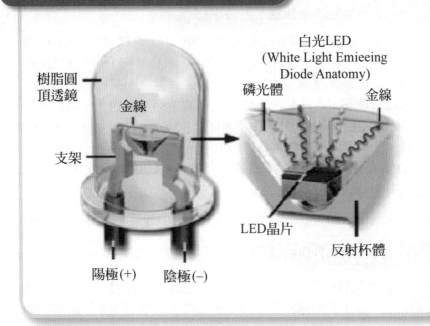

圖 4-23 藍光 LED 晶粒與黃色磷光粉以互補色方式合成白光示意圖

白光LED
(White Light Emieeing
Diode Anatomy)

樹脂圓頂透鏡
金線
支架
磷光體
金線
LED晶片
反射杯體
陽極(+)　陰極(−)

197

多晶粒方式

　　三晶片白光 LED－(紅 (R) ＋綠 (G) ＋藍 (B)) 白光 LED，白光可以由三基色按照一定比例混合而成，當混色比為 43(R)：48(G)：9(B) 時，光通量的典型值為 100lm，對應 CCT 標準色溫為 4420k，色座標 x 為 0.3612，y 為 0.3529。在一管殼內同時構裝紅色晶片，綠色晶片和藍色晶片，當要求 LED 要求發出的白光是冷白光還是暖白光時，可以通過調整混色比來實現。當一個綠晶片發出的光功率不能滿足混色比的要求時，還可以採用兩個綠晶片和一個紅晶片、一個藍晶片構裝在一個管殼內。Philips 公司用 470nm、540nm 和 610nm 的 LED 晶片，則缺少黃色調，顯色指數 Ra 只能達到 20 或 30。

　　優點：效率高、色溫可控、顯色性好。

　　缺點：三基色光衰不同導致色溫不穩定、控制電路較複雜、成本較高。
　　　　　四晶片－(藍＋綠＋紅＋黃) 白光 LED 採用 465nm、535nm 和 625nmLED 晶片可製成顯色指數 Ra 大於 90 的白光 LED。

其他白光固態光源製作方法

(1) 藍 LED+ZnSe 單結晶基板白光 LED

　　日本 Sumitomo Electric 亦在 1999 年 1 月研發出使用 ZnSe 材料的白光 LED，其技術是先在 ZnSe 單晶基板上形成 CdZnSe 薄膜，通電後使薄膜發出藍光，同時部分藍光與基板產生連鎖反應，發出黃光，最後藍、黃光形成互補色而發出白光，由於也是採用單顆 LED 晶粒，其操作電壓僅 2.7 V，比 GaN 的 LED 3.5V 要低，且不需要螢光物質就可發出白光，因此預計將比 GaN 白光 LED 更具價格上的優勢，但其缺點是發光效率僅 8 lm/W，壽命也只有 8000 小時。

(2) 光子晶體特性與結構

　　光子晶體可以分為一維、二維、三維光子晶體。而在這些結構當中，最出名的應該是三維光子晶體，但是三維光子晶體在製造上，就今天的技術而言是非常困難的。原因是目前主要研究的領域還是保留在二維光子晶體，所以，今天在 LED 領域競相開發的光子晶體 LED，也是二維光子晶體。為何運用光子晶體來製作 LED，其目的就是要利用光子晶體的週期結構，人為控制光學特性。

　　利用藍光晶片製作白光 LED。晶片發出藍色的光，藍光激發 YAG 螢光粉後部份轉換成黃光，利用藍色和黃色的光便合成白光。白光 LED 被利用在白光照明燈跟液晶背光的光源中，這種白光 LED 被稱為固體白色照明。這種光有三個特色：體積小、省能源、壽命長，但是有一個很大的問題需要克服：即它發光效率還比較差，為了解決這個問題，可利用光子晶體來解決。將光子晶體放在藍光 LED 裡，利用光子晶體來提高發光效率。這樣生產出的藍光光子晶體 LED 的特色是週期長。

　　現有的 LED 結構，可以看到他的全反射，臨界角是比較小的，主要是因為表面將光全部反射，相對的光子晶體藍色 LED 所設計出來的 LED，由於繞射的關係，可以修正光的角度，修正後的光可以使臨界角變小，並可進入臨界角投射到外面，改善過的 LED 光會全部反射。從 LED 的活性層發射出來的光，可以 360°反射出去，但以往的 LED 只能受限於臨界角，只能在臨界角範圍內發光，在臨界角內的光才能發射出去，我們知道臨界角範圍內的面積只占整個範圍的 4%，所以光子晶體的光就比較廣，能有更多的面積將光反射出去，提高了發光效率。

(3) 無螢光粉量子井白光 LED

為了擺脫螢光粉對白光 LED 技術的枷鎖限制，提高 LED 的光子利用率，許多人員探索了各種技術方法來實現不需要螢光粉轉換類型的白光 LED。InGaN/GaN 多量子井雙波長近白光 LED，它是在同一塊藍寶石基板分別生長 $In_{0.2}Ga_{0.8}/GaN$ 多量子井結構和 $In_{0.49}Ga_{0.51}/GaN$ 多量子井結構來得到白光。由於其結構類似於 pnpn 閘流電晶體，並展開出了高阻抗低電流的關閉狀態和低阻抗高電流的開啟狀態，因此，該晶片的面積是一般 LED 晶片面積的 6 倍，可達到 1 mm ×1 mm。這樣一來，LED 的驅動電流也就相對變大。在低於 200 mA 的驅動電流下，可以得到這種近白光的光色座標 (0.2, 0.3)，其輸出功率，發光效率和色溫分別達到了 4.2 mW、81 lm/W 和 9000 K。施體受體共摻白光 LED，這種白光 LED 是用 Si 和 Zn 對 InGaN 進行同時摻雜。

這種 Si 和 Zn 摻雜的 $In_xGa_{1-x}N$-GaN 多量子井 LED 結構可以採用 MOVPE 的方法進行生長。在 500-560nm 之間，可以得到寬頻波長的施體受體對。Si 和 Zn 會發生施體受體對相關的寬頻輻射，而 InGaN 多量子井 LED 發生帶邊輻射，兩者結合就會產生白光，這種 Si 和 Zn 雜的 $In_xGa_{1-x}N$-GaN 多量子井 LED 的場致發光光譜與螢光粉轉換得到的白光 LED 的光譜非常相似，經量測，其色溫為 6300K，並且在低於 20mA 的注入電流下得到色座標 (0.316,0.312)。然而，目前的水準顯示，其發光效率比 GaN 基藍光 LED 激發螢光粉得到白光的發光率要小的多，在注入同等電流 10mA 下，這種 LED 的外量子效率僅為 5 lm/W，而藍光 LED 激發螢光粉的白光 LED 的量子效率為 100~150 lm/W。

Unit **4-5**
固態光源應用發展趨勢

　　光源發出光的量稱為光通量，而在某方向上光的分布密度稱為發光強度，照度為光落在物體表面的密度，而我們所見的並非照度，而是該物體所反射的亮度。光度計量中以坎德拉為 SI 基本單位，而流明、勒克斯等均為導出單位。這些照明常用術語的定義如下：

一、光通量 (luminous flux, Φ)

　　單位為：流明 (lumen, lm)

　　光通量 (F) = I ×Ω lm

即一光源所放射出光能量的速率或光的**流動速率** (flow rate) 為光源發光能力的基本量，單位為**流明** (lumen, lm)。根據定義，1 lm 為發光強度 (I)1cd 的均勻點光源在 1 球面度立體角 (Ω) 內發出的光通量 (F)。

　　此為一般燈鎢絲燈與日光燈的量測單位。例如一個 100 瓦 (W) 的燈泡可產生 1750 lm，而一支 40 W 冷白色日光燈管則可產生 3150 lm 的光通量。

二、光強度 / 光度 (luminous intensity, candlepower, I)

　　單位：坎德拉 (candela, cd)

　　定義：I，光強度 (cd) = 立體角內之光通量 / 立體角 Ω (sr)

　　1 lm/sr = 1 candela (cd)

　　1 cd = 12.57 lm

　　發光強度簡稱光度，係指從點光源一個立體角 (單位為 sr) 所放射出來的光通量，也就是光源或照明燈具所發出的光通量在空間某選定方向上的分佈密度，單位為**燭光** (candle or candela, cd) 一般而言，光源會向不同方向以不同之強度放射出奇光通量，在特定方向所放出之可見光輻射強度稱為光強度。

發光強度為 1 cd 的光源可放射出 12.57 lm 的光通量。

因為 LED 燈所發出光是具有方向性，故皆使用此為 LED 燈的量測單位。儘管手電或者 LED 仍然廣泛採用發光強度作為重要參數，比如某 LED 是 2000 mcd。LED 用 mcd 而不用 cd (1000 mcd = 1cd)，是因為早期的 LED 太暗，比如說超高亮度的才不到 0.1 cd，因此才習慣用 mcd 來表示。

三、照度 (illuminance, E)

單位：勒克斯 Lux(lm/m^2)

E，照度 (lx) = 落在某面積上之光通量 (lm) / 此被照面面積 (m)

$$= 光強度 (cd)/(距離 (m))^2$$

公制單位：lm/m = lux(lx)

英制單位：lm/ft^2 = footcandle(fc)

1 fc = 10.76 lx；1 lx = 0.093 fc

照度為單位面積內所射入的光亮，可用每一單位面積的光通量來量測，用來表示某一場所的明亮度。

1 lm 的光通量均勻分佈在 1 平方公尺 (m) 的表面，即產生 1 勒克斯 (lux, lx) 的**照度**；1 lm 的光通量落在 1 平方英呎的表面，其照度值為 1 呎燭光 (footcandle, fc)。

四、輝度 / 亮度 (luminance, brightness)

單位：cd/m^2 (也可稱為 (nits))

L，輝度 (cd/m^2) = 光強度 (cd)/ 所見之被照面面積 (m^2)，
單位為 cd/m^2 (也可稱為 (nits))

亮度 (L) = 發光強度 / 面積 = I/AP

公制單位：cd/m^2 (nt)

英制單位：footlambert (fL) = 1/p cd/ft^2

1 fL = 3.426 cd/m^2

　　輝度或亮度：當我們目視某物所看到的，可以兩種方式表達：一用於較高發光值者如光源或燈具，直接以其發光強度來表示；另一則用於本身不發光只反射光線者如室內表面或一般物體，以亮度表示。

　　亮度即被照物每單位面積在某一方向上所發出或反射的發光強度，用於顯示被照物的明暗差異，公制單位為**燭光 / 平方公尺** (candela/m^2, cd/m^2) 或**尼特** (nit)，英制單位為**呎朗伯** (footlambert, fL)。

五、發光效率 (luminous efficacy, η)

單位：流明每瓦 (lm/W)

μ 發光效率 (lm/W) = 所產生之光通量 (lm) / 消耗電功率 (W)

　　代表光源將所消耗之電能轉為光之效率，其數值越高表示光源效率越高以鎢絲燈為例發光效率約在 20~30 lm/W，LED 燈目前約 70 lm/W 為鎢絲燈的 2~3 倍。

綜上所述，照明常用的基本定義可參見圖 4-24。

圖 4-24 照明常用基本定義示意圖

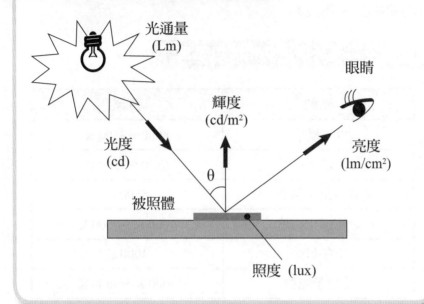

光通量 (Lm)

眼睛

輝度 (cd/m²)

光度 (cd)

亮度 (lm/cm²)

θ

被照體

照度 (lux)

203

六、色溫 (color temperature)

單位：絕對溫度 (Kelvin, K)

一個光源之色溫被定義為與其具有相同光色之**標準黑體** (black body radiator) 本身之絕對溫度值，此溫度可以在色度圖上之普朗克軌跡找到其對應點。

溫度升高到一定程度時顏色開始由深紅－淺紅－橙黃－白－藍，逐漸改變，某光源與黑體的顏色相同時，我們將黑體當時的絕溫度稱為該光源之色溫。

溫度越高，其輻射之光線光譜中藍色成份越多，紅色成份也就相對越少，以發出光色為暖白色之普通白熱燈泡為例，其色溫為 2700 K，而晝光色日光燈之色溫為 6000 K。

因相關色溫度事實上是以黑體輻射接近光源色光時，對該光源光色表現的評價，並非一種精確的顏色比，故具相同色溫值的二光源，可能在光色外觀上仍有些許差異。

僅憑色溫無法了解光源對物體的顯色能力，或在該光源下物體顏色的再現如何。

表 4-2　不同光源環境的相關色溫度

光源	色溫
北方晴空	8000～8500 K
陰天	6500～7500 K
夏日正午陽光	5500 K
金屬鹵化物燈	4000 K～4600 K
下午日光	4000 K
冷色螢光燈	4000 K～5000 K
高壓汞燈	3450 K～3750 K
暖色螢光燈	2500 K～3000 K
鹵素燈	3000 K
鎢絲燈	2700 K
高壓鈉燈	1950 K～2250 K
蠟燭光	2000 K

七、光色 (light color)

一個燈的光色可以簡單的以色溫來表示。

光色主要可以分成四大類：

- 暖色 (<3300 K)
- 中間色 (3300 K~5000 K)

- 晝光色 (5000 K~6500 K)
- 冷色 (>6500 K)

　　一般而言，採用低色溫光源照射，能使紅色更鮮豔；採用中色溫光源照射，使藍色具有清涼感；採用高色溫光源照射，使物體有冷的感覺。

　　然而即使光色相同，燈種間也可能因為其發出光線光譜組成不同而有很大的演色性表現差異。

1. **色溫與亮度：** 高色溫光源照射下，如亮度不高則給人們有一種陰氣的氣氛；低色溫光源照射下，亮度過高會給人們有一種悶熱感覺。

2. **光色的對比：** 在同一空間使用兩種光色差很大的光源，其對比將會出現層次效果，光色對比大時，在獲得亮度層次同時，又可獲得光色的層次。

八、演色指數 (color rendering index, CRI)

　　光源對被照物色彩表現能力，定義為光源照射有彩色物體時，其色彩與陰天晝光所見之色彩相同程度。(0~100 之間，「100」為理想值)

九、配光均勻度 (uniformity)

　　照明空間內對光線分佈之均勻性定義。

　　照度均勻度＝(最低照度) / (平均照度)，(0～1 之間，「1」為理想值)。

十、眩光 (glare)

眩光就是令人不舒服的照明。光源與背景環境不配合時，對眼睛造成刺激。可分為：

1. **直接眩光**：直接或餘光目視光源，輝度大且讓人刺眼而不舒服，人眼直接眩光區自垂直面 45~85°。

2. **反射眩光**：黑板或桌面反射光源而產生。

3. **背景眩光**：主題較暗而背景太亮而產生，背景光線對比過強烈。

圖 4-25 燈光在環境中造成不同類型炫光示意圖

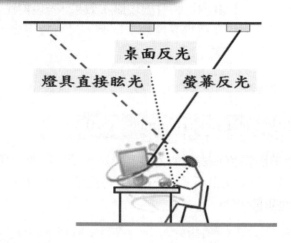

白光照明應用

　　LED 被視為二十一世紀光源，將為照明技術帶來革命性創新之希望。一般大眾對於照明之基本需求包含了高照度、高演色性、低眩光及光源穩定等。白光 LED 特性具有體積小、反應速度快、耐震性佳、可塑性高、元件壽命長、直流電壓起動、發光強度與驅動電流成正比等優點，全球各先進國家均已積極投入 LED 照明技術之研發。受惠於白光 LED 近幾年來在磊晶晶粒品質、封裝技術與售價大幅下降，使得 LED 產品如雨後春筍般推出市面。

圖 4-26 LED 應用實景圖

LED 的主要用途

1. **廣告看版**：招牌廣告牌、計分廣告牌、信息顯示廣告牌。

2. **交通號誌**：紅綠燈號誌。

3. **商用照明**：裝飾用照明燈。

4. **普通照明**：桌燈、檯燈、手電筒。

5. **安全照明**：緊急照明燈、礦燈、防爆燈。

6. **特殊照明**：軍用照明、醫療用手術燈、植物生長燈。

7. **其他**：車燈、背光源。

LED 照明

1. LED 路街燈

　　LED 的低電壓啟動特性，適用於取代公共場所中的各種高電壓光源，特別是無人看管的公共區域，而路燈是公共場所中提供照明的最主要設備，傳統路燈多使用水銀燈或高壓鈉燈，其光線為散射性光源，光線是朝四面八方散布開來，而部分餘光投向天空造成光害，真正向下投射于路面的明亮度不足。

　　另外，傳統光源的顯色度不高，容易造成物體顏色的失真，用路人不易辨識路面上所存在的物體，才是最大的隱憂。相較之下，LED 具有發光指向性，將 LED 光源設計成路燈，光線將完全用於打亮路面，降低光線隨意散射所造成的能源浪費；選用高顯色度的 LED 光源，用路人易於辨識物體的輪廓，也間接降低交通事故的發生機率。

　　隨著歐美各國高昂的電價，許多政府單位都思考著如何兼顧用路安全及節省電費雙方面進行考慮，因此感應式路燈因應而生，其原理是利用路燈上所搭載的紅外線感測器偵測人車的溫度，在感測到用路人接近後，路燈自動調整光亮的輸出達到 100%，一旦用路人遠離後，路燈自動調降亮度到 30%~50%，同時兼顧安全及省電的兩大訴求。

　　傳統水銀燈不具有調光功能，而高壓鈉燈雖可調光但無法適時調整光源輸出量，因此不適合用於智能路燈的開發，相反的 LED 可迅速點亮的特性，使 LED 成為智能路燈的光源首選。

2. LED 檯燈

　　LED 檯燈與傳統照明檯燈 (省電燈、日光燈、鹵素燈、電燈泡) 之差價最為接近，約在 2~3 倍左右。由於 LED 檯燈之壽命為省電燈 4 倍，為日光燈 10 倍，為鹵素燈 10 倍，為電燈泡 20 倍，省電 50%~88%，加上瞬間開啟、不閃爍、冷光省冷氣、無紫外線不導致黑斑與皮膚癌與破壞字畫照射物、指向光無光污染、無射頻與電磁輻射、色溫選擇、可調光、無汞毒、無眩光、無多重影、省電節能減碳與環保等優點，將成為未來檯燈主流。圖為 OSRAM 推出專為聚光燈、桌燈與天花板崁燈之 Oslon SSL LED 照明晶片，晶片尺寸約 $3 \times 3 \ mm^2$，發光角度約 80°，在 350 mA 驅動電流下發光效率為 110 lm/W，在 700 mA 趨動電流下可達到 155 lm/W。

3. LED 燈泡

　　LED 燈泡分為可調光與不可調光，指向光 (120~140 度光角) 與 360 度光角。傳統電燈泡之色溫在 2850 K，太陽光為 6500 K。LED 燈泡之色溫為 2000 K ～ 10000 K，一般作暖白 (2800 K ～ 3200 K)、正白 (3800 K ～ 4000 K) 與冷白 (5600 K ～ 6000 K)。

　　LED 燈泡比電燈泡 (或稱愛迪生燈泡、白熾燈泡) 省電 80%~88%。目前全球電燈泡之市場規模約年用量 40 億個。

4. LED 燈管

　　現有日光燈管 T9、T8、T6、T5 等，採高壓電擊螢光粉，有閃爍、有汞毒、射頻與電磁輻射、不可調光、360 度出光約有一半向後向邊浪費等缺點。

　　LED 燈管不含汞、不閃爍、指向光不浪費、壽命長 10~20 倍、比日光燈省電 32%~48%(T5) 或 58%~72%(T8)。日光燈之全球市場規模約 20 億支。**省電燈泡** (compact fluorescent lamps, CFL) 仍然含汞毒、高速閃爍、射頻與電磁輻射，LED 燈管比省電燈泡省電 50%~64%。省電燈泡之全球市場規模約 40 億個。

　　LED 燈管將可取代日光燈管 T8 與 T5，甚至取代省電燈泡。LED T5 系列的設計和製造可應用到層板燈與冷藏櫃燈或櫥櫃燈，採用高亮度的 TOP LED，為了解決固態 LED 光源的散熱問題，一般設計金屬電路板和鋁殼相結合的散熱路徑。

優良的照明品質

優質光環境必須兼顧到：充份的照度、適當的輝度、避免刺眼的眩光、鮮艷自然的色彩演 (顯) 色性、調整氣溫感受的色溫、減低影響生理健康的閃爍、選用省電的高效率 (發光效率) 光源與燈具。而視覺顏色之產生主要有光、物體、眼睛三要件，其中牽涉 物理、生理、心理三方面。以物理觀點來看，光是一種電磁波，可見光如同 UV 和 IR 一樣，都屬於電磁波，波長範圍 380~780 nm。最重要感受器：眼睛視網膜的組織視感度曲線，人眼的視感度曲線。

在整個可見光譜中，人眼對於不同波長的光線其敏感程度並不是均勻的。如圖 4-27 所示，人眼的視感度曲線隨著可見光波長的變化而變化。在黃 / 綠波段，大約 550 nm 波長時，人眼最為敏感。視感度曲線在這一點達到了峰值。隨著年齡的增長，眼球內晶狀體的調節能力逐漸減弱。視網膜也變得更加不敏感。結果，使得我們需要更多的光線和配戴眼鏡才能看得清楚。

節能照明系統

根據國際照明委員會 CIE (Commission Internationale de l'Eclairage) 所提出照明節能原則如下：

(1) 利用自然採光與配合人工照明。

(2) 依工作需要，決定照度標準。

(3) 照度需求下，利用照明設計節能。

(4) 運用高反射材料，採用無眩光燈具。

(5) 演色考量下，使用高演色性高效率燈具。

(6) 設置節能管理設備及定期清潔維護照明器具。

(7) 處理照明發熱與空調間之散熱。

節能減碳不是減少使用能 (資) 源，降低生活品質；而是有效率的使用能 (資) 源，也就是「該用則用、能省則省」。照明節能的原則是在保證足夠的照度和品質的前提下節約能源。

圖 4-27　人眼的視感度感應曲線（峰值約 550 nm）

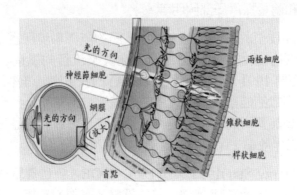

光的方向
神經節細胞
視網膜
光的方向
（放大）
盲點
兩極細胞
錐狀細胞
桿狀細胞

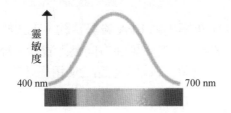

靈敏度

400 nm　　　　　700 nm

211

照明用電量 (L) 公式

$L = WT \cdot (EA / FUM)) = EAT/UM\eta$，式中：

W：每一台燈具消耗的電功率，kW/ 台

T：開燈時間，h

E：平均設計照度，lx

A：地板面積，m^2

U：照明率

F：每台燈具的燈泡光束，lm

M：維護係數

η：燈泡的綜合效率 $(F/W \cdot 1000\ lm/W)$（包括安定器的損失）

故欲降低照明電耗，必須設法增大公式中的分母值，即提高照明率、使用高效燈泡、提高燈具的維持率；或者減少分子值，即減少開燈時間、保持適當的照度和儘量採用局部照明等。

全球照明產品技術的發展趨勢主要以「節約能源環境保護」為宗旨，近年來「綠色照明」成為歐、美、日等先進國家流行的風尚。**綠色照明 (Green Lights)** 源於 1991 年美國環保署 (EPA) 的減少空氣汙染計畫，目標在鼓勵用戶安裝高效節能照明產品，以減少商業、工業和公共照明的用電量需求；並建立高品質、高效率、經濟舒適、安全可靠、有益環保、改善生活品質、提高工作效率、保護身心健康的照明環境。

能源之星 (Energy Star)1992 美國 EPA、DOE、公私營單位與廠商推動之能源與環保計畫，涵蓋建築物、辦公設備、空調系統等十項方案；其中照明相關方案為：綠色照明、建築物、照明設備、緊急出口照明燈等四項。

我國環保署於 1991 年與美國 EPA 簽訂合約，正式於台灣逐項推行。照明產業不論是光源或器具，主要發展方向為「省能、舒適、環保」。有害物質的使用量減少，省資源，高效率產品的使用提升等。

理想照明規劃

理想照明應包含適度引進天然採光、採用新世代高效率環保光源燈具，隨工作場所不同採用不同之照明控制方式、照明設備的維護保養、定期擦拭燈具、燈管……等。其中本節特別介紹使用照明管理系統及日光利用方式。關於照明管理系統這方面，全國大部分建築物均尚未使用照明管理系統，在建築物自動化中，照明管理系統為一重要的環節，透過照明管理系統可以進一步提升照明系統的效率，並且達成許多人工控制時不易達成的目的。

根據日本三菱公司推估，傳統照明燈具僅要採用高效率光源及電控電路，則可省下約 24% 之電力；如再配合日光利用，則可以再節省 25% 照明電力需求。而利用照明管理系統光感測器來偵測環境照度，動態的調整室內照度，使得能夠在日光採光充足的地方減少人工照明的需求，達成照明節能目標。

圖 4-28 綠色照明與能源之星標章

圖 4-29 晝光利用之燈光控制與日光照射對時間照度曲線

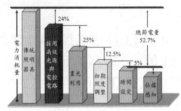

資料來源：日本三菱公司

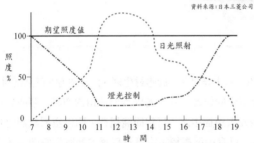

圖 4-30 晝光導入建築物示意圖

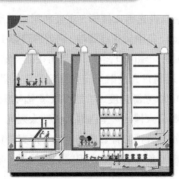

台灣的照明現況，國內在 2008 至 2012 年間推動之台灣 585 白熾燈泡落日計畫，即以替代率 50-60% 及白熾燈泡使用壽命 1000 小時估算，完成後每年約可節省 7.7 億度電，相當於降低二氧化碳 49 萬噸排放量。

假使全台將舊式照明系統更換成省電照明系統，只要省下 20% 的照明就等於省下 126 億台幣電費，減少 370 萬噸二氧化碳，省下每年 1171 萬桶原油，約 1 座核能發電廠全年發電量的總合。

紫外光固態光源應用

紫外光 LED 比起使用水銀的傳統型燈具，具有較小型且保有成本低、環境負荷也小的優點、今後可能可以在多數領域中取代紫外光燈管、多數新的應用也令人期待。

因此紫外光 LED 市場從 2011 年的 3250 萬美元、預估 2016 年可以成長到超過 1 億 5,000 萬美元的規模。2011 年的 LED 販售、幾乎由長波長 (UVA) 與中波長 (UVB) 產品占據、特別是 365 到 400 nm 的高波長產品很受歡迎。

小博士解說

　　建築物的生命週期長達五、六十年之久，從建材生產、營建運輸、日常使用、維修、拆除等各階段，皆消耗不少的能源，其中尤以長期使用的空調、照明等日常耗能量佔最大部分。綠建築九大指標中之「日常節能指標」即以空調及照明耗電為主要評估對象，同時，將「日常節能指標」定義為夏季尖峰時期空調系統與照明系統的綜合耗電效率。其中照明節能重點：建築室內牆面及天花板採用明亮設計、採用高效率燈具、盡量採自然採光設計及利用自動晝光節約照明控制系統。

　　自然光採光設計又稱為晝光導入技術，主要利用追日型光纖集光系統「濃縮」（concentrate）大量光線，集中到光纖開端，藉著導管細小、隨處伸展之特性，傳遞陽光進入室內。經照射的光纖因管徑小，所以可在任一點穿過建築物的結構，並於 20~50 公尺外的另一端將日光投射至室內指定位置。搭配 LED 照明技術，即使在陰天時，藉由調整 LED 光源強度，依然可以讓室內擁有穩定照度。筆者認為目前上班族長時間待在辦公大樓內，室內導入天然太陽光，可以補足陽光曝曬不足造成的健康危害，例如有效預防骨質疏鬆；此外無對外窗之廁所，可長時間將日光導入，節省照明用電，亦可達到防止細菌孳生效果，讓室內環境變得更友善、更健康。

左側直書：圖解光電半導體元件

表 4-3　國內政府投入照明相關資源概況

●經濟部能源委員會 →	◎照明節能技術研發 ◎光源體耗能標準訂定 ◎節能標章推行
●經濟部標準檢驗局 →	◎照明器具CNS訂定 ◎強制性照明器具商品檢驗
●經濟部工業局 →	◎照明產品開發計畫 ◎照明產業資訊調查 ◎電機產業人才培訓-照明課程系列
●行政院環保署 →	◎能源之星綠色照明方案 ◎照明器具能源標章推行
●內政部營建署 →	◎綠色建築物推行

表 4-4　照明系統技術發展指標

技術項目	進展指標
1.傳統高效率照明	●螢光燈光效：105 lm/W ●陶瓷複金屬燈：光效105 lm/W ●白光 OLED 光效 60 lm/W ●HID 調光電子安定器：效率 91%，50~100% 數位調光 ●智能化照明管理系統 ●低眩光燈具：效率 92%
2.LED照明系統	●白光LED：光效 115 lm/W、壽命 50000 小時 ●LED 照明光電模組：光效55 lm/W、功率 30W ●LED 照明模組：輸出光束>10000 lm ●景觀/輔助照明燈具：輸出光束200~1000 lm
3.晝光照明及效能管制	●引光技術：氣密窗、Low-E 玻璃窗、變色窗、動態集光元件、陽光追蹤器。 ●導光技術：**光導管**（Sun Pipe）反射率0.99 ●控制技術：光感測元件及調光控制器組件 ●能效管制：建築物照明用電密度、照明產品 ●效率標準

另一方面、短波長 (UVC)LED 現在主要用於研究開發與科學計裝等用途，但 2012 年將會首次做為 UV LED 基礎的 化系統而商業化。

圖 4-31 所示為紫外光 LED 與紫外光螢光燈管特性比較，使用 UVLED 取代傳統 UV 燈管，至少具有：驅動電路設計簡單、耗電低、啟動時間短、產生廢熱低、無汞污染、頻譜窄等諸多優點。

紫外光基本上分成 UVA、UVB、UVC、UVD。其根據波長的不同而分類。其中，UVA 有很強的穿透力，可以穿透大部分透明的玻璃以及塑膠；UVB 是中等穿透力，它的波長較短的部分會被透明玻璃吸收；UVC 的穿透能力最弱，無法穿透大部分的透明玻璃；UVD 即是真空紫外線。

也因為如此所以應用市場各不相同。目前無論是 UVA、UVB 或 UVC 在主要應用市場之光源，都不是採用 LED，而是傳統紫外光燈。但是隨著 UV LED 技術不斷進步，以及成本下降，將可讓 UV LED 應用市場不斷推廣。在 2008 年，UVA 與 UVB LED 是現在 UV LED 主要應用的技術。其中，90% 的 UV LED 是應用在**紫外光治療** (UV curing)、防偽偵測器、醫療儀器等市場。只有 10% 是配置在空氣與水淨化的機器上。

其中，紫外光治療、文件與鈔票防偽偵測器、光催化劑空氣淨化機、醫療光線療法是 UVA 的主要應用市場。其中，紫外光治療市場佔 UVA 應用比例最高，市場值約為 1 億 2 千萬美元，而且年成長率都在 10% 以上。可是隨著電源輸出的改善、效率提高、壽命增加與成本降低，未來 UVC 市場將成為下一階段 UV LED 可以進入的應用市場。根據其判斷第一個 UVC LED 應用市場將是在科學分析儀器。

預估在 2010 年，UVC LED 將大舉進軍殺菌消毒市場，或者其他新的可攜式市場的應用。不過，UVC LED 的未來成長性與 AIN 基板有密切關聯，因為理論上，AIN 基板能讓 LED 光電輸出增加 100 倍。根據調查發現，現在有許多廠商預計在 2009 年底之前生產 AIN 晶圓，所以從 2010 年起至 2012 年之間，UVC LED 的應用市場將有很大成長空間。

紫外光 LED 應用於醫療 - 殺菌，UVC 波段波長在 240 － 260 nm 之間，為最有效之殺菌波段。波段中最強點之波長是 260 nm。有效達到抑菌、淨水、醫療領域、有害物質的高速分解處理等範圍，都將是紫外線 LED 可應用之處。表 4-5 經過了近二百年的研究與發展，雖然有許多的消毒殺菌方式被發現，但對於大面積、大空間的物體表面殺菌及空氣、水的消毒，紫外線－C 仍是被優先考慮的。

圖 4-31　傳統 UV 燈源與 UV-LED 特性比較

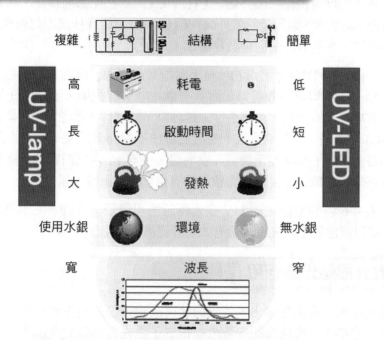

	結構	
複雜	結構	簡單
高	耗電	低
長	啟動時間	短
大	發熱	小
使用水銀	環境	無水銀
寬	波長	窄

UV-lamp　　　　UV-LED

表 4-5　各種消毒殺菌方式優缺點比較表

	紫外線－C（UV-C）	氯	臭氧
消毒方式	物理	化學	化學
成本投資	低	低	高
運行成本	低	中等	高
維護費用	低	中等	高
消毒效果	極好	好	不穩定
消毒時間	1～5秒	25～45分鐘	5～10分鐘
對人體危害性	極低	中等	高
殘留有毒物質	無	有	有
對水、空氣的改變	無	會	會

紫外線－C(UV-C) 消毒法，具有快速、徹底、不污染、操作簡便、使用及維護費用低等優點。紫外線－C(UV-C) 消毒法比氯消毒法、臭氧消毒法都快速，高強度、高能量的紫外線－C(UV-C) 只要幾秒鐘即可徹底滅菌，而氯消毒法、臭氧消毒法則需數分鐘以上。

紫外線－C(UV-C) 消毒法，幾乎對所有的細菌、病毒、寄生蟲、病原體和藻類……等均可有效殺滅，而且不會造成二次污染，不殘留任何有毒物質，對被消毒的物體，無腐蝕性、無污染、無殘留，電源關閉，紫外線－C(UV-C) 便消失。而氯消毒法、臭氧消毒法不能有效消滅一些對人體危害更大的寄生蟲類 (如隱性孢囊蟲、鞭毛蟲……等)。且氯消毒法、臭氧消毒法均會直接、間接的產生對人體致癌的有毒物質，影響人體健康。

由表 4-6 各類型微生物 UV 致死劑量表可發現紫外線－C (UV-C) 消毒法，是目前世界上最先進、最有效、最經濟的消毒法。

可見光固態光源應用

長久以來在農業生產上，螢光燈管與高壓鈉燈是最主要也最普遍的人工光源。近年來光電技術的進步大幅提昇了發光二極體的亮度與效率，使得利用此種光源在農業生產上變得可行。

將 LED 應用於醫療領域，關節炎、黃膽病、生理時鐘失調、紓解壓力、青春痘、細胞加速復生與季節性情感失調等的治療。近年來發光二極體在生物產業上之應用做一回顧。紅、藍光 LED 的持續降價有利於研發成果的推廣，高亮度 LED 做為醫療儀器與設備光源更具高度發展潛力，生物生理的影響也是未來研究方向之一。

LED 應用於植物設施栽培的研究

光環境是植物生長發育不可缺少的重要物理環境因素之一，通過光質調節，控制植株形態建成是設施栽培領域的一項重要技術。High-power LED 大功率作為第五代新型照明光源，LED 具有許多不同於其他光源的特點，這也使其成為節能環保光源的首選。

> 應用於植物培養領域的 LED 還表現以下特徵：
>
> 1. 波長類型豐富、正好與植物光合成和光形態建成的光譜範圍吻合。
>
> 2. 頻譜波寬度半寬窄，可按照需要組合獲得純正單色光與複合光譜。

表 4-6 各類型微生物 UV 致死劑量表

微生物名稱	類別	疾病	UV致死劑量 (μWSec/cm^2)
細小芽孢菌	細菌	- - - -	22000
噬菌體	病毒	- - - -	6600
可薩機病毒	病毒	腸道感染	6300
志賀氏芽孢菌	細菌	細菌性痢疾	4200
艾希氏大腸菌	細菌	食物中毒	6600
大腸桿菌	細菌	腸道感染	6600
A型肝炎病毒	病毒	肝炎	8000
感冒病毒	病毒	感冒	6600
肺炎軍團菌	細菌	軍團菌病	12300
傷寒沙門氏菌	細菌	傷寒	7000
黃金葡萄球菌	細菌	食物中毒、中毒性休克綜合症等	6600
鏈球芽孢菌	細菌	咽喉感染	3800

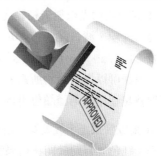

3. 可以集中特定波長的光均衡地照射作物。

4. 不僅可以調節作物開花與結實，而且還能控制株高和植物的營養成分。

5. 系統發熱少，佔用空間小，可用於多層栽培立體組合系統，實現了低熱負荷和生產空間小型化。

6. 其特強的耐用性也降低了運行成本。

　　由於這些顯著的特徵，LED 十分適合應用於可控設施環境中的植物栽培，如植物組織培養、設施園藝與工廠化育苗和航太生態生保系統等。

LED植物燈對光合作用的補光應用

　　植物都需要陽光的照射才能生長的更加茂盛。光對植物生長的作用是促進植物葉綠素吸收二氧化碳和水等養份，合成碳水化合物。

　　但現代科學可以讓植物在沒有太陽的地方更好地生長，人們掌握了植物對太陽需要的內在原理，就是葉片的光合作用，在葉片光合作用時需要外界光子的激發才可完成整個光合過程，太陽光線就是光子激發的一過供能過程。

　　人為的創造光源也同樣可以讓植物完成光合過程，現代園藝或者植物工廠內都結合了補光技術或者完全的人工光技術。科學家發現藍光區和紅光區十分接近植物光合作用的效率曲線，是植物生長的最佳光源。

LED 植物燈知識

　　不同波長的光線對於植物光合作用的影響是不同的，植物光合作用需要的光線，波長在 400-700nm 左右。400-500 nm（藍色）的光線以及 615-720 nm（紅色）對於光合作用貢獻最大。藍色和紅色的 LED，剛好可以提供植物所需的光線，因此，LED 植物燈，比較理想的選擇就是使用這兩種顏色組合。

　　在視覺效果上，紅藍組合的植物燈呈現粉紅色。藍色光能促進綠葉生長；紅色光有助於開花結果和延長花期。LED 植物燈的紅藍 LED 比例一般在 4：1 ～ 9：1 之間為宜，通常可選 4 ～ 7：1。

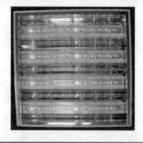

圖 4-32 LED 於植物生長輔助照明燈

圖 4-33 蔬菜在不同 LED 照光條件下生長差異比較圖

  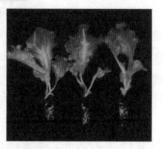

溫室	白光螢光燈	LED燈 450 nm：660nm＝9：1

表 4-6 LED 光譜範圍對值物生理影響

280～315 nm	對形態與生理過程的影響極小。
315～400 nm	葉綠素吸收少，影響光周期效應，阻止莖伸長。
400～520 nm (藍)	葉綠素與胡蘿蔔素吸收比例最大，對光合作用影響最大。
520～610 nm	色素的吸收率不高。
610～720 nm (紅)	葉綠素吸收率低，對光合作用與光周期效應有顯著影響。
720～1000 nm	吸收率低，刺激細胞延長，影響開花與種子發芽。
＞1000 nm	轉換成為熱量。

LED於輔助醫療上之應用

1. 光線與自律神經系統

　　紅光可以刺激交感神經系統，增加興奮和緊張；而藍光可刺激副交感神經系統，代表放鬆、減輕焦慮和減輕敵意。

2. 光線與生理時鐘

　　光線進入眼睛提供了視覺與非視覺功能，前者到視網膜，後者到腦中的下視丘、腦下垂體與松果腺，其中松果腺則與生理時鐘直接相關。

3. 白光 LED 應用於醫療 I- 治療季節性憂鬱症

　　憂鬱症通常發生在秋天、冬天，而春天、夏天就會消失，罹患者是受到陽光不足的影響，心情通常都會隨著季節而改變。有季節性憂鬱症的患者，其褪黑激素的分泌量會昇高。由於完整光譜光線可以減少褪黑激素分泌，因此以光線治療患有季節性憂鬱症的病患非常有效。

4. 白光 LED 應用於醫療 II- 膠囊內視鏡

　　膠囊形狀內視鏡，大小比一般的膠囊稍微大一點，透過口腔吞入，其中最重要得當然是光源，而需要一個可以發光的元件讓攝影機有足夠的光源可以拍攝，此部分就必須由 LED 所組成。

5. 藍光 LED 應用於醫療 I- 治療小兒黃膽、關節疼痛

　　60% 新生兒有一種稱為膽紅素的黃色色素累積在皮膚與身體組織，終致皮膚泛黃，稱為小兒黃膽。臨床證實將患黃膽的

新生兒暴露於全譜光或藍光 (450 nm) 八天可有效治療。

關節疼痛的減輕與藍光及接觸時間有直接關聯。接觸時間愈長，疼痛減輕程度愈大。

6. 藍光 LED 應用於醫療 II- 美白牙齒

使用 LED 燈當光源，發出 480 ～ 520 nm 的高強度藍光 (無紫外線和紅外線)，激發銀離子作用，同時搭配使用過氧化氫成分的牙齒美白藥劑產生氧化還原作用，所以能快速、均勻的美白。

7. 白光 LED 應用於醫療 III- 無影手術燈

以白光 LED 為光源，醫療用的手術燈及牙科燈，因為具有無影設計、忠實顯現傷口顏色及低溫的特點，讓醫師在手術時能迅速分辨病變部位，低溫特性也讓醫生不用因擔心汗水干擾手術的進行。

無影手術燈與牙科燈，除符合醫療燈具所需的高演色、低色溫、高聚光、與無影度等需求外，更具備壽命長及較佳光品質等特點，將可提升醫療照明。

8. 紅光 LED 應用於醫療 I- 臉部美容

紅光二極體 (633 nm) 刺激纖維母細胞的細胞色素，以利製造膠原蛋白，所以對細紋、毛細孔粗大、術後的腫脹，有不錯的效果。

如臉部拉皮手術原本恢復期為 1 個月左右，而雙眼皮及眼袋手術的恢復期也從 2 個星期縮短至 1 個星期即可復原，大大地縮短了一半時間的復原期。

9. 紅光 LED 應用於醫療 II- 治療偏頭痛

　　近來的研究顯示以不同速度間隔閃爍紅光，開始治療後 1 小時，72% 患者表示嚴重的偏頭痛已停止，其餘的 28% 中，93% 認為感覺好了許多，大多數患者認為快速的閃爍及高強度的光是最舒服的。

10. 紅、藍光並用 LED 應用於醫療 - 治療青春痘

　　藍光 (415 nm) 與紅光 (660 nm) 併用可治療輕微至中度嚴重的青春痘，其中藍光發光二極體光譜範圍內包括了 9% 在紫外光範圍，具殺菌效果，且不會殺傷皮膚，而紅光具抗發炎效果。

11. 動力紅光面膜儀

　　動力紅光面膜儀，是採用數千顆高亮度的發光二極體所組成的紅光光罩。在光線治療中，紅光頻譜是生物刺激活性最強的，對皮膚的效應也最佳。

紅外固態光源應用

　　光是一種電磁波，它的波長區間從幾個奈米到 1 毫米左右。

　　人眼所見只是其中一部分，稱之為可見光，可見光的波長範圍是 380 nm ～ 780 nm，由長到短分為紅、橙、黃、綠、青、藍、紫光，波長比紫光短的稱為紫外光，波長比紅光長的稱為紅外光。

　　通常將紅外光劃分為近、中、遠紅外三部分。近紅外線波長為 0.75 ～ 3.0 μm；中紅外線波長為 3.0 ～ 20 μm；遠紅外線波長則指波長為 20 ～ 1000 μm。

　　一般紅外光源有不同的功率及 715 nm、830 nm 兩種波長，不同的波長將決定紅外光源照明距離和效果。

1. 715 nm 紅外燈

由於其照明距離遠，效果好，但是會產生紅暴情況 (現在家用數位相機的補光用的就是這種紅外燈)。

2. 830 nm 紅外燈

基本沒有紅暴現象或是紅暴很少，但實際應用上應選用低照度攝影機。紅外燈的最大照明範圍取決於天氣條件、物體的反光率和周圍的光照水準，紅外聚光燈最遠的投射範圍基本如下：

$$500 \text{ W} = 150 \sim 200 \text{ 公尺}$$
$$300 \text{ W} = 80 \sim 120 \text{ 公尺}$$
$$50 \text{ W} = 15 \sim 30 \text{ 公尺}$$
$$30 \text{ W} = 5 \sim 15 \text{ 公尺}$$

目前監控領域中使用的紅外燈主要為半導體固體發光 (紅外發光二極體) 紅外燈。紅外發光二極管由紅外輻射效率高的材料 (常用砷化鎵 GaAs) 製成 PN 二極體，外加順向偏壓下向 PN 二極體注入電流激發紅外光。

光譜功率分佈為中心波長 830 ～ 950 nm，半峰帶寬約 40 nm 左右，它是窄帶分佈，為普通 CCD 黑白攝影機可感受的範圍。其最大的優點是可以完全無紅暴點 (採用 940 nm~950 nm 波長紅外管) 或僅有微弱紅暴和壽命長。紅外發光二極體的發射功率使用輻照度 $\mu W/m^2$ 表示。

一般來說，其紅外輻射功率與順向工作電流成正比，但在接近順向電流的最大額定值時，設備溫度因電流的熱耗而上升，使光發射功率下降。但若紅外二極體電流過小，將影響其輻射功率，而當電流過大時也將影響其壽命，甚至使紅外二極體燒毀。

此外由於 LED 紅外燈製造成本較低，已成為目前使用最多的紅外產品，但有照射距離短 (單個 LED 的光學輸出為 5 ～ 15 mW)、角度小 (7° ～ 12°) 光線分佈不均、體積大等之缺點。

美國 Pacific Cybervision 公司開發之 LED-Array，其光學輸出達到 800～1000 mW，LED-Array 的發光半功率角為 10°～120°（可變角），也由於 LED-Array 為高度集成的 LED，因此體積只有錢幣大小，且壽命為 50,000 個小時。

近年來由於民用夜間監控市場的發展，LED-Array 正逐步走向民用市場，成為高品質夜間監控的理想選擇，如圖 4-34 所示。另外根據紅外 LED 晶片的特性，依據不同波長可以得到更廣泛的應用，例如：

1. 波長 940 nm

適用於遙控器，例如家用電器的遙控器。

2. 波長 808 nm

適用於醫療器具，空間光通信，紅外照明，固體雷射器的泵浦源。

3. 波長 830 nm

適用於高速路的自動刷卡系統（夜視系統最好，可以看到管芯上有一點紅光，效果比 850 nm 要好）。

4. 波長 840 nm

適用於攝像機，彩色變倍紅外防水。

5. 波長 850 nm

適用於攝像頭（視頻拍攝）數位攝影，監控，樓寓對講，防盜報警，紅外防水。

6. 波長 870 nm

適用於商場，十字路口的攝像頭。

圖 4-34 偵防用紅外線攝影機燈

結語

　　固態照明已經可以確定是二十一世紀照明主流，以發光二極體為主之固態照明具有低耗能、高發光效率、穩定性高……等優點。

　　近幾年來更隨著製程技術不斷進步，低價位、高亮度之固態照明已被廣泛應用於日常生活中，如：大型 LED 廣告看板、交通號誌、路街燈、LED 燈泡、LED 燈管、液晶螢幕背光源……等運用，讓人類生活更加便捷。

　　本章節首先介紹人類照明歷史演進過程，並比較傳統光源與固態光源之差異性，突顯出固態照明之重要性。

　　並針對發光二極體製作過程，包含：磊晶、晶粒製作、封裝等技術加以詳細說明，使讀者對固態照明所需之發光二極體製作技術有進一步了解。

　　而照明市場可以說是固態照明最終極目標，本章節亦針對固態照明所需之白光技術詳加介紹，雖然目前市場主流仍以低價製作方式 (藍光晶粒 + 黃色螢光粉) 合而白光，但此方式演色性較差，無法呈現物體真實色澤。未來勢必針對不同應用場合需求，開發出更合適之白光合成技術。

　　最後我們針對固態光源應用發展趨勢，以白光照明、紫外固態光源、紅外固態光源為分類，介紹其在不同領域之應用，讓讀者可以全面性瞭解固態光源在照明、生技、生醫……等領域應用概況。

227

Unit 4-6

習題

1. 敘述發光二極體發展歷史。

2. 氣相沈積系統使用矽烷成長矽薄膜，系統壓力控制在 0.001 Torr，溫度為 400°C，計算在此條件下的薄膜成長速率。

3. 分別說明薄膜成長即時監控系統中用以量測溫度、薄膜成長速率與薄膜曲率的原理。

4. 何謂發光二極體之載子溢流現象？如何降低此效應對發光二極體發光亮度的影響？

5. 說明藍光發光二極體磊晶結構各層主要面臨之問題與如何解決。

6. 敘述發光二極體晶粒製作流程。

7. 說明使用固態光源製作白光光源之方式，並比較其優缺點。

8. 解釋下列名詞定義：(a) 光通量；(b) 光強度；(c) 照度；(d) 輝度；(e) 發光效率；(f) 色溫；(g) 光色；(h) 演色指數；(i) 眩光。

9. 說明節能照明系統考慮之重點項目。

10. 分別列舉固態光源在 (a) 農業植物；(b) 輔助醫療之應用實例。

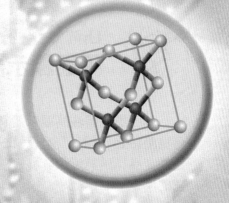

顯示系統與應用

-------------------------------- 章節體系架構 ▼

李敏鴻
國立台灣師範大學光電科技研究所

本章說明：

　　電晶體和整合型電路的發展改善了處理器的性能、半導體記憶體和其他設備，使電腦大幅減小了它的體積。這種演變加速了可攜式行動裝置的到來，包括：手提電腦、平板電腦、手機，這些都需要平面顯示器(Flat Panel Display)，故本章將從平面顯示器之操作原理至未來次世代顯示器作介紹，並討論其優缺點及製程相關問題。

Unit 5-1
平面顯示器

薄膜電晶體液晶顯示器 (TFT/LCD) 是一種平板顯示器，可以應用在各種產品上，包括了消費型電子、電腦、終端通信。然而，應用 TFT/LCD 此類產品只是最近的發展。在五十年前，陰極射線管 (CRTs) 主導了顯示器的世界。

CRT 在黑白或是彩色電視都很成功。之後擴展到電腦產業，電腦終端顯示器也提供 CRT 很大的市場。結果，"CRT"在這世界上已經變成「顯示器」的代名詞了。

然而，顯示器技術目前已有快速發展，與傳統 CRT 完全不同。這些特點使它們可以很理想的使用在現代電子系統。

隨著使用環境及應用領域的不同而出現很大的變化與發展。因此，有必要對平面顯示器的原理及架構作一全面性的介紹。

平面顯示器基本原理

TFT/ LCD 顯示器一般的特點是面板的對角線長度和它們的解析度。圖 5-1 表示顯示面積和像素 (圖片元素) 之間的對應關係。在此圖中所示的數值符合實際的視頻數據終端。在電腦顯示器應用中，每個像素一般是由三彩色條紋組成 (紅、綠、藍)。假設像素是正方形，這個插入的數字顯示此配置的相對大小。

解析度 640×480 像素對應一個視頻圖形陣列 (VGA) 顯示器，假設 0.33 平方毫米的像素大小，VGA 顯示器對角線則為 26.4 厘米或 10.4 吋。一個面板解析度 1280×1024，像素數超過一百萬，有超過三百萬 RGB 點或子像素。因此必須對這些面板製造超過三百萬個電晶體。

平面顯示器基本架構

TFT/ LCD 顯示器的基本構造表示在圖 5-2。液晶封裝在 TFT 玻璃基板和彩色濾光片玻璃基板之間，彩色濾光片玻璃基板也被稱為共同電極基板。在基板和彩色濾光片上的透明電極為常見的沉積銦錫氧化物 (ITO)。

圖 5-1　顯示面積和像素（圖片元素）之間的對應關係

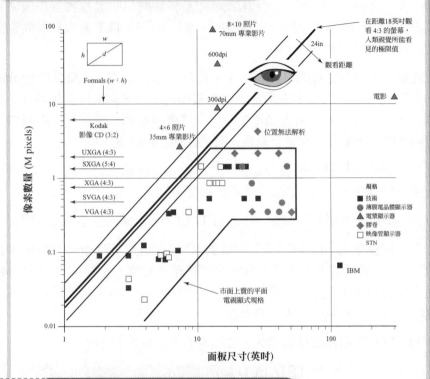

在距離18英吋觀看 4:3 的螢幕，人類視覺所能看見的極限值

24in

觀看距離

8×10 照片
70mm 專業影片

600dpi

300dpi

電影

Formals (w：h)

Kodak
影像 CD (3:2)

UXGA (4:3)
SXGA (5:4)

XGA (4:3)
SVGA (4:3)

VGA (4:3)

4×6 照片
35mm 專業影片

位置無法解析

規格
■ 技術
● 薄膜電晶體顯示器
▲ 電漿顯示器
◆ 膠卷
□ 映像管顯示器
STN

IBM

市面上賣的平面
電視顯式規格

像素數量 (M pixels)

面板尺寸(英吋)

圖 5-2　TFT/ LCD 顯示器的基本構造

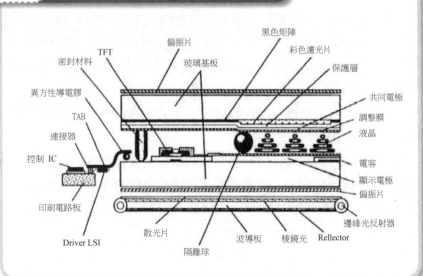

密封材料
TFT
異方性導電膠
TAB
連接器
控制 IC
印刷電路板
Driver LSI

偏振片
玻璃基板

黑色矩陣
彩色濾光片
保護層
共同電極
調整膜
液晶
電容
顯示電極
偏振片
邊緣光反射器

散光片
隔離球
波導板
稜鏡光
Rellector

　　為了獲得良好的顯示品質，液晶的間隙 (即兩片玻璃基板之間的間距) 必須進行特定值的精確控制，例如 5 μm。這種間距必須在整個顯示區域都一樣，並且在運作時也是如此。因此，如塑料珠的透明墊片放置在玻璃基板的表面上。液晶晶體是扭曲向列型的，液晶分子在 TFT 基板和共同電極基板之間被扭曲成 90 度的。

　　在圖 5-2 中，交錯的偏光顯示中，當背光光源通過第一**偏振片** (polar-izer) 而被偏極化，再經由液晶穿到第二偏振片，而兩偏振片互相垂直。在這個系統中，沒有對液晶施加電壓時，光線會通過第二偏振片，而施加電壓足夠高時，液晶分子會垂直對齊，而光線就會被阻擋住。

　　液晶被錨定在玻璃基板表面上，為了設置正確的錨定方向，在玻璃基板上塗有機薄膜，例如：聚醯亞胺薄膜和特定方向結構的薄膜表面。

　　這個傾斜角度稱為預傾角，它在 TFT/ LCD 顯示器中扮演重要的角色。

　　顯示面板是由一個 TFT 陣列和驅動 IC 用以驅動 TFT 面板組成的。驅動 IC 基本上是掃描水平和垂直方向的信號線發電機。這些 IC 用帶狀自動化粘合構裝 (TAB) 直接黏結到玻璃上，它們提供經由視頻信號處理器和控制器轉移到面板的視頻信號每個像素。

　　TFT/ LCD 組件和控制器的一個示意圖，如圖 5-3 所示。

　　圖 5-4 顯示了一個 TFT/ LCD 顯示器的示意圖。有兩套的信號線，即水平閘的掃描線和垂直的資料線。

　　在這些信號線交錯點都有一個利用電壓控制 TFT 作為開關施加偏壓於液晶晶體，這晶體代表一個等效電容和並聯儲存電容 (C_{st})，改善電荷信號，這個電容的細節將在下面的章節。彩色濾光片形成 R、G 和 B 的條紋配置，三個點組成一個像素。

　　訊號一次操作一條線，即視頻信號送入數據到資料線同時在閘極的開啟時間通過數據緩衝區。

　　掃描閘極的脈衝電壓施加在特定的閘極信號線 (例如，第 i 個)，開啟 TFT 的閘極連接到掃瞄線，電壓信號用在閘極信號線裡每一個點的像素電極，掃描 TFT/ LCD 的時序圖。

圖 5-3 TFT/ LCD 組件和驅動 IC 示意圖

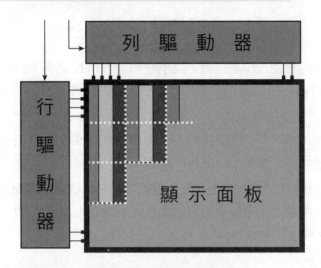

列 驅 動 器

行驅動器

顯示面板

圖 5-4 TFT/ LCD 顯示器的示意圖

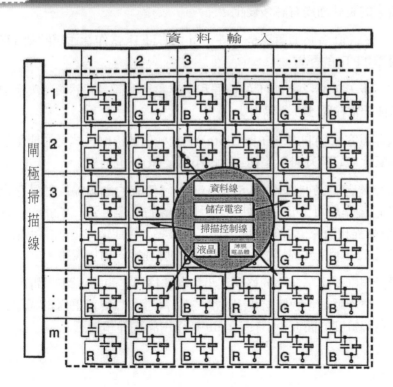

資 料 輸 入

1　2　3　. . .　n

閘極掃描線

1　2　3　. . .　m

資料線
儲存電容
掃描控制線
液晶　薄膜電晶體

在週期 t_{ON} 內打開第 i 個閘極線的 TFTs，如下式：

$$t_{ON} = (mf_F)^{-1} \qquad\qquad (5.1)$$

其中 m 是閘極線的數目，f_F 是框頻。如果框頻是 60 Hz 和有 480 個閘極信號線，t_{ON} 是 34.7μs。在這週期時間內，電容 (液晶晶體和存儲電容) 充電必須完成。

這充電週期之後，第 i 個閘極線的畫素會被切斷偏壓，之後會連接到第 $i+1$ 個閘極線充電。畫素必須保持充電的電壓，直到下一次充電。

如果由於某種原因，造成 TFT 截止電壓增加，信號電壓放電將造成**串音** (cross-talk)。事實上，由於強烈的背光照明造成光電流導致 TFT 漏電的增加，是串音最常見的原因。

畫素設計

畫素的設計佈局有許多變化。

首先，設計者必須選擇是否將 a-Si：H TFTs 當作背通道蝕刻 TFTs 或鈍化通道 TFTs 的配置。

下一步，必須考慮 TFT 的佈局和畫素電極的設計，然後，決定儲存電容。兩種配置在圖 5-5 所示。

儲存電容 (C_{st}) 的構造 (圖 5-5(a))，閘極信號線的模式是形成重疊透明的銦錫氧化物 (ITO) 畫素電極，所以不需要額外的信號線。

儲存電容 C_{st} 的設計 (圖 5-5(b))，一個獨立的電極提供了儲存電容。C_{st} 的設計製作簡單，但它增加了閘極信號線的電容。另一方面，C_{st} 的設計在 C_{st} 信號線和數據信號線之間增加了交叉點；可能造成這些信號線之間短路而降低 TFT 面板的產量，或是使面板的處理變得更加複雜。

設計規則決定了最小的格局大小和各種格局之間的差距或間距。例如，它設定了畫素電極和數據信號線之間的最小間距，還有 TFTs 的通道長度。對於更高解析度的面板，小於 10 μm 技術用於設計和加工。

圖 5-5　畫素的設計佈局

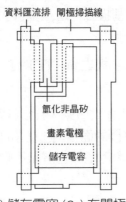

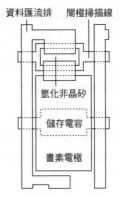

(a) 儲存電容 (C_{st}) 在閘極
信號線的模式

(b) 儲存電容 C_{st} 獨立的
電極

 知識補充站

畫素開口率

　　開口率 (Aperture ratio) 定義為畫素的透明電極面積比。由於光線只能在透明畫素電極裡走，當光通過畫素電極和金屬之間的間距時，會降低顯示品質。因此，金屬之間的間距是由一個不透明的材料覆蓋，這是所謂「黑色矩陣」的設計。通常黑色矩陣形成在彩色濾光片基板上。由兩片玻璃基板，即彩色濾光片和 TFT 基板，組裝後單獨處理每塊基板對齊，兩塊基板就無法像單一基板那樣準確地對齊。因此，黑色矩陣必須有一個大的邊緣，降低開口率。TFT 基板上製作黑色矩陣，可以減小邊緣的大小，可以準確地對齊，使有合適的開口大小和光線亮度。然而，由於黑色矩陣的材料是金屬，例如：鉻，黑色矩陣和電極之間的電容耦合可能是一個問題。因此。黑色矩陣通常是在彩色濾光片基板上製作。鉻製作的黑色矩陣，反射了來自外面的光，降低了面板顯示品質。使用氧化鉻可以減輕這種現象。

　　黑色矩陣的另一個作用是屏蔽入射光射入 a-Si：H TFTs。在下一節中所述的 a-Si：H 對可見光是非常敏感的。背面的可見光使 TFTs 產生光電流，使 TFT 在關閉時產生漏電。因此，黑色矩陣的設計是覆蓋整個 TFT 面積。

235

圖 5-6 所示的一個 TFT/LCD 的橫截面。

TFT 的儲存電容和金屬信號線製造在 TFT 玻璃基板上，彩色濾光片、黑色矩陣和共同電極製造在彩色濾光片基板上，這些基板表面上都塗有聚亞醯胺樹脂薄膜和對齊液晶分子方向的物質。

液晶注入在 TFT 基板和彩色濾光片基板之間。TFT 有一個底柵結構，有時也稱為倒交錯電極結構。

a-Si：H TFT 對光和強烈的背光照明非常敏感，必須靠閘電極屏蔽它。因此，重要的是，a-Si：H 必須位於閘電極的面積內，從頂部表面的彩色濾光片基板入射的光被黑色矩陣給屏蔽。黑色矩陣也屏蔽了信號線和畫素電極之間的間距。

圖 5-6 顯示了一個畫素的等效電路圖。通常 TFT 源極和汲極區分得很清楚。N 通道的 TFT，汲極通常有比接地的源極更高的偏壓電位。

在 TFT/ LCD 面板，信號電壓送入信號線數據有一個極性交替。

因此，在一個正循環的電壓信號，TFT 數據信號線上的電極對應了汲極。然而，電壓信號的負循環過程中，情況正好相反，相較於畫素電極，數據信號線的電極有較低的偏壓電位，因此數據信號線的電極對應了源極。

為了方便起見，我們說電極連接到數據信號線是汲極和電極連接到畫素電極是源極。根據這個表示法，在閘極和源極之間的寄生電容 C_{gs}，對應了在源極和閘極之間的重疊電容。這種寄生電容導致直流電壓偏移，ΔV，適用於交流電壓的液晶。

在彩色濾光基板上，ITO 的共電極電位為接地電位，再加上共電電極電壓補償 ΔV，去補償寄生電容所產生的直流電位。

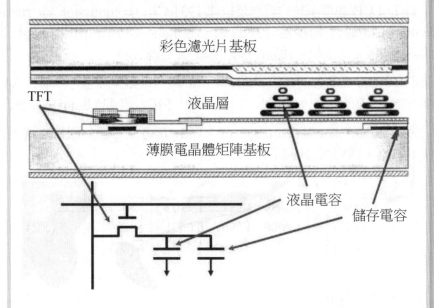

圖 5-6 一個畫素的截面示意圖及其等效電路圖

彩色濾光片基板

TFT

液晶層

薄膜電晶體矩陣基板

液晶電容

儲存電容

237

知識補充站

電晶體的角色為對液晶電容及儲存電容充放電,及電位保持。

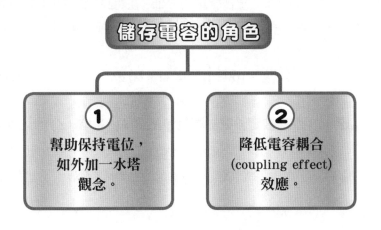

儲存電容的角色

① 幫助保持電位,如外加一水塔觀念。

② 降低電容耦合 (coupling effect) 效應。

色度設計

TFT/ LCD 色度系統的設計是根據 1931 CIE (commission internatio-nale de l'eclairage) 會議建議的色度圖。任何顏色都可以藉由加法混合三原色而成，根據光譜或配色功能而獲得所有可見光波長。

CIE-RGB 標準色度系統對應了兩度的視角來觀察顏色，被稱為 XYZ 色度系統。三個參考原色波長分別為 700.0、546.1 和 435.8 nm 的單色源。

XYZ 色度系統，其中 $\bar{x}(\lambda)$，$\bar{y}(\lambda)$ 和 $\bar{z}(\lambda)$ 是三個配色，從 $\bar{r}(\lambda)$，$\bar{g}(\lambda)$ 和 $\bar{b}(\lambda)$ 轉化公式如下：

$$\begin{bmatrix} \bar{x}(\lambda) \\ \bar{y}(\lambda) \\ \bar{z}(\lambda) \end{bmatrix} = \begin{bmatrix} 2.7689 & 1.7517 & 1.1302 \\ 1.0000 & 4.5907 & 0.0601 \\ 0 & 0.0565 & 5.5943 \end{bmatrix} \begin{bmatrix} \bar{r}(\lambda) \\ \bar{g}(\lambda) \\ \bar{b}(\lambda) \end{bmatrix} \qquad (5.2)$$

光源顏色的原色是

$$\begin{bmatrix} X \\ Y \\ Z \end{bmatrix} = k \int_{\lambda} P(\lambda) \begin{bmatrix} \bar{x}(\lambda) \\ \bar{y}(\lambda) \\ \bar{z}(\lambda) \end{bmatrix} d\lambda \qquad (5.3)$$

其中 k 是一個係數，$P(\lambda)$ 是光譜能量的分佈，在可見光的範圍內執行積分。當給一個 $P(\lambda)$ 光譜輻射和 **Y** 亮度。通常係數 k 被歸一化成

$$k = 100 / \int_{\lambda} P(\lambda) \bar{y}(\lambda) d\lambda \qquad (5.4)$$

色度坐標 x，y 和 z 被定義成三原色和總量 $S (=X+Y+Z)$ 的比例：

$$x = X / S，y = Y / S，且 \ z = Z / S \qquad (5.5)$$

圖解光電半導體元件

x，y 和 z 的關係是 $x + y + z = 1$，三個變數中有兩個是獨立的，色度圖通常採用 (x, y) 座標系統，如圖 5-7 所示，它顯示 $x + y + z = 1$ 投影 $x y$ 平面上。這馬蹄形的光譜輻射軌跡是在微米尺度下的波長。光譜軌跡連接線的邊緣，被稱為紫色分界線。

　　這條線的顏色對應了紅色和紫色的混合。可見光顏色代表在區域範圍內的光譜軌跡和紫色分界線的點。

　　添加混合的顏色刺激，可以藉由連接混合的色度點 P_1 和 P_2 兩個顏色的刺激，而顯示在色度圖上。

　　如果色度坐標和分別寫入 P_1 和 P_2 的色度點 (x_1, y_2, S_1) 和 (x_2, y_2, S_2)，色度坐標 (x, y) 和混合色的色度點會是

$$x = (x_1 S_1 + x_2 S_2) / S$$

$$y = (y_1 S_1 + y_2 S_2) / S \qquad (5.6)$$

$$S = S_1 + S_1$$

P 在連接 P_1 和 P_2 的線上，距離關係是

$$P_1 P / P_2 = S_2 / S_1 \qquad (5.7)$$

圖 5-7 也顯示了普朗克軌跡，這相當於黑體輻射的色度。黑體輻射光譜密度分佈 $P(\lambda)$ 在熱平衡溫度 T，會有

$$P(\lambda)=(C_1/\lambda_5)/[\exp(C_2/\lambda T)-1] \qquad (5.8)$$

其中 C_2 是次級輻射常數 $(C_2=1.4388\times10^2\ mK)$，$C_1$ 為任意常數。

X，Y，Z 三個顏色的刺激或 TFT/ LCD 面板的顏色是由

$$\begin{bmatrix} X \\ Y \\ Z \end{bmatrix} = k\int_\lambda S(\lambda)\,T(\lambda) \begin{bmatrix} \bar{x}(\lambda) \\ \bar{y}(\lambda) \\ \bar{z}(\lambda) \end{bmatrix} d\lambda \qquad (5.9)$$

其中 $S(\lambda)$ 是背光照明的光譜分佈，$T(\lambda)$ 液晶晶體和彩色濾光器的穿透率，k 是一個係數，歸一化係數 k 為

$$k=100/\int_\lambda S(\lambda)\,\bar{y}(\lambda)\,d\lambda \qquad (5.10)$$

最常見用於製造彩色濾光片的材料是明膠。一個約 1~2 μm 厚的明膠薄膜塗在玻璃基板上，然後光刻圖案。這個材料之後染上一個特定顏色和表面塗上一層鈍化層。這一系列的過程步驟重複三次，分別將 R、G 和 B 三種顏色的彩色濾光片製造完成。

還有另一種製造彩色濾光片的方式，就是根據圖案的顏料分散法。這種方法的特點是對耐熱 (260 度) 的穩定性和對抗強烈的光線照射。背光照明和彩色濾光片的透過率的組合決定了 TFT/ LCD 光譜特性，如色彩還原特性。TFT 面板覆蓋的顏色範圍可與 CRT 媲美。

在 TFT/ LCD 顯示器中，每個畫素是由 R、G、B 三種色點所組成的，如圖 5-8 所示。三個一組和四個一組的排列組合如 (b)、(c) 所示，通常被使用在電視上。在四個一組的排列中，也有一個特別的，就是兩個綠點其中一個被白點給取代。

然而，在電腦終端顯示器，三條紋式排列如 (a) 是我們一般所使用的。數位信號被送到每一個點，它對應每一個 n 位元顏色通道而言可以顯示出 $(2^n)^3$ 種顏色。如 n = 2，面板顯示 64 色，n = 4，面板顯示 4096 色，24 位元彩色圖顯示 $16,777,216=(2^8)^3$ 種顏色。

圖 5-7　1931 色座標圖

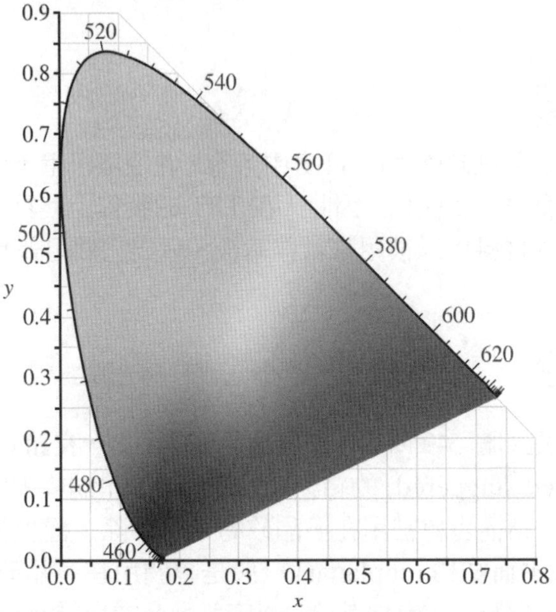

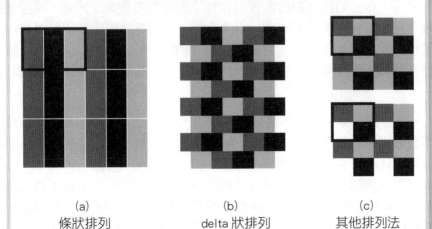

241

圖 5-8　由 R(Red)、G(Green)、B(Blue) 三種色點所組成的示意圖

(a)	(b)	(c)
條狀排列	delta 狀排列	其他排列法

註：圖中黑色代表 B、深灰色代表 R、淺灰色代表 G

Unit 5-2
非晶矽薄膜電晶體

簡 介

　　薄膜沉積技術可以被應用在 TFT 中各層，在連續沉積不同薄膜及三個電極時的方式就變得較多樣化，因此，在 TFT 的製程上就具有很大的自由度；有非常多種的材料可以被用來當作基板，只要它們可兼具製程及沉積的溫度。

基本構造

　　TFT 基本構造如圖 5-9 所示，即典型的橫切面圖，**交錯** (staggered) 跟**逆交錯型** (inverted staggered) 的結構通常被用在氫化非晶矽 (a-Si：H) 的 TFT，逆交錯型的結構也會被用在多晶矽的 TFT，除了極少數的氫化非晶矽 TFT 之外，**共平面結構** (coplanar) 一般是專門用在多晶矽 TFT 上，故這裡將介紹以非晶矽為主的元件結構，以交錯型及逆交錯型為主。

　　製程中常會應用到許多薄膜沉積技巧，舉例來講，對於逆交錯型三層的 TFT，閘極介電質及氫化非晶矽層可以連續製程中完成，換言之，就是在兩個製程之間不必打破真空；而可以由沉積的方法很容易的得到一個乾淨的界面，界面的好壞對於裝置的特性來說是很重要的；此外，界面上的物理及化學特性，像是光滑度、組成分布，以及懸鍵鈍化等都可以藉由調整沉積狀況來控制；對於逆交錯型雙層 TFT 來說，氫化非晶矽跟 n^+ 層也可以在連續製程中做好兩種沉積，且做到使源、汲極區上有歐姆接觸的結構。

　　一般來說，除了氫化非晶矽 TFT 本身情況，在 VLSI 中其結構較類似於兩層金屬化的結構，在上層跟下層的金屬會被雙介電質 / 氫化非晶矽層所分開，且兩者之間無接觸連接；在一個大型的氫化非晶矽陣列中，最嚴重的其中一個問題就是在上層及下層的金屬間有寄生效應；為了避免這個問題，目前已經發展出許多方法像是傾斜底部金屬層的面、或者改進介電質製程以達到更理想的階梯覆蓋率，甚至運用過量介電質層結構的技術。

　　圖 5-10 顯示了一個交錯型 TFT 的流程圖，交錯型 TFT 只需要二到三道的光罩步驟，源 / 汲極金屬以及 n^+ 層可選擇是否用相同的光罩來定義，

圖 5-9　基本 TFT 結構

交錯型

逆交錯型

共平面型

逆共平面型

 電極 氫化非晶矽

n^+ 氫化非晶矽 介電質

圖 5-10　交錯型 TFT 的流程圖

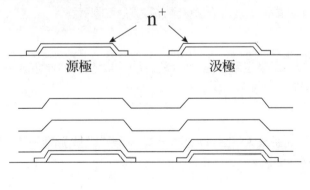

n^+

源極　　　　　汲極

閘極 ⟶
閘極介電質 ⟶
氫化非晶矽 ⟶

氫化非晶矽、閘極介電質以及閘極金屬層也可以用同樣一道或是選用兩道不同的光罩來定義。

　　整體製程中最關鍵的其中一個步驟就是 n⁺ 到氫化非晶矽的歐姆接觸組成，為了達到目的，已經測試了數種方法，舉例來說，在沉積氫化非晶矽層之前，可以將金屬源／汲極的光罩圖直接曝光在磷化氫電漿下；此外，n⁺ 層可藉由選擇性的沉積製程做在源／汲極的金屬上。

　　圖 5-11 顯示出一個簡易的逆交錯型 TFT 的流程圖；一般來說，逆交錯型 TFT 需要三道光罩步驟，用在閘極、氫化非晶矽島以及源／汲極；在定義閘極圖型之後，在連續製程中沉積閘極介電質、氫化非晶矽、n⁺ 這三層薄膜，而包含 n⁺ 薄膜的氫化非晶矽島是由第二道光罩來定義出，源／汲極光罩則是用來定義源／汲極的金屬，同時也蝕刻掉未被遮罩的 n⁺ 層。

　　蝕刻 n⁺ 的步驟是攸關整個製程成功與否的關鍵，此步驟需要對於本質氫化非晶矽蝕刻製程有高選擇性的 n⁺ 或是一層厚的本質氫化非晶矽層；因為元件特性低下的原故，具有厚氫化非晶矽層的 TFT 並不受歡迎，普遍而言，逆交錯型氫化非晶矽 TFT 的元件特性較優於交錯型的，原因在於逆交錯型擁有較優異的氫化非晶矽／閘極介電質界面特性 [5.4、5.5、5.8]。

　　圖 5-12 顯示了另一種逆交錯型三層 TFT 的簡易流程圖；此類型 TFT 通常需要經過四道光罩步驟，一道是底部的金屬 (閘極)、一道是氫化非晶

第一道光罩　用來定義出閘極線的圖，接著在連續製程中分別沉積閘極介電質、氫化非晶矽以及背通道保護介電質這三層薄膜。

第二道光罩　用來定義出氫化非晶矽島，即用來蝕刻掉通道保護介電質跟氫化非晶矽層。

第三道光罩　用來定義出源／汲極通道，藉著蝕刻背通道保護介電質層致使源／汲極通道開路。

第四道光罩　用來定義出包含下面 n⁺ 層的源／汲極線圖；自從可藉由電漿製程來輕易的使 n⁺ 和背通道介電質層之間的蝕刻具有高選擇比後，TFT 在這關鍵的步驟上有著很大的**製程窗** (process window)。

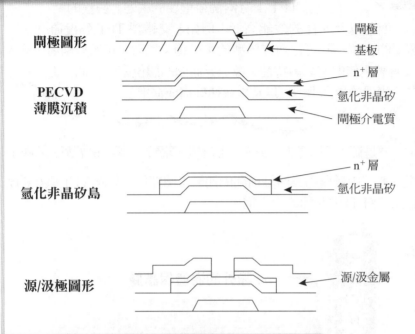

圖 5-11 逆交錯型 TFT 雙層的流程圖

閘極圖形 —— 閘極 / 基板

PECVD 薄膜沉積 —— n^+ 層 / 氫化非晶矽 / 閘極介電質

氫化非晶矽島 —— n^+ 層 / 氫化非晶矽

源/汲極圖形 —— 源/汲金屬

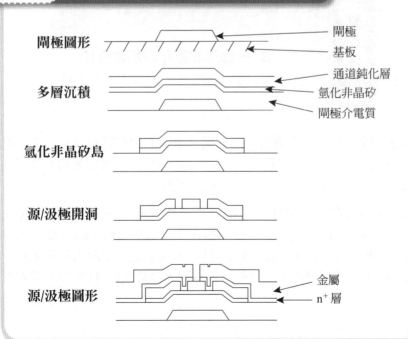

圖 5-12 逆交錯型三層 TFT 的簡易流程圖

閘極圖形 —— 閘極 / 基板

多層沉積 —— 通道鈍化層 / 氫化非晶矽 / 閘極介電質

氫化非晶矽島

源/汲極開洞

源/汲極圖形 —— 金屬 / n^+ 層

注 意

在設計 TFT 上有兩個很重要的議題，製程的簡化以及元件的效能高低，例如，交錯型 TFT 製程通常需要的光罩步驟可比逆交錯型的少一道；然而，相較於前者，後者有著更佳的電晶體特性，像是界面間的態位密度較低、更光滑的界面型態，以及更快速的構成演進。

矽島、一道是源 / 汲極通道，還有一道則是頂層的金屬 / n$^+$ (源 / 汲極)。

逆交錯型中雙層跟三層結構間的比較；照慣例，雙層 TFT 製程的光罩步驟也比三層 TFT 製程的少一道。

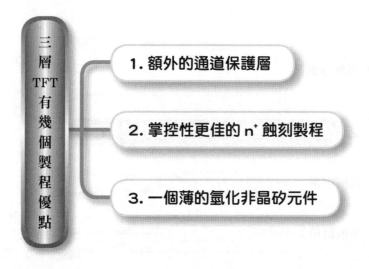

三層 TFT 有幾個製程優點

1. 額外的通道保護層

2. 掌控性更佳的 n$^+$ 蝕刻製程

3. 一個薄的氫化非晶矽元件

通道保護層避免了背通道在經過幾道不同的製程時會受到汙染，現已證明了在被 n$^+$ 蝕刻後的 TFT，其背通道上的態位密度將會變得非常高，這會造成很大的關閉電流 (I_{off}) 及很高的臨界電壓 (V_{th})。

通道保護層在三層 TFT 中也提供了 n$^+$ 蝕刻停止層的效用，選擇比較大的介電質蝕刻，很容易可以獲得一個 n$^+$；但選擇比較大的本質氫化非晶矽蝕刻，則很難得到 n$^+$，因此，雙層 TFT 通常需要一層厚的氫化非晶矽層去補償其較差的蝕刻選擇比；同樣具有氫化非晶矽層的 TFT 中，通常厚的會比薄的有著較大的 I_{off}、V_{th} 及光敏性;三層結構的光敏性也小於雙層結構。

電子傳輸

由於結構階數的不同,使得單晶矽 (c-Si) 與氫化非晶矽的材料特性有著明顯的差異。

在單晶矽中,由於長程序周期性結構的晶格特性,致使其在導帶、價帶的邊界、遷移率及能帶間隙上皆可被明確的定義出;此外,在晶格結構中的缺陷會反映在能隙中的幾種電子態上。

相對而言,氫化非晶矽缺少了長程序結構的特性,會使其能帶尾伸,因而無法準確的定義出其能帶間隙,且同時也會受具有懸浮鍵的高密度缺陷態所影響。

在**尾態** (tail states) 及缺陷態上的能量分布以及其上的各種特性,都決定了氫化非晶矽的電子特性,也同時影響著薄膜電晶體 (TFT) 的特性。

知識補充站

單晶矽 (single-crystalline Si) 及非晶矽 (amorphous Si) 雖為相同元素,但結構上之不同造成電子傳輸機制不同,進而電子遷移率有落差。

電子傳輸於單晶矽如在高速公路上行車一樣,而在非晶矽中則像產業道路。會造成如此不同的結構,則與其製程溫度相關,如 P.261 的表 5.2,單晶矽最高製程溫度超過 1000℃,非晶矽則低於 350℃。

態位密度

　　關於氫化非晶矽中能帶間隙的態位密度，已透過多種實驗技術，像是場效測量 [5.10, 5.11]、暫態及穩態的光電量測 [5.12]、或是深能階暫態能譜量測 (DLTS)[5.13] 等而有了廣泛的研究；除此之外，還有其他方式像是電容 - 電壓特性 (C-V)[5.14]、蕭基二極體中電容對溫度及頻率的關聯性，以及金 - 氧 - 半結構 (MOS)[5.15]，也都是用來做為研究氫化非晶矽中態位密度的方法；根據這些實驗研究，證明 [5.16-5.18] 了**類施體態 (donor-like states)** 及**類受體態 (acceptor-like states)** 的氫化非晶矽能帶間隙中，其定域態的分布可能可以藉由尾態及**深態 (deep states)** 的指數分布來加以模型化。如圖 5-13 所示。

　　在能帶間隙的上半、靠近導帶邊緣的**定域態 (localized state)**，其行為特性像是類受體態，而在間隙下半部靠近價帶邊緣的定域態則像是類施體態；類受體態內部是空的時候呈中性，內部被電子填充時則帶負電；而類施體態內部是空的時帶正電，內部填充電子時則呈中性。藉由這些態位密度的指數模型，類受體態的密度 $g_A(E)$ 可寫成能量 E 的函數式：

$$g_A(E) = g_{tc}\exp(\frac{E - E_c}{E_{tc}}) + g_{dc}\exp(\frac{E - E_c}{E_{dc}}) \qquad (5.11)$$

上式中，E_c 為導帶邊界的能量值、g_{tc} 和 g_{dc} 分別是為了表現在尾、深類受體態的態位密度而定義的參數；E_{tc} 和 E_{dc} 則是有關於尾、深類受體態呈指數分布時的斜率；相同的，類施體態的密度 $g_D(E)$ 可以寫成如下：

$$g_D(E) = g_{tv}\exp(\frac{E_v - E}{E_{tv}}) + g_{dv}\exp(\frac{E_v - E}{E_{dv}}) \qquad (5.12)$$

上式中，E_v 為價帶邊界的能量值，而參數 g_{tv}、g_{dv}、E_{tv}、E_{dv} 都同樣是為了尾、深類施體態的指數分布而定義；上述參數對應本質氫化非晶矽的標準值參照表 5-1。

　　如圖 5-13 所見，在氫化非晶矽中的態位密度並非對稱的，在能帶間隙中，部分的類施體態是高於類受體態的；結果由於中性的關係，一個在暗處 E_i 的本質氫化非晶矽樣本，其費米能量位置會較接近導帶邊界；本質費米能皆大約是 600 meV，其低於導帶的能階邊界 [5.19]，且由於非對稱的態位密度分布 [5.8] 而會與溫度有相依性。

圖 5-13　非晶矽中的能態密度 (density of states)

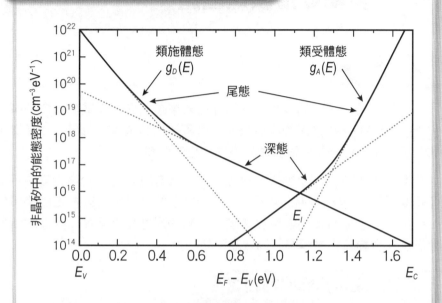

表 5-1　本質氫化非晶矽的參數

	類受體態		類施體態	
	E_C的態位密度 $(cm^{-3}eV^{-1})$	指數斜率 (meV)	E_V的態位密度 $(cm^{-3}eV^{-1})$	指數斜率 (meV)
尾態	$g_{tc} \sim 5 \times 10^{22}$	$E_{tc} \sim 30$	$g_{tv} \sim 1 \times 10^{22}$	$E_{tv} \sim 50$
深態	$g_{dc} \sim 1 \times 10^{19}$	$E_{dc} \sim 85$	$g_{dv} \sim 5 \times 10^{19}$	$E_{dv} \sim 130$

Unit **5-3**
多晶矽薄膜電晶體

簡 介

由於製程技術不斷的改良，可預計在未來多晶矽薄膜電晶體會被廣泛使用 [5.20-5.31]。新技術的發展趨向於製程溫度與成本的降低。在後文中將會詳細討論各種多晶矽薄膜製程方式和相關問題。

現有的市場將會發生很大的改變，因為會有更新更高的解析度顯示器陸陸續續推陳出新，這樣的發展預計在元件上的要求與設計會更嚴格與創新。顯然的，這樣的發展會導致薄膜電晶體的尺寸逐漸下縮，同樣的情形也會發生在金屬氧化物半導體場效應電晶體上。

多晶矽薄膜電晶體的物理特性

多晶矽薄膜電晶體與單晶的特性十分不同，其中一個主要的不同是多晶矽薄膜電晶體在能隙中有大量的缺陷密度或稱**定域態** [5.32 ～ 5.35]。圖5-14 為結晶矽、非晶矽和多晶矽能帶比較圖。

可以看出，最主要的是結晶矽材料與非晶矽材料有著不同的有效能隙(非晶矽 1.71 eV，結晶矽 1.12 eV) 而且非晶矽在尾態、定域態有很大的密度。可藉由多晶矽薄膜電晶體特性的二維元件模擬，而得到這些定域態的密度，如圖 5-15 所示。

定域態靠近傳導帶邊緣表現為**受體態** (acceptor states)，靠近價電帶邊緣表現為**施體態** (donor states)。當施體態是空的時為正電荷，被填滿時呈中性；當受體態是空的時為中性，被填滿時為負電荷。定域態可分為**尾態類受體態** (tail acceptor-like states)、**深層類受體態** (deep acceptor-like states)、**深層類施體定域態** (deep donor-like localized states) 和**尾態類施體態** (tail donor-like states)。

如圖 5-15 中施體態多於受體態。可以利用摻雜 (通常是 N 型的磷和 P型的硼) 來調整費米能階 (E_F) 的位置。可藉著氫化反應，修補晶粒邊界的缺陷密度而減少缺陷 (E_T)。

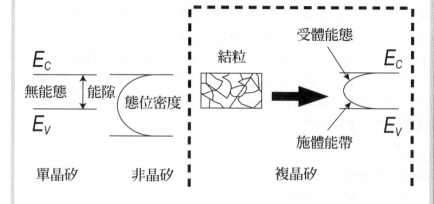

圖 5-14 單晶矽、非晶矽和多晶矽能帶圖

圖 5-15 晶粒邊界的密度狀態

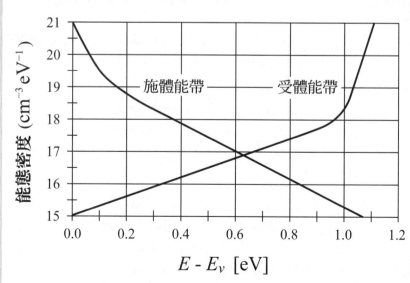

大部分多晶矽薄膜電晶體是利用非晶矽薄膜結晶所製造，詳細的討論結晶過程和多晶矽材料說明於後。一般而言，非晶矽薄膜藉由低壓化學氣相沉積結晶，這會導致多晶薄膜有許多結晶**晶粒** (grain)。

晶粒邊界 (grain boundary) 包含缺陷會阻礙電子和電洞傳導，造成多晶矽薄膜電晶體特性不良。多晶矽薄膜電晶體的電子遷移率範圍從數十到數百 cm^2/Vs。一般而言，多晶矽薄膜電晶體可被視為晶粒邊界有柱狀晶粒結構，對多數載子流而言，晶粒邊界可視為其電位障 [5.36-5.38]。圖 5-16 顯示，多晶矽薄膜電晶體柱狀晶粒結構的橫截面視圖 (L_R 為晶粒長度) 和晶粒邊界周圍的電位分佈。

多晶矽結晶

多晶矽結晶從矽材料前驅物到沉積，再到多晶矽，將被用於為 TFT 主動層，有數種結晶方式。根據選定的方法，在複雜 (關係到成本) 的結晶過程可以有很大的差別。同樣，產生的多晶矽薄膜的表現有顯著差異，取決於結晶方法。

最後，結晶過程中需要與相容於基板耐熱溫度的製程。這些條件 (性能、均勻、溫度相容性、和成本) 為此節討論結晶技術的基礎。從歷史上看，**固相結晶法** (SPC) 是第一個生產多晶矽薄膜技術顯示應用 [5.39]。

固相結晶

最直接的多晶矽薄膜從最初的非晶態前驅矽薄膜的方法是於爐管環境的固相結晶法。非晶矽是一種熱力學中的亞穩相，給予足夠的能量來克服最初的能障便處於多晶矽階段。

於固相結晶中退火溫度範圍內，有相當廣的退火時間 (前驅矽薄膜徹底轉變為多晶矽所需的時間)。退火溫度和退火時間之間的關係，並不是唯一的，當熱退火時，前驅膜的臨界核 (即穩定的原子核) 會影響退火後的結構排列整齊的能力與否。

影響結晶的一個關鍵因素是在前驅矽薄膜的成核率，此法的沉積方法和條件 [5.40、5.41]，強烈影響成核速率，如圖 5-17 說明晶粒大小和沉積速率 [5.40、5.42、5.43] 關係，薄膜隨著溫度的降低和沉積速率減小，其結構也更加不整齊 (因為更加難以成核)，如圖 5-18。在一般情況下，物理氣相沉積法沉積 (即濺射) 和相同機制 (離子佈植誘導非晶) 的薄膜相較於其他的薄膜技術，成核是較為困難的。

圖 5-16 多晶矽薄膜電晶體的橫截面圖、晶粒邊界的電位分布圖、應用橫向電場

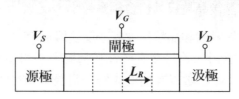

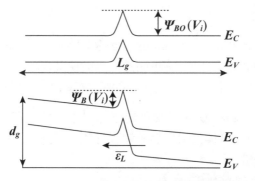

圖 5-17 SPC 法的晶粒尺寸與非晶矽沉積速率關係圖

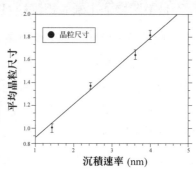

圖 5-18 成核密度與沉積溫度關係圖

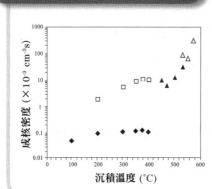

於薄膜中有預先存在的成核點，有助於固相結晶法的成核。這樣預先存在的成核群集，消除了一開始於薄膜成核的需求。如果於沉積薄膜的成核密度過高，導致結晶後晶粒尺寸也會相應較小。

因此，多晶矽的核密度和晶粒尺寸互成反比關係 [5.41]。通常情況下，尋求大而均勻的晶粒尺寸，需減少在多晶矽薄膜電晶體主動層中的晶界的數量。因此，需要去平衡核數以評估生成於一個體積內的材料與生長特性。

圖解光電半導體元件

快速熱退火

快速熱退火 (rapid thermal annealing, RTA) 無論是鎢絲滷素燈或弧光燈，直接 Si 薄膜在很短的時間快速加熱。自從快速熱退火設備有能提供大面積的玻璃基板使用以來，快速熱退火的概念有顯著的優勢。

在實際使用中，鎢絲滷素燈或弧光燈照射下，樣品在下方移動產生快速加熱和結晶矽薄膜，如圖 5-19 為晶粒尺寸對非晶層比例之關係圖，插圖為非晶層比例示意圖。

254　　　　圖 5-20 顯示的 RTA 過程中的結晶溫度和 N 通道多晶矽薄膜晶體的遷移率之間的關係。圖 5-20 中，沉積技術對結晶溫度與 TFT 性能的影響，通常情況下，獲得更高遷移率的設備使用結晶矽低壓化學氣相沉積 (LP-CVD) 而不是電漿增強化學氣相沉積 (PECVD) 沉積薄膜。

根據沉積所使用的前驅氣體種類也會造成晶粒尺寸較大被認為可使 TFT 遷移率差異 [5.40]。

成功的 RTA，需要盡量縮短結晶時間，否則汙染程度會因製程溫度而增加。即使只有短時間內使玻璃基板保持高溫，當溫度高過一個臨界點以上，變形或者破損的機率大增。

因此更高溫結晶須昂貴的基板 (玻璃) 以結合 RTA 的結晶技術。

在大多數情況下，這些晶粒邊界缺陷是相當不利的多晶矽薄膜的電特性，因為晶粒邊界缺陷能量障礙，抑制自由電子傳導。

在文獻中有研究指出結合兩步驟退火，即低溫固相結晶接著再進行 850° 在 30 ～ 45 秒的 RTA，有效地減少晶粒邊界缺陷密度 [5.44]。

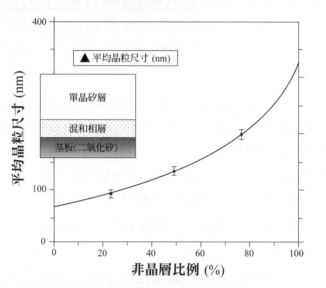

圖 5-19 晶粒尺寸對非晶層比例之關係圖

圖 5-20 遷移率對結晶溫度之關係圖

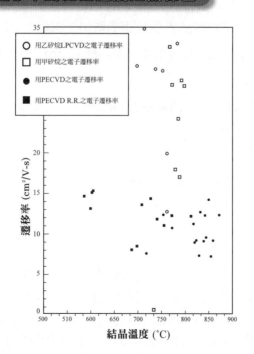

金屬誘發結晶法

金屬誘發結晶法已發展數十年，發展驅勢為增大單晶晶粒及少量金屬殘留 [5.45]。因生長界面的金屬自由電子與共價 Si 鍵相互作用 [5.46]，其中鎳矽化物系統相當受到重視。當薄鎳沉積在 Si 和退火形式鎳矽化 (矽化鎳)[5.47]。

矽化物具有立方晶體結構及單晶晶粒之晶格參數匹配優勢，於矽化鎳的八面體的 (111) 面成核單晶矽，且一次一個或多個，單晶矽成長沿著在矽化鎳界面上往前推進的平面。

圖 5-21 顯示了單晶矽與矽化鎳的成長示意圖。由於這一成長機制的結果，矽化物的多晶矽薄膜表現出纖維的微觀結構。

除了鎳，在提高矽單晶成長方面其他金屬如：金、鋁、銻、鈀和鈦，形成 Si 金屬矽化物 [5.48]。

近年來，另一個 MIC (metal-Induced crystallization, MIC) 的 **製程** (process) 提出，以提高矽晶體生長速率，並允許額外的結晶溫度降低。在這種情況下，發現了電場疊加在樣品上的 MIC 製程，使結晶溫度降低到 380℃。不同模型已用來解釋晶體生長速率增加於電場下 [5.49]。

圖 5-22，顯示電場強度與結晶的溫度函數 [5.49]。電場的焦耳熱效應，最終導致傳統的 SPC 的樣品結晶化。

圖 5-23，多晶矽 TFT 載子 **遷移率** (mobility) 與退火溫度關係圖 [5.50]。

準分子雷射結晶

準分子雷射 (excimer laser) 是一種氣體雷射裝置且介質為惰性原子和鹵素原子 (即氙，氟) 組成。這個名字準分子本身是一個縮寫 "激二聚體"，這意味著具有相同的原子組成 (例如，氙 -Xe) 雙原子激發態分子。然而，準分子也已延伸到分子 (例如，氯化氙準分子)。

準分子雷射具有波長在紫外線光譜範圍，波長 193 奈米，248 奈米，308 奈米，351 奈米 Si 的退火應用，對應氣體分別為氟化氙，氪，氯化氙，Xe 氣體混合物。a-Si 在紫外線範圍吸收強烈，非常適合矽結晶。因此，入射雷射的脈衝能量吸收率高，故在最上面的幾個薄膜單層 (即在 Si 薄膜表面數奈米) 便已吸收，這將導致矽薄膜發生非常快速加熱和熔化。

圖 5-21 利用 NiSi2 誘發成長單晶的示意圖

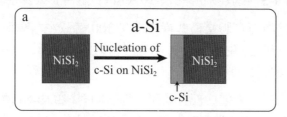

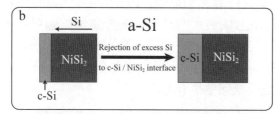

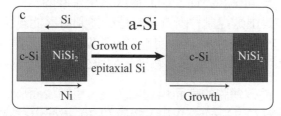

圖 5-22 電場強度與結晶的溫度函數

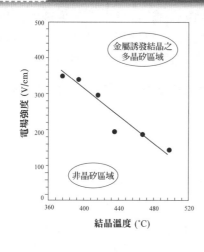

圖 5-23 載子遷移率與退火溫度關係圖

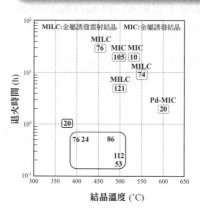

圖解光電半導體元件

從成本的考慮，便選擇準分子雷射矽結晶 XeCl 準分子雷射 (308 奈米)。在此波長的 a-Si 吸收吸收係數 ~10^6 cm^{-1}，適合於大量生產操作。

典型準分子雷射器在脈衝模式操作，在 300 赫茲左右頻率，脈衝持續時間在 10~50 奈秒範圍。生產 TFT 的準分子雷射輸出能量為 0.6~2 焦耳 (例如，LAMBDA 系列 [5.51])。

低雷射能量密度入射造成部分熔融，對於照射後的 a-Si 薄膜，結晶和凝固共存，如圖 5-24(A)，當雷射能量密度足夠高完全融化 Si 薄膜 [5.52]，如圖 5-24(C)，皆無法造成最大的晶粒，接近完全熔融只留下少數晶種會造成最大的晶粒如圖 5-24(B)。該模型的實際意義是，未熔化的區域提供凝固「種子」並循序的橫向生長。因此，在周圍較冷熔融矽傳播固液界面，此一方式也被稱為超級橫向生長 (SLG)。

在理想情況下橫向生長方面凝結而形成大小相同的晶粒連續矩陣。然而，在實際狀況中是很難控制，因為需要精確控制雷射能量密度從而導致 SLG。圖 5-25 顯示的平均晶粒尺寸與雷射發數關係圖，而雷射發數多 (多重曝光) 的缺點之一是在薄膜的污染物進入的機率增加。

雷射結晶的多晶矽薄膜的表面粗糙度較高。粗糙表面形成的機制為密度差所造成，熔融矽 (2.53 gr/cm^3) 和固體矽 (2.30 gr/cm^3) 之間的差異。

換句話說，矽熔融固化同時擴大，凝固開始從鄰近的「晶種」的地方，最後凝固的區域是在晶種間的中間區域，由於這情況下，生成的固態矽 (比液態矽佔據更多的體積) 只能向上擴展，於晶界形成凸起的脊。傳統的 ELC 方法的發展比傳統的 SPC 方法提供更高質量的多晶矽材料。

準分子雷射結晶 (excimer laser crystallization, ELC) 多晶矽薄膜的晶粒尺寸通常平均為 0.3 ～ 0.6 μm。

結晶技術的發展趨勢

圖 5-26 總結在本節的不同結晶技術來看，固相結晶的方法來生產典型多晶矽薄膜 TFT 應用，金屬誘導晶化，提供了一個比 SPC 更高電子遷移率的技術，且已被證明能夠生產較高性能和均勻的多晶矽薄膜電晶體，SPC 主要問題似乎是不可能有效地解決，因顯示玻璃基板的溫度限制。

因此，雷射結晶技術是下一個演進。在過去 20 年，過程和設備技術成熟，ELC 技術已明顯改善。

圖 5-24　雷射結晶示意圖

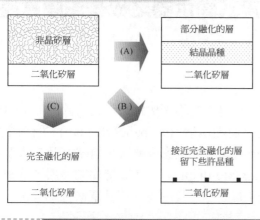

(A) 低雷射能量密度入射部分熔融，對於照射後的 a-Si 薄膜，結晶和凝固垂直組合。

(B) 接近完全熔融只留下少數晶種會造成最大的晶粒。

(C) 當雷射能量密度足夠高完全融化 Si 薄膜，無法造成最大的晶粒。

圖 5-25　晶粒尺寸對雷射發數關係圖

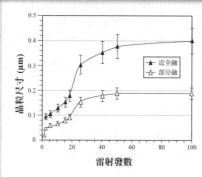
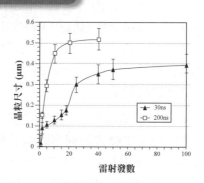

(a) 部分熔融 (partial melting) 與完全熔融 (near-complete melting) 比較。

(b) 雷射時間不同比較。

圖 5-26　TFT 遷移率對不同的結晶技術比較

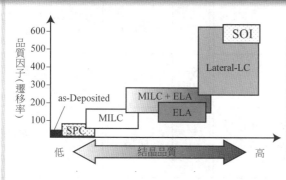

- SPC：固相結晶法
  (Solid Phase Crystallization)
- MILC：金屬誘發雷射結晶
  (Metal Induced Laser Crystallization)
- ELA：準分子雷射退火
  (Excimer laser annealing)
- SOI：絕緣體上
  (Silicon on Insultor)

Unit **5-4**

應用於可撓式顯示器之矽基薄膜電晶體

簡　介

　　發展至今的平面顯示器，從早期的陰極射線管，到目前的以 LCD (liquid crystal display) 為主的**平面顯示器** (flat panel display)，而在市場上的應用，更是廣泛到小則手機螢幕，大至家庭劇院，科學家及工程師構思未來下世代的**軟性顯示器** (flexible display)；其關鍵性的發展，都是在於顯示器具有「薄」的特點，再加上巧思及創意，許多革命性的產品，就會紛紛問世。

　　軟性顯示器，具備著了**輕** (light)、**薄** (thin)、**可捲曲** (rollable)、耐**衝擊** (rugged)、具**安全性** (safe) 等特點 [5.53, 5.54]，儼然成為顯示器下一世代的發展核心，並隨著重視地球資源與提倡環保，在綠色產品的應用設計上，則已有電子書問世了；產品雖未普及，卻是革命性的代表，正影響著人們舊有閱讀的習慣。

　　就平面顯示器而言，目前主流是 AMLCD 和 AMOLED 兩種，並在規格上都採用了**主動式陣列薄膜電晶體** (active-matrix TFT) 當下板，並以矽 (Si) 為其主要電晶體主動層材料，但因矽本身的組成型態不同，可分為**單晶矽** (single-crystalline Si)、**多晶矽** (poly-crystalline Si)、**微晶矽**或**奈米晶矽** (micro-crystalline Si 或 nano-crystalline Si)、及**非晶矽** (amorphous Si)，其比較如表 5-2。

單晶矽	主要應用	積體電路	非晶矽	主要應用	為目前主流之液晶顯示器的下板電晶體
	優點	速度快		優點	面板均勻度高，容易發展大面板
	缺點	製程溫度高，難以整合於以玻璃基板為主的顯示器使用。		缺點	遷移率低及電穩定性不佳

	主要應用	搭配有機自發光二極體顯示器	微晶矽（奈米晶矽）	主要應用	目前各大研究單位及大廠開發中，可搭配有機自發光二極體使用，有助於未來軟性顯示器應用
多晶矽	優點	電穩定性高		優點	高電性穩定度及不需雷射製程，有助於成本降低及均勻提升
	缺點	目前製程能力面板均勻度是個問題，故市面上的產品多是以小面板為主。		缺點	製程窗需調控

表 5-2 以矽基（Si-based）為主的 TFT 種類，製程溫度、電子 / 電洞遷移率、結構、均勻度及軟性 電子之捲對捲的製程相容性、及其相對應的晶格結構

各類別薄膜電晶體	a-Si (非晶矽)	nc-Si (微晶矽)	poly-Si (複晶矽)	LTPS (低溫多晶矽)	c-Si (單晶矽)
製程溫度（℃）	< 350℃	< 350℃	> 600℃	< 350℃	> 1000℃
電子遷移率 (cm^{2}V^{-1}s^{-1})	0.5〜1	10〜100	50〜100	> 200	500〜1000
電洞遷移率 (cm^{2}V^{-1}s^{-1})	0.001〜0.005	0.1〜1	10〜50	> 100	100〜250
結構	n-type	CMOS	CMOS	CMOS	CMOS
均勻度	good	good	good	medium	good
捲對捲製程 (Roll-to-roll)	yes	yes	no	no	no
晶格結構					

DisplayBank 於對軟性顯示器市場的產值預測，比較過去數據，軟性顯示器投入市場的時間沒有太大的變化，但對於產值預測更為樂觀，預計在 2015 年，軟性顯示器產值可達到 60 億美元大關，直到 2017 年可進一步成長到 120 億美元。

若進一步的分析，軟性顯示器可能先由新興應用市場切入，包括**電子書 (e-book)**、電子標籤、電子看板等等。至於軟性 LCD 與軟性 OLED 顯示器需要更長的開發時間，等待製作成本上顯現其價格競爭力後，方可取代現有的玻璃基板顯示器，顯示出世人對於軟性顯示技術之重視，也確認了軟性顯示器是下一世代世界各大廠追逐的目標。

電晶體基本工作原理

一般來說，**薄膜電晶體 (thin film transistor, TFT)** 的製程一個連續的步驟，從**閘極 (gate)**、**汲極 (drain)** 與**源極 (source)**，到**閘極絕緣層 (insulator)**，最後的是半導體作為**通道 (channel)**。

如圖 5-27 為下電極型的 TFT 為例，閘極控制通道導通與否，意味著左右的源極與汲極能否導通，而於一般的主動式矩陣面板上每個**畫素 (pixel)** 內皆會有 TFT 存在，以控制此畫素的明與暗，而電晶體的角色就是開關。

一般 n 通道非晶矽薄膜電晶體在一個固定汲極電壓，相對不同的閘極電壓所產生的汲極電流。在 n 通道的電晶體閘極外加一個正的電壓，使得電子在通道中累積，增加通道中的導電性，然後汲極電流便跟著增加，另一方面，如果在閘極外加一個負電壓，就會減少汲極電流。

作為一個開關電子元件，較高的 on/off ratio 是必要的，通常「元件級」的薄膜電晶體的 on/off ratio 大約要 10^6 個數量級，這樣一來才容易定義出元件是開或關的狀態。

另外一個薄膜電晶體的重要參數便是**臨界電壓** V_T **(threshold voltage)** 臨限電壓是在半導體中產生通道時，外加於閘極的電壓，一個好的電晶體有著較小的臨界電壓。

次臨界區 (subthreshold region) 是一條直線，這個直線的斜率稱為**次臨界斜率 (subthreshold slope)**，這個斜率的大小代表元件開關的快慢，斜率越大，則只要增加一點點閘極電壓元件，就可以從關 (off) 的狀態變成開 (on) 的狀態；反之，則元件開關較慢。最後在**漏電流區 (leakage region)**，一般要求是有較低的漏電流。

決定飽和電流大小的是外加的閘極電壓，當外加較小的閘極電壓，在半導體中引起較**薄 (thin)** 的通道，也就是累積較少的電子，而產生較小的飽和電流。相對的，外加較大的閘極電壓，則在半導體中產生較**厚 (thick)** 的通道，也就是累積較多的電子，會產生較大的飽和電流。

圖 5-27 於 LCD 應用中，薄膜電晶體就是一個開關

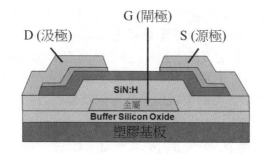

263

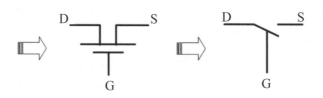

 知識補充站

　　電晶體於顯示面板，如一水龍頭，控制外部電位與畫素電極的準位，電晶體的角色有充放電及電位保持作用，可「獨立」的控制每個畫素。

非晶矽薄膜電晶體

　　非晶矽薄膜電晶體為目前大面積面板電路的主流元件,然而製程上低溫、低成本以及在電性與空間上的均勻分佈等優點,在平面顯示器,或者影像陣列等大面積面板電路當中,皆是以非晶矽薄膜電晶體作為畫素電路。在目前的軟性顯示器發展中,非晶矽薄膜電晶體多搭配液晶顯示及電泳顯示介質。表 5-3 為目前論文發表有關非晶矽薄膜電晶體之軟性顯示器之整理。

　　液晶顯示 (liquid crystal display, LCD) 技術為目前最成熟之技術,也是平面顯示器 (flat panel display, FPD) 之主流。當然要發展下一世代顯示器,必定會想到將目前的技術移植。LCD 為非自發光形式之顯示器,而大部分皆為穿透式,以**冷陰極管** (CCFL) 或 LED 為**背光源** (backlight unit, BLU),光線首先穿過偏光板將光**偏極化** (polarization),再以畫素控制光的開關及明暗,為下板之 TFT 控制液晶之排列方式,液晶具有**雙折射係數** (birefringence) 的特性,而在不同的電場下會有不同的排列方式,當光通過液晶時,會受其影響而改變或保持其電磁波振盪方向,再利用第二片偏光板以過濾光之通過與否,以完成光閘的控制。

　　工研院已研發出之透明 PI 上之 4.1 英寸,全彩 QVGA (320× RGB×240) AMLCD [5.55, 5.56](如圖 5-28),有著 68% 的開口率,背光源為 100 nits,總厚度為 240 μm,相較一般玻璃基板之 AMLCD 厚度減薄很多,改善 PI 之非透明之缺點,並克服其低溫製程之薄膜品質不量之缺陷,其面板播放狀況如圖 5-28。

　　另外,Samsung 公司發展的 TFT LCD 面板尺寸為 7.0 英寸,以 PES 塑膠為基板,厚度為 200 μm,解析度達 114 ppi [5.57],如圖 5-29,CVD 製程溫度降低到 130°C 以下,將彩色濾光片貼在 TFT 基板上,同時為了維持面板彎曲時的**液晶盒夾層** (cell gap) 不被破壞,製程中會使用到**間隙球** (holding spacers),間隙球於液晶夾層之間,可使間隙空間達到 4.5 μm～4.9 μm。以上皆適合用作手機或是 PDA 等可移動 (攜帶) 式顯示器的應用。

　　電子書 / 電子紙 (e-book/e-paper) 之軟性顯示器,從研究發展至今,已有十幾年的光景。由於近年來,電泳顯示製作技術較為成熟許多,因此開始有應用性產品的誕生,而這些產品雖未大量量產,但卻是時代革命性的代表。

表 5-3　數種非晶矽薄膜電晶體之軟性顯示器

公司名稱	工研院	Samsung	Philips	Xerox	Kodak & Princeton	UDC
類別	AMLCD	AMLCD	AMEPD	AMEPD	AMOLED	AMOLED
製程技術與方式	直接 Lamination	直接 glue	轉移 EPLaR	直接 Jet-printing	直接 N/A	直接 N/A
基板種類 (厚度)	PI (40 μm)	PES (200 μm)	PI /玻璃 (5 μm/ 0.7 mm)	PEN (8 mil ~ 200 μm)	不鏽鋼薄片 (75 μm)	不鏽鋼薄片 (76 μm)
製程溫度	160°C~200°C	<130°C	240°C	RT	250 ~ 300°C	150°C
面板尺寸	4.1 吋	7 吋	50 mm x 50 mm	N/A	N/A	4 吋
解析度	320xRGBx240 QVGA	114 ppi	100 dpi	75 dpi	70 ppi	100 dpi

圖 5-28　工研院研發之全彩 QVGA

圖 5-29　Samsung 公司發展的 TFTLCD 面板

圖解光電半導體元件

　　電子紙顯示器因為不需外加背光源，因此具備省電、薄型化的優勢，但因電子紙反應速率較慢，轉換一個畫面仍需要數秒時間，因此較不適合需持續更新畫面顯示，除了當閱讀器外，另適用於廣告看板標示、價格標示、智慧卡訊息顯示等應用，**電子書** (e-book) 或**電子紙** (e-paper) 可說是目前軟性顯示器中最接近量產，或是已少量販賣的軟性顯示技術產品，其顯示方式為**電泳** (electrophoretic) 顯示技術，其特色在於**反射式** (reflective)、**雙態穩定性** (bi-stability) 等省電與易讀性的優點。

　　以 e-ink 的電泳顯示技術為例，一種**微型膠囊電泳** (microencap-sulated electrophoretic) 的材料，而這是一種在微型膠囊內，的特殊電泳溶液裡，存在著許多懸浮的帶電粒子。通常，白色粒子帶正電；黑色電子帶負電。

　　當有，外加電場時，帶電粒子就因電壓驅動著，而改變其在原來的位子 [5.58]。如此一來，面板上就會有白字黑底的效果，製作最後再利用特殊黏合劑，黏在軟性電板上。

　　表 5.3 為目前利用電泳顯示技術發展之軟性顯示器之整理。Philips 發展之電泳顯示技術則是強調在與玻璃基板分離技術，當陣列元件製作完成於玻璃基板時，我們就將它轉移到塑膠基板上，而就在此時，我們可以利用**雷射** (laser) 來造成玻璃基板分離，稱 EPLaR 技術，它是由 electronics on plastic by laser release 四個字母所組成之 [5.59]。

　　電泳顯示技術只能顯示黑白，並無彩色可言，故最大應用著重在電子書與電子海報，Philips 所展示的面板尚有灰階之顯示，如圖 5-30。

　　減少製程複雜度與實現低成本化，**噴墨列印製程** (Ink jet printing) 是可期待方式，花費成本與能源消耗可以藉由噴墨列印技術來取代曝光顯影光罩製程手續，無需真空系統的技術。Xerox 利用噴墨列印製程製造出主動式下板再搭配電泳顯示技術，以實現低成本、高產率之下一世代顯示器，如圖 5-31 [5.60]。

　　另外，並有少數搭配有機發光二極體為其顯示介質，如 Kodak 與普林斯頓大學 (Princeton Univ.) 研發在軟性金屬薄片上之非晶矽 TFT，通道長度 5 μm，載子**遷移率** (mobility) ～ 0.3 cm^2/V·s 而臨界電壓 ～ 4.5 V，這些特性已經與 TFT 作在玻璃基板上相似 [5.61]。並搭配 AMOLED 作為下板，其 OLED 驅動電流可達到 9.2 μA，此時發光強度大於 500 cd/m^2，因金屬薄片基板的表面平整度是十分重要的，故利用電子磨技術可使得金屬薄片基板的表面平整度最好。

圖 5-30　Philips 發展之電泳顯示技術

電泳顯示技術只能顯示黑白，並無彩色可言，故最大應用著重在電子書與電子海報。

圖 5-31　Xerox 發展之顯示器

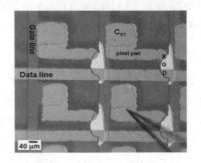

圖 5-32　LG 研發的四吋 AMOLED 軟性面板

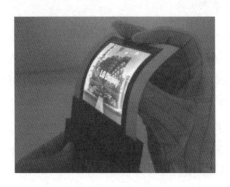

此外，普大尚研究製作於塑膠基板上 [5.62]，以製作低成本又輕量化的顯示器，以杜邦之 Kapton 為基板來說，表現幾乎和相同製作玻璃基板一樣，並對樣品往內彎曲 2.5 cm 時，我們去量測**轉移曲線** (transfer characteristics) 時，表現仍不損 TFT 特性。LG 研發了使用非晶矽在不銹鋼薄片上製程四吋的 QVGA 規格低功率全彩 AMOLED，此面板非常的薄，但在使用上消耗很低的功率，在攜帶使用上十分的方便，如圖 5-32 [5.63]。

多晶矽薄膜電晶體

近年，多晶矽薄膜電晶體已開始大量的將其運用在中小尺寸的主動式矩陣顯示器上，而應用來驅動**液晶顯示器** (liquid crystal display) 或者是製造**有機發光二極體** (organic light emitting diode) 顯示器的畫素電路，低溫複晶矽薄膜電晶體 (LTPS TFTs) 皆可取代非晶矽薄膜電晶體，來製作更高畫素畫質的顯示器。關於軟性顯示器的發展，整理如表 5-4。

有搭配液晶顯示介質的 Sony 公司的全彩色**低溫多晶矽** (low temperature polycrystalline silicon, LTPS)TFT LCD 面板，尺寸已經達到 3.8 英寸，厚度為 200 μm，而其採用的製程為**轉移製程技術** (transfer process)[5.64, 5.65]，如圖 5-33，並以塑膠為基板，製程溫度為 100°C ～ 150°C，首先轉移製程技術沉積阻障層，以防止氫氟酸對玻璃基板造成蝕刻，低溫多晶矽製程形成底部閘極 TFT 的結構層，利用非水溶性的**接合劑** (glue) 黏上暫時性基板，在室溫下利用氫氟酸蝕刻玻璃基板，在元件的背表面以永久性接合劑黏附塑膠基板，將暫時性基板移除。轉移製程技術對於元件結構不會造成破壞，其優點如：不會降低 TFT 的性能、對於塑膠基板材料限制較少，以及適合現代的 LTPS 製程技術量產。

也有搭配電泳顯示介質的 Seiko Epson，則是利用低溫多晶矽製作下板，並搭配電泳顯示介質，製作出 2.1 英寸 QVGA 之面板，其與玻璃分離是利用 SUFTLA (surface free technology by laser annealing/ablation) 技術，不只灰階，因下板搭配 LTPS 關係，面板解析度也提升 [5.66]。

多晶矽的優勢為高穩定性，非常適合搭配有機發光二極體 (OLED) 為顯示介質使用，使用有機發光材料的自發光型顯示器，具有反應速度快、重量輕、高色彩、高亮度與廣視角等優點。

268

表 5-4　目前論文發表有關多晶矽薄膜電晶體之軟性顯示器之整理

公司名稱	SONY	Seiko Epson	Seiko Epson	Samsung	Kyung Hee Univ.	Samsung
類別	AMLCD	AMEPD	AMOLED	AMOLED	AMOLED	AMOLED
製程技術與方式	轉移	轉移	轉移	直接	直接	直接
	Etching Stopper	SUFTLA	SUFTLA	N/A	N/A	N/A
基板種類 (厚度)	玻璃 / 塑膠(200 μm)	玻璃 / 塑膠	玻璃 / 塑膠	PES	不鏽鋼 304 (150 μm)	玻璃 / 塑膠
製程溫度	100°C ~ 150°C	425°C (LTPS)	425°C (LTPS)	200°C	550°C ~ 750°C	400°C
面板尺寸	3.8 吋	5 cm	2.1 吋	2.2 吋	2.2 吋	2.8 吋
解析度	320xRGBx240 QVGA	200 dpi	120 ppi	120 x 160 (qqVGA)	128 x 160	166ppi

圖 5-33　全彩色低溫多晶矽示意圖

269

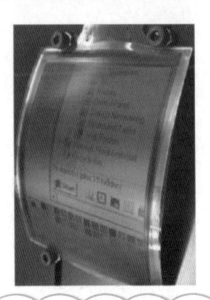

Sony 公司的全彩色低溫多晶矽 TFT LCD 面板尺寸已經達到 3.8 英寸，厚度為 200 μm，而其採用的製程為轉移製程技術。

而隨著發光材料與**封裝** (encapsulation) 技術的成熟，過去較令人詬病的壽命問題，近年來已有大幅的改善。OLED 發光結構可分為**底部發光** (bottom emission)) 與**頂部發光** (top emission) 兩種。

LCD、EPD、與 OLED，這些顯示技術都可作在塑膠基板上，以朝向薄型化，輕量化，軟性和防震。

OLED 顯示技術在軟性顯示器上是優於 LCD。因為 OLED 只需要一個基板，LCD 需要數個 (例如：TFT 下板、彩色濾光片、偏極化板

、背光模組等等)，故對耐撓曲能力而言，推論 OLED 會明顯優於其它顯示技術，在軟性顯示器上之應用，OLED 技術為目前最具潛力也是未來最被看好技術之一，故在這方面的研究論文也是最多。

Seiko Epson 除了前面提到電泳顯示技術外，對 OLED 技術也相當熱衷，如圖 5-34，同樣使用 SUFTLA 技術，使薄膜元件從原本的基板上轉移到另一個基板上。其顯示器的厚度為 0.7 mm，重量為 3.2 克 [5.67,5.68]。

> ### SUFTLA 製程
>
> 首先沉積 a-Si 犧牲層在厚度為 0.7 mm 的原始玻璃基板上，再來用 LTPS-TFTs 製程方法做出 CMOS TFT 元件結構，接著用一個臨時玻璃基板覆蓋在 TFT 元件上，中間隔著可溶於水的材料，XeCl 準分子雷射 (λ = 308 nm) 從原始玻璃基板那方射入，打在犧牲層，可輕易使得原始玻璃基板與 TFT 元件一分為二，再將 TFT 元件黏著在 PI (polyimide) 基板上，最後將上方臨時黏著的玻璃基板移除。

Samsung 研發直接製作超低溫多晶矽面板，2.2 英寸 qqVGA 單色 AMOLED 規格，全部製程低於 200 ℃，利用 ELA 結晶成多晶矽，其遷移率可達 20 cm^2/Vs，其面板如圖 5-35 [5.69]。

慶應大學 (Kyung Hee Univ.) 則研發出 2.2 英寸上發射型 AMOLED 顯示器在軟性金屬薄片上 [5.70、5.71]，如圖 5-36，其為一個倒置 TFT，它使用 P-SOG (磷酸鹽為原料，用旋佈玻璃法) 當作閘極絕緣層。

換句話說，在軟性金屬薄片的閘極絕緣層要平坦是藉由旋轉塗佈的方式。

圖 5-34　全彩 AMOLED 面板示意圖

Seiko Epson 研發之 2.1 英寸全彩 AMOLED 面板，採用 SUFTLA 技術，使薄膜元件從原本的基板上轉移到另一個基板上。

圖 5-35　單色 AMOLED 面板示意圖

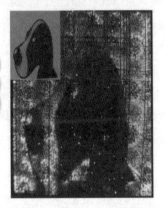

Samsung 研發 PES 基板上之 2.2 英寸單色 AMOLED 面板。

圖 5-36　多晶矽電晶體面板示意圖

慶應大學研發之金屬基板上之多晶矽電晶體，利用 SOG 當閘極絕緣層與平坦化。

金屬箔片比塑膠基板佔優勢之處有，使用金屬薄片基板之阻水阻氧能力更好，更可駛使 OLED 壽命更長，另外，金屬薄片對製程溫度要求比塑膠基板較為寬鬆(因金屬薄片熔點較高)，缺點為不透明與表面粗糙度過高。Samsung 發展低溫多晶矽 AMOLED 的軟性顯示器，面板尺寸為 2.8 吋的 WQVGA 面板，此製程使面板的電性穩定度有了很大的提升，例如電子遷移率、臨界電壓和次臨界擺幅，如圖 5-37 [5.72]。

微晶矽薄膜電晶體

　　微晶矽 (μc-Si：H)TFT，其晶格結構是介於非晶矽與多晶矽之間，製程上與非晶矽類似，主要是在非晶矽結構中具有微小的晶體粒子，可減少**熱載子效應** (hot carrier effect)，故電性的穩定性可大幅提升，可與有機發光二極體搭配，且目前的 LCD 面板廠皆可在相同設備下發展，與目前的製程相容，可大幅降低因升級所耗的成本支出，目前相當被看好的未來之星。

　　若發展成軟性顯示器使用，可直接成長不需轉移製程。微晶矽製程是透過氣相沉積，利用薄膜材質為基礎，以高壓方式改變非矽晶材料的結構，使其具有類傳統矽晶材料結構的技術，結合薄膜與矽晶兩大新舊產品的優勢，在市場需求仍強，但傳統材料缺口無法即時填補下，微晶矽技術有助薄膜產品進一步推展，成為業界的新勢力。其相關的論文整理如表 5-5。

　　法國的 Ecole Polytechnique 製作下閘極結構的微晶矽 TFT，以與

表5-5　數種微晶矽薄膜電晶體之軟性顯示器

公司名稱	Ecole Polytechnique	Samsung	AUO	DTC/ITRI
類別	Bottom-gate	Top-gate	Bottom-gate	Bottom-gate
製程技術與方式	直接	直接	直接	直接
	RF-PECVD	RF-PECVD	RF-PECVD	PECVD
基板種類	玻璃	玻璃	玻璃	Polyimide
製程溫度	250°C	650°C	< 300°C	200°C
面板尺寸	N/A	370mm x 400mm	32 吋 AMLCD	4.1吋

圖 5-37 塑膠基板上的軟性顯示器示意圖

Samsung 在塑膠基板上製成的 2.8 吋 AMOLED 軟性顯示器

微晶矽係利用 PECVD 製程調整直接成長，不需利用結晶技術，欲達多晶的穩定度，只需非晶的製程設備即可，左圖為微晶的橫截面之 TEM 圖，可見其有微結晶。

LCD 面板廠相容，經過 10,000 秒的直流偏壓，次臨界斜率大約衰退 5% [5.73]。

　　韓國的 Samsung 則是製作在 370 × 470 mm^2 玻璃基板上，以下閘極結構的微晶矽 TFT，載子遷移率為 0.55 cm^2 V^{-1} s^{-1}，可以達到 10^6 的 on / off 比 [5.74]。

　　友達光電 (AUO) 使用由第 6 代大尺寸底板生產線的電漿 CVD 裝置形成的微晶矽，試製出了 32 吋電視用 TFT 液晶面板，與非晶矽 TFT 相比，採用微晶矽 TFT 有可能獲得更高的遷移率，另外，還可實現用多晶矽 TFT 難以實現的、基於第 5 代以後大尺寸底板的工藝，在製造大尺寸基板時，微晶矽的平面均勻性非常高。此外，與非晶矽的可靠性比較，如圖 5-38 [5.75]。

　　而工研院顯示中心也利用微晶矽發展 4.1 吋 QVGA 的 AMOLED，此顯示器製作在塑膠基板上面所以具有可彎曲性，而微晶矽使此顯示器有高的電穩定度，而漏電量也會降低，如圖 5-39 [5.76]。

結　語

　　現在平面顯示技術明顯的由 TFT-LCD 呈現一枝獨秀的態勢下，其他新興顯示技術想得一席之地，除了在技術上達成優於 LCD 的效能表現之外，還需加強現有 LCD 技術所無法達成的應用特性，如應用於未來下世代的軟性顯示器，這便是 LCD 所難以達到的特點。

　　此外，於軟性顯示器應用產品中電子紙應是目前最接近量產的產品之一，故軟性顯示器的先鋒部隊 - 電子紙 / 電子書時代已經不遠了。

小博士解說

　　將顯示器捲軸化，以達可彎曲、撓曲、捲軸、折疊，穿著等特性，將可同時具有方便性及大面積，如右圖所示。

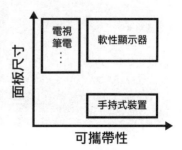

圖 5-38 微晶矽與非晶矽之可靠度比較

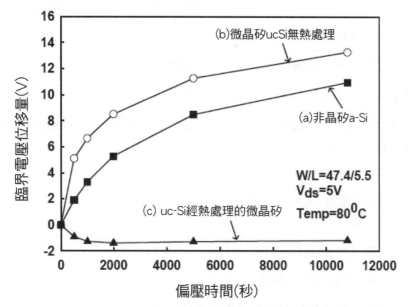

友達光電 (AUO) 發表於 SID'08 的微晶矽與非晶矽 TFT 之可靠度比較。

圖 5-39 軟性顯示器示意圖

工研院發表的 4.1 吋微晶矽 AMOLED 軟性顯示器。

Unit　5-5
習題

1. 說明 TFT/LCD 基本架構。

2. 畫素設計佈局有哪兩種，並說名其優缺點。

3. TFT 基本架構有哪四種，並說明其優缺點。

4. 請繪出單晶矽、多晶矽、非晶矽之能隙中狀態密度 (density of states, DOS)，並說明之。

5. 多晶矽結晶方法中，請舉例三種，並說明其特色。

6. 說明雷射結晶中，為何只有能量適中方可得到最大的晶粒，太高或太低皆無法取得。

7. 請說明電晶體基本工作原理。

8. 發展可撓式顯示器的優缺點。

9. 微晶矽薄膜電晶體具有哪些優點？其挑戰為何？

10. 在軟性顯示器之後的未來世代顯示器發展，你能想像會是什麼嗎？請天馬行空的想像一下。

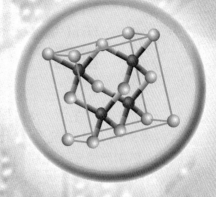

第 **6** 章

太陽光電系統與應用

章節體系架構 ▼

李勝偉
國立中央大學材料科學與
工程研究所

本章說明：

　　人類科技的進步及日常生活，皆需要消耗能源，尤其是台灣，99%
以上的能源皆仰賴進口。其中又以對石化能源之需求更為殷切。但由於
傳統石化能源的日益枯竭以及對環保的意識高漲，全球對替代能源的探
索與研究更趨積極。本章即針對太陽能電池的基本工作原理，以及各種
不同種類的太陽能電池技術與市場狀況作一介紹。

Unit 6-1
前言

人類的日常生活，及科技的進步，不論食衣住行皆需要消耗能源。尤其台灣 99% 以上的能源，皆仰賴進口。其中又以對石化能源之需求更為殷切。但由於傳統石化能源的日益枯竭，以及對環保意識高漲，全球對替代能源的探索與研究愈趨積極。

西元 1997 年 12 月「聯合國氣候變化綱要」之參加國於日本京都府京都市國立京都國際會館議定《**京都議定書**》(*Kyoto Protocal*) 要求工業國家最遲在 2012 年之前減少溫室氣體排放量、目標降低碳排放量至比 1990 年平均值再低 5.2% 以下。此《**京都議定書**》也促使歐盟及各工業國加速太陽能投資與研發。

西元 2011 年國際能源組織 (International Energy Agency) 宣示投資並研發可長久使用，乾淨且不犧牲地球環境的替代能源。而太陽能也名列其中。

太陽光電系統，係利用太陽能電池，將太陽之光能直接轉換為電能。而此太陽能電池即利用半導體材料的特性及光電轉換原理設計之。

太陽能電池又稱為「太陽能晶片」或「光電池」。太陽能發電是一種可再生的環保發電方式，其發電過程中並不會有溫室氣體 (如二氧化碳等) 產生，故不會對環境造成污染。

半導體材料在吸收光子後，產生電子和電洞並經由不同**摻雜** (doping) 之 p 型及 n 型半導體，形成 **p-n 型接面** (p-n junction)，吸收太陽光譜中，能量大於該半導體**能隙** (energy gap) 的光波，將電子與電洞分離 (又稱載子分離)，並形成電流。

而一般矽太陽能電池的外觀則如圖 6-1 所示。

圖6-1 矽太陽能電池的外觀圖

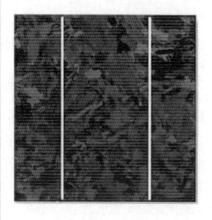

(a) 多晶矽 (multi Si)

(b) 單晶矽 (mono Si)

(c) 非晶矽 (amorphous Si)

Unit 6-2
太陽能電池的歷史演進

1839 年 Edmund Beguerel 首先提出太陽光電效應。實驗發現將銀 (Ag) 鍍在白金電極上，並浸入電解液中，經陽光照射後會產生電流。

1876 年 William Adam 及 Richard Day 發現將**硒** (selenium, Se) 片插入兩片加熱之**白金** (platinum, Pt) 片中則會產生**光導體** (photonductivity)，此為全球第一個光電固態元件的發明。

1894 年 Charles Fritts 發表全球第一個大尺寸的太陽能電池，即將硒片覆蓋於**金** (gold, Au) 及其他金屬之間並產生光電流。接下來的數十年間**銅 - 氧化銅** (Cu-CuO2) 薄膜、硫化鉛、硫化鉈等光電元件也陸續問世。這些早期元件皆屬於**薄膜蕭特基** (thin film Schottky) 元件。

1914 年由 Goldman 和 Brodsky 提出這些光電效應產生於半導體－金屬介面的結構理論。

1930 年 Walter Schottky、Neville 等人提出金屬－半導體阻障層之光電原理。

1950 年才開始將矽應用於固態電子元件上，也同時應用於光電半導體元件。

1954 年第一個矽太陽能電池問世，由 Chapin、Fuller 及 Perason 發明。當時，雖然只有 6% 的**轉換效率** (conversion efficiency)，但已經是前人所研發的六倍轉換效率。因生產成本高，每瓦約 200 美元 ($200/watt)，故無法達經濟規模，僅應用於遠端或太空計畫中。同時科學家們也研發出硫化鎘 (CdS)、砷化鎵 (GaAs)、磷化銦 (InP) 等。茲因低成本、及延續成熟的**微電子半導體** (Microelectronic) 製程，矽半導體材料，依然為太陽能電池之主流。

1970 年代能源危機發生時，西方社會為尋求石油之替代能源，也加速太陽能電池之發展與進步。同時，美國 RCA 公司，用矽烷 (SiH_4) 作為基本原料，沉積具有良好電性的非晶矽薄膜太陽能電池。

1990 年代以來，太陽能電池之轉換效率已達 15 ～ 25%，且矽太陽能電池的的成本大幅降低。

2000 年以後，各工業國也紛紛將太陽能電池，用於民生發電。以後歐盟各國、美國、台灣、中國及日本等、在政府政策的支持下積極投入，以減少對石油及核能之依賴性，也促使太陽能產業之蓬勃發展。

 知識補充站

1839年	1. Edmud Beguerel 提出太陽光電效應。 2. 將銀鍍在白金電極上。 3. 浸入電解液中。 4. 陽光照射後產生電流。
1876年	1. William Adam 及 Richard Day 發明第一個光電固態元件。 2. 將硒 (Se) 片插入兩片白金 (Pt) 片中。 3. 加熱白金片則會產生光導體。
1894年	1. Charles Fritts 發表於全球第一個大尺寸太陽能電池。 2. 將硒 (Se) 覆蓋於金及其他金屬之間產生光電流。 3. 接著的數十年間薄膜蕭特基元件問世。
1914年	Goldman 和 Brodsky 提出以半導體 - 金屬介面所產生的光電效應。
1930年	Walter Schottky, Neville 等提出金屬 - 半導體阻障層之光電原理。
1950年	將矽應用於固態電子元件上，並應用於光電半導體元件。
1945年	1. Chapin、Fuller 及 Pearson 發明第一個矽太陽能電池。 2. 只有 6% 的轉換效率。 3. 硫化鎘 (CdS)、砷化鎵 (GaAs) 及磷化銦 (InP) 等也相繼問世。
1970年	能源危機時，尋求替代能源，加速太陽能電池的發展。
1990年	太陽能電池轉換效率可達 15 ～ 25%。
2000年	1. 進入大量工業化生產，降低成本。 2. 歐洲實施補助政策，提高太陽能電池的需求。
2011年	日本東北 311 大地震後造成核電廠爆炸及污染，再次喚起人們對太陽能電池的需求。
2013～2014年	1. 隨著歐美日對太陽能電池的補助，中國政府也大力推升太陽能電池的需求。 2. 進而使矽太陽能電池生產技術大幅提升到 >20% 的轉換效率。

Unit **6-3**
太陽能電池的產業供應鏈簡介

太陽能電池產業鏈可概分為上、中、下游。設備 ⇨ 原料 ⇨ 鑄錠 ⇨ 矽晶片 ⇨ 模組 / 系統。其中，茂迪為上、中、下游垂直整合廠商，而中國以保利協鑫 (GCC) 為代表。如圖 6-2 所示。

上游：以材料及設備為主，設備皆以自動化生產，由 Toyo、Giga 及 Ruxing 生產用於背接觸電極的鋁膠為主。多 (單) 晶結晶矽原材料供應商則包含鑄錠，矽晶圓晶片等。全球市佔率較高的設備供應商為美商應用材料公司 (Applied Materials Inc.)、Centrothem、Rena、Schmid、Roth & Rou 為大宗。而台灣之設備供應商則以鈞豪、帆宣、廣運、盟立、志盛等。在晶圓 / 鑄錠等結晶矽原材料供應商有中美矽晶、綠能、達能、合晶等企業。而在化學原材料供應方面，則以碩禾等為代表。

中游：則以生產**太陽能電池** (solar cell) 及**太陽能模具** (solar module)，也有將太陽能模組定義為下游。在太陽能電池製作方面，主要以台積電轉投資之茂迪及台積電薄膜太陽能公司 (tsmc solar)、茂迪、昱晶及聯電轉投資之聯景光電、聯相，英業達轉投資之英穩達，其他有新日光、益通、太極等。中國則有保利協鑫、英利、江西賽維等企業。

下游：則以生產終端應用之系統 (system)，包含系統、逆變器及量測儀器等，供應商則有茂迪、 科風、萊德等企業。圖 6-2 為矽太陽能電池產業供應鏈。

在供給與需求面來看，原本太陽能產業極具潛力。但在蓬勃發展之後，因為大量資金投入，2009 年出現供給 (10 GW) 開始大於需求 (6 GW) 的狀況。2011 ～ 2012 年導致供給 40 GW > 需求 (25 GW)，嚴重失衡，導致產品價格下滑，甚至大部分公司面臨虧損。致使企業重新洗牌，也啟動企業整併，產能，成本控制及提高太陽能電池效率之策略。

2012 年全球太陽能產能，中國以市占率 61% 蟬聯第一，台灣則以 16% 居全世界第二位。中國以大量資金投入，及在歐美雙反 (反傾銷，反補助) 政策下，促使中國政府由外銷轉為啟動內需策略。而台灣太陽能企業則以品質技術及人才之優勢而占有一席之地，也因優異之企業策略，期待 2015 年後太陽能產業能再次起飛。

圖 6-2　矽太陽能電池產業供應鏈

上　　游

矽晶圓片矽晶鑄錠

矽原材料　　　　　　　　矽晶圓片

中　　游

多晶矽太陽能電池　　單晶矽太陽能電池

多太陽能電池模組　單晶矽太陽能電池模組　薄膜太陽能電池模組

下　　游

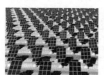 

太陽能電池整合與安裝

Unit 6-4
太陽能電池的基本結構與原理

太陽能電池基本結構

　　太陽能電池結構，主要由 p-n 接面，及金屬電極組成。隨材料之不同，以及設計的目的，而略有差異。如圖 6-3 所示，在 p 型材料的晶片表面上，摻雜磷成為 n 型，並形成 p-n 接面。再利用**電漿加強化學氣相沉積 (plasma enhanced CVD, PECVD)** 的抗反射層，一般使用 silicon nitride，輔以**金屬化製程 (metallization)** 沉積銀導電電極後，即完成太陽能電池的製作。如圖 6-3 p-type 結晶矽太陽能電池結構示意圖。

　　結晶矽太陽能電池除 p-n 接面外，在晶圓表面尚鍍有**網格線 (grid line)** 及**匯流排電極 (bus bar electrode)** 以輸送電子。如圖 6-4 所示，為提高傳輸效率，可增加網格線 70 ～ 80 幾條之間及匯流排電極由兩條增至三到四條。

　　結晶矽太陽能**電池 (cell)** 生產後，以串聯方式組合為**模組 (module)**，每一模組產生直流電 12V。將模組以串並聯方式組合為陣列 **(array)**，將陣列與其他轉接器電力輸送與儲能裝置，以產生電力。如圖 6-5 所示。

太陽能電池基本原理

　　所有電磁波輻射，包含太陽光都是由光子所組成，它們都帶有特定的能量。光子也具有波的特性，因此具有波長 λ，光子能量 E_λ 與光波波長的相對關係為

$$E_\lambda = \frac{hc}{\lambda}$$

其中 h 為蒲朗克常數，c 為光速，λ 為波長。

　　只有具有足夠能量，且大於半導體材料能隙的光子才可以產生電子 - 電洞對，並轉換為電能。

圖 6-3 p-type 結晶矽太陽能電池結構示意圖 [6.2]

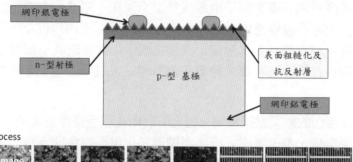

網印銀電極

n-型射極

表面粗糙化及
抗反射層

p-型 基極

網印鋁電極

Process

Damage removal + Cleaning　Texture　Diffusion　PSG removal　ARC　Screen printing　Firing　Isolation

圖 6-4 結晶矽太陽能電池結構示意圖

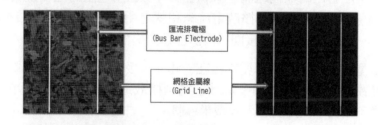

匯流排電極
(Bus Bar Electrode)

網格金屬線
(Grid Line)

圖 6-5 結晶矽太陽能電池系統

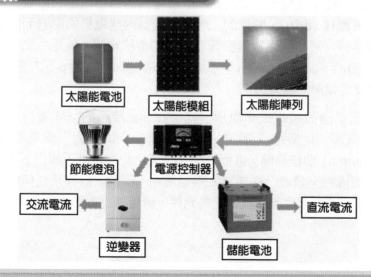

太陽能電池　太陽能模組　太陽能陣列

節能燈泡　電源控制器

交流電流　　直流電流

逆變器　儲能電池

半導體太陽光電池元件基本結構就是一個 p-n **接面二極體 (p-n junction bipolar)**，當 p 型跟 n 型半導體接觸形成的 p-n 接面時，由於 p-n 接面兩端載子濃度差異，產生載子擴散以及復合現象，導致原本電中性性質遭破壞，在接面處形成**空乏區 (depletion region)**；產生內建電場，進而少數載子受內建電場影響移動，形成「漂移電流」；當多數載子擴散電流與少數載子的漂移電流達到平衡，淨載子流為零，系統回復到熱平衡狀態。如圖 6-6 所示。

當 p-n 接面的兩端點接觸時，經光照射則在空乏區產生電子、電洞對。受內建電場影響，電子會向 n 型半導體漂移，電洞則會向 p 型半導體區漂移，產生由 n 型流向 p 型的「漂移電流」。

而空乏區以外之 n 型及 p 型半導體內，因光照所產生的電子 - 電洞對，由於缺乏內建電場作用，因此只會產生少數載子的「擴散電流」。

因此空乏區內的漂移電流，即 p 型半導體區所產生的電子擴散電流及 n 型半導體區所產生的電洞擴散電流總和就是所謂的「光電流」。也就是短路電流。其流向就跟 p-n 接面二極體在順向偏壓下的電流相反。

當 p 型與 n 型半導體緊密結合在一起時，接面處會立即形成載子濃度梯度，導致 p 型半導體端的多數載子電洞擴散進入 n 型半導體，同時，n 型半導體多數載子也擴散進入 p 型半導體。

因此，在接面附近區域的電中性便會被打破。當入射光在空間電荷區被吸收之後，便產生電子 - 電洞對。電子會因為內建電場的影響而向 n 型半導體區域**漂移 (drift)**。同樣的，電洞會因為內建電場的影響而向 p 型半導體區域漂移。被此內建電場影響而產生的漂移電流，就是所謂的**光電流 (photocurrent)**。其方向係由 n 型區域流向 p 型區域，這對 p-n 二極體而言，這剛好是反向偏壓的電流方向。

太陽能電池的基本工作原理，就是在 p-n 接面的空間電荷區域內，產生內建電場，以吸收入射光，並產生電子 - 電洞對，使其在**再復合 (recombination)** 前被分開，進而產生光電流。此光電流再經由 p-n 二極體的金屬接觸傳輸至負載，便稱為太陽能電池。因此，只要是任何能經由吸收太陽光子，進而產生光電流的光電元件，皆可稱為太陽能電池。

載子產生率

半導體太陽能電池元件，最重要的功能就是把入射光能轉化成為電能輸出，因此必須知道載子產生率，才有辦法推估光電流特性。其中只有當光子的能量大於半導體的能隙，才會被吸收產生電子電洞對，也才會有載子產生。

對於一個高載子產生率的元件，則需要網格金屬電極所遮蔽的面積越小越好，和入射到太陽能電池的光子數則越多越好。

載子在尚未被導出至 p-n 接面之前，就被材料中的缺陷捕捉而失效，或是載子受到材料表面的**懸浮鍵結** (dangling bond) 捕捉產生**復合** (recombination center) 等諸多因素所影響。而此懸浮鍵結所造成的載子**捕捉** (trap) 效應，會使得電子、電洞在電池發電層內能夠移動的距離 (又稱載子擴散長度) 變短，並造成轉換效率下降。

圖 6-6 p-n 接面及空乏區示意圖

287

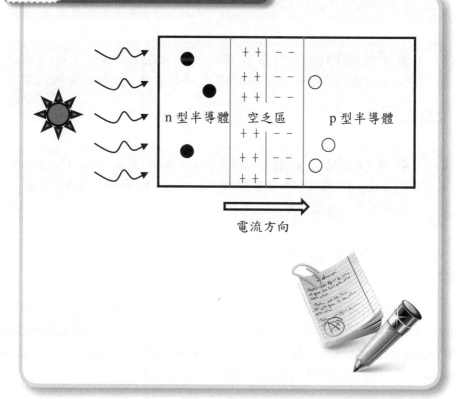

有效控制入射到太陽能電池的光子數有兩種：

> **第一** 設計一有效光捕捉的結構，即在矽晶圓的正背向表面粗糙化 (surface texturing) 處理，以改變光波入射角度，增長光子行進的路徑，並增加光子吸收的機率，如圖 6-7(a)。

> **第二** 鍍上抗反射層 (anti-reflection layer)，向光反射層的作用則是讓穿透長度大於半導體吸收層的光子，不會從背面穿出，而是反射回半導體吸收層。如圖 6-7(b) 所示。

載子在結晶矽中的三種復合方式為：

> ① 載子於塊材中復合 (carriers recombination in the bulk)：即電子、電洞於晶圓塊材中復合，如圖 6-8 所示之現象 "1"。

> ② 載子於晶圓的表面復合 (carriers recombination on the surface)：即電子、電洞於晶圓的表面復合，如圖 6-8 所示之現象 "2"。

> ③ 載子穿過 p-n 接面 (carriers get swept across the p-n junction)：即電子、電洞穿過 p-n 接面，於是產生電流，如圖 6-8 所示之現象 "3"。

其中，要避免矽晶因塊材缺陷造成的載子復合，可以使用雜質較少的高品質矽晶，但成本亦會相對增加。

　　一般若使用柴式拉晶法製作出的單晶矽，其載子擴散長度可到 100 至 200 微米，多晶矽則會降到 100 微米以下。而提高為**太陽能電池的轉換效率** (energy conversion efficiency)，則需降低**表面復合** (surface recombination) 中心，以及降低缺陷所產生的載子捕捉效應。

圖 6-7　有效控制入射光子的設計

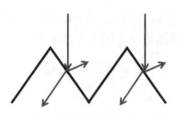

(a) 表面粗糙化處理

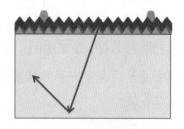

(b) 抗反射層鍍膜

圖 6-8　載子在結晶矽中的三種復合方式 [6.3]

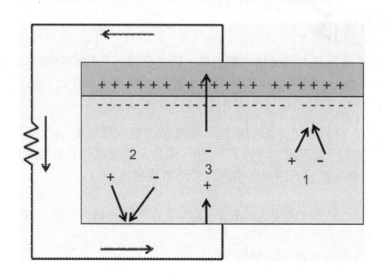

Unit **6-5**
太陽能電池之轉換效率

太陽能電池的轉換效率，是指電池將入射太陽光的功率 (P_{in})，轉換成最大輸出之電功率 (P_{MP}) 之比例，即光轉換為電時，所收集的能量。

如前所述，只有當光子的能量 $hv > E$ 時，才會被吸收產生電子、電洞對，輸出光電流。

$$\eta = \frac{輸出電功率}{入射光功率} = \frac{P_{MP}}{P_{in}} = \frac{FFV_{oc}I_{sc}}{P_{in}} \qquad (6.1)$$

如式 (6.1) 所示，太陽能電池的轉換效率可以由幾個重要參數決定：即**入射太陽光的功率** (P_{in})、**最大發電功率** (maximum power output, P_{MP})**填滿因子** (fill factor, FF)、**開路電壓** (open circuit voltage, V_{oc})、**短路電流** (short circuit current, I_{sc}，即光電流) 等。

若要提高太陽能電池的轉換效率，則須同時增加其填充因子 (FF)、開路電壓 (V_{oc}) 和短路電流 (I_{sc})。延伸解釋，其目的就是要減少串聯電阻與漏電流以提高太陽能電池的轉換效率。

短路電流

短路電流為當太陽能電池無負載，即外部電路為短路時電流的輸出大小。由圖 6-9(a)，當電壓達臨界值前，電流維持定值，且此定值跟當電壓為零時 ($V = 0$) 的電流相等，此電流即稱為短路電流。

如式 (6.2) 其中 I_{dark} 即暗電流，隨電壓改變太陽能電池內部產生的負載。而式 (6.3)，當電壓為零時 ($V = 0$)，理想太陽能電池的電流即為短路電流 (I_{sc})，短路電流 (I_{sc}) 除以面積即為短路電流密度 (J_{sc})。

$$I(V) = I_{sc} - I_{dark} = I_{sc} - I_o (e^{qV/nKT} - 1) \qquad (6.2)$$

其中 K 為波茲曼常數，T 為絕對溫度

$$I(V) = I_{sc} \quad 當 V = 0 \qquad (6.3)$$

圖 6-9　太陽能電池電流 - 電壓及電功率關係圖

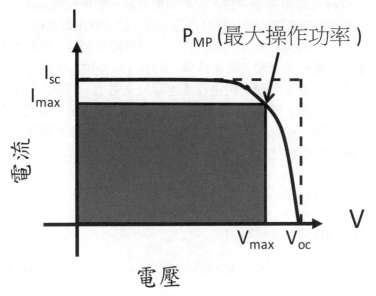

(a) 電流及電壓關係圖

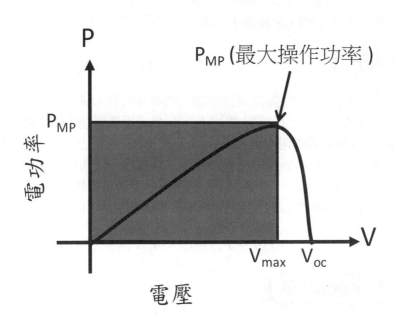

(b) 發電功率及電壓關係圖

開路電壓

　　如圖 6-9(a) 當電壓持續增加，順向偏壓升高，則電流將迅速增大，太陽能電池所輸出的電流達臨界值後將快速衰減。而當輸出電流趨近於零時，相當於太陽能電池兩電極端點沒有連接，也就等同於開路，此時的電壓稱為開路電壓。若進一步解釋，如果將照光的 p-n 二極體二端的金屬電極用金屬線直接連接，就是所謂的短路電流也等於光電流。若照光的 p-n 二極體二端的金屬不相連，就是所謂的**開路** (open circuit)，則光電流會在 p 型區累積額外的電洞，n 型區累積額外的電子，造成 p 端金屬電極較 n 端金屬電極有一較高的電動勢，也就是開路電壓。

$$I\,(V) = I_{sc} - I_{dark} = I_{sc} - I_o\,(e^{qV/nKT} - 1) = 0$$

開路電壓為零時可表示為：

$$V_{oc} = KT/q\,\ln\,(I_{sc}\,/\,I_o + 1) \qquad\qquad (6.4)$$

　　由式 (6.4) 得知，開路電壓隨著光電流的增加而升高，則電流將迅速增大；同時也會隨著二極體的反向飽和電流的增高而降低。其中反向飽和電流又與元件設計及材料特性 (能隙等) 有關，因此開路電壓也受這些因素影響。

填充因子

　　填充因子的定義為太陽能電池在輸出功率時的最大輸出功率值與短路電流和開路電壓乘積的百分比，如式 (6.5)。填充因子深受**串聯電阻** (series resistance, R_s) 與**並聯電阻** (shunt resistant, R_{sh}) 的影響，因此我們可以只用填充因子來同時涵蓋串聯電阻與並聯電阻二個效應。因為任何串聯電阻的增加或是並聯電阻的減少，都會減少填充因子，進而造成轉換效率的降低，所以我們希望元件擁有低的串聯電阻，高的並聯電阻以降低漏電流的發生。

$$FF = P_{MP}\,/\,(I_{sc}\,\cdot\,V_{oc}) \qquad\qquad (6.5)$$

最大電池輸出功率

　　電能的代表特性就是電功率，也就是電流乘上電壓，圖 6-9(b) 顯示太陽能電池的發功功率隨電壓變化關係曲線圖。從圖中可以清楚看出發電功率先隨電壓升高而增加，逐漸達到最大值，然後迅速消減，在電壓等於開路電壓時，發電功率又回到零。

其中能產生最大功率的電壓電流條件稱為**最大功率操作點** (maximum power point, P_{MP})，此點所對應的電壓值稱為**最大功率電壓** (voltage at the maximum point, V_{max})，電流值稱為**最大功率電流** (current at the maximum point, I_{max})。

而**最大功率電壓操作點** (voltage at the maximum power point, V_{MP}) 及**最大功率電流操作點** (current at the maximum power point, I_{MP})，在圖 6-9(b) 電流 - 電壓關係圖中形成一個矩形區域，此長方形區域內的面積就是最大發電功率 P_{MP}。

寄生電阻

太陽能電池元件亦存在所謂的**寄生電阻** (parasitic resistance)。其中，存在於太陽能電池元件而跟外界負載串聯連接的寄生電阻稱為串聯電阻；而存在於太陽能電池元件兩端點之間的寄生電阻稱為**分流電阻** (shunt resistance, R_{sh})，如圖 6-10 顯示寄生電阻之關係圖。

串聯電阻的存在並不會影響開路電壓，但會造成元件短路電流衰退。串聯電阻在太陽能電池中通常是金屬接觸不良所造成。

反之，分流電阻會嚴重降低開路電壓，但對元件短路電流則無影響，因此電阻效應也會嚴重影響到填滿因子 *FF*，還影響轉換效率。分流電阻在太陽能電池中通常是太陽能電池邊緣的漏電流、在 p-n 接面存有點缺陷或局部區域雜質摻雜不均勻或基極與正向金屬網格電極局部的短路所造成。

圖 6-10　太陽能電池元件中的寄生電阻圖

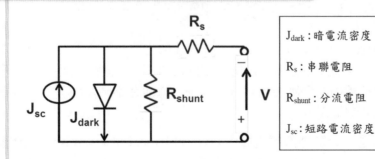

J_{dark}：暗電流密度

R_s：串聯電阻

R_{shunt}：分流電阻

J_{sc}：短路電流密度

量子效率

　　一般常用於量測太陽能電池性能的方法，除使用**電流電壓特性曲線** (I-V curve) 以取得基本的電池參數外，如短路電流、開路電壓、填充因子、電池效率等。另一種評估太陽能電池性能的方法就是**量子效率** (quantum efficiency) 及**光譜響應** (spectral response)，可進一步了解更加詳細的電池性能，包含了**表面復合率** (surface recombination)、**少數載子擴散長度** (carrier diffusion length)、**背表面鈍化層** (rear surface passivation) 及前表面介電層的品質等。

　　量子效率可分為**外部量子效率** (external quantum efficiency, EQE) 及**內部量子效率** (internal quantum efficiency, IQE) 兩種。

　　所謂的**外部量子效率** (EQE) 是指在一定波長光線照射下，元件所能收集並輸出光電流的最大電子數目，與入射光子數目的比值。即可對應到光子的損耗及載子復合損失的效應。

　　而**內部量子效率** (IQE) 是指在太陽光照射下，元件所能蒐集並輸出光電流的最大電子數目與所吸收光子數目的比值。一般為判定太陽能電池的射極品質，會量測在短波長約 300～500 nm 區間的內部量子效率，因為光子在此區間會被射極吸收。較好的太陽能電池，應具備較高的內部量子效率，也代表該電池具有較高的短路電流 (I_{sc})，而電池的轉換效率也會較高。

　　另外，若內部量子效率在短波長時降低，則代表係由介面反射層及電子電洞對表面復合所造成。但若內部量子效率在長波長紅外光下降低時，則可能是受到**背表面鈍化層** (rear surface passivation) 品質與少數載子的擴散長度所影響。

頻譜響應

　　頻譜響應 (spectral response) 是用來檢驗光電流對不同波長光子入射的影響。也就是說，頻譜響應反應了不同波長下，太陽能電池的光電轉換效率。因此利用頻譜響應技術可檢測、分析電池在不同條件下，所造成轉換效率變化的關鍵因素。

　　頻譜響應可分為**外部頻譜響應** (external spectral response) 及**內部頻譜響應** (internal spectral response) 兩種。

外部頻譜響應是指在一定波長光線照射下，元件所能輸出的最大短路電流與入射光子功率的比值。

而內部頻譜響應是指在一定波長光線照射下，元件所能收集並輸出的最大光電流與所吸收光子功率的比值。

其中，外部頻譜響應包含了對光子捕捉及載子收集兩者效率的影響，故不易透過分析來釐清真正關鍵的影響因子；但內部頻譜響應則反應了電子 - 電洞對元件中傳導及再復合的效果。因此可以提供有效的資訊來確認可能的再復合原因，以提高轉換效率。

提升太陽能電池轉換效率的製程趨勢

為提高競爭力，各企業紛紛投入新製程、新材料與新元件的研發。以矽基材而言，目前提升太陽能電池轉換效率，最重要的製程趨勢，除提高晶圓材料品質及結構，如由多晶矽到單晶矽，再由 p 型單晶矽到 n 型單晶矽晶圓，導入**選擇性射極** (selective emitters)、改善 **p-n 接面** (p-n junction) 及**表面鈍化介電層** (surface passivation) 的品質、以**原子層沉積** (atomic layer deposition) 技術沉積高品質的鈍化介電層、導入**先進金屬化製程** (advanced metallization)、最佳化背接觸電極、表面粗糙化製程之最佳化及晶圓的薄化等，用以提高太陽能電池的轉換效率。

295

當然也有使用不同基材的太陽能電池技術，除矽基太陽能電池以外，也有化合物半導體太陽能電池、染料敏化太陽能電池、有機太陽能電池、高分子太陽能電池或其他的新型太陽能電池。

目前，矽基太陽能電池市佔率最高，雖具有較高的轉換效率，但因其生產成本較高及其模組形狀固定，應用面受限。因此，便發展生產成本較低、重量較輕和形狀及應用較具彈性的薄膜太陽能電池，如非晶矽、III-V 族、II-V 族與 I-II-VI 族的化合物薄膜太陽能電池，但缺點是目前該薄膜太陽能電池，具較低的轉換效率。

為因應市場需求，更有創新的技術導入，如**多接面** (multi-junction) 的太陽能電池、搭配奈米技術以控制材料的成長機制、能帶間隙及降低缺陷等。也有使用電化學技術的有機太陽能電池、染料敏化太陽能電池和高分子太陽能電池等。期以先進、創新的材料、概念與技術，達到以較低的成本，獲得最高的轉換效率，並保有應用之彈性。

Unit 6-6

太陽能電池的種類

　　太陽能電池可概分為矽太陽能電池、化合物太陽能電池 (如 GaAs、InGaP 等半導體、或 III-V，II-VI 或 I-II-VI 族的元素材料)，以及有機太陽能電池等。

　　表 6-1 將太陽能電池依晶圓型、薄膜型與電化學分類。其中矽晶圓分為單晶矽、多晶矽與帶狀 / 片狀矽，其生產以擴散或離子佈植製程為主；薄膜製程則應用於非晶矽與微晶矽，化合物或電化學太陽能電池等。

　　結晶矽太陽能電池的理論最高轉換效率可達 29%，實驗室做出最高轉換效率為 25%。多晶接晶矽以擴散製程為主，最高轉換效率約為 20%；單晶接晶矽則以擴散製程與離子佈植為主，最高轉換效率約為 25%。此外尚有 Sanyo 之 HIT (異質接面) 太陽能電池，其效率約 23%。而薄膜製程之矽基板太陽能電池有：非晶矽、微晶矽與矽**堆疊** (tandem) 型太陽能電池，其效率約為 13% ～ 20%。

　　薄膜化合物電池包含有 III-V，II-V 與 I-II-VI 等種類，製程材料技術包含有 GaAs、**多接面** (multi junction)GaInP/GaAs/Ge、CdTe 與 CuIn-GaSe。其轉換效率約為 13% ～ 20%。其中以 GaAs 多接面元件的轉換效率最高可達 48%。

　　電化學太陽能電池以有機染料敏化電池為代表，其轉換效率可達 12% ～ 15%。

　　若以元件種類區分，則可分為單接面型元件或多接面型元件；同質接面型或異質接面型的太陽能電池。

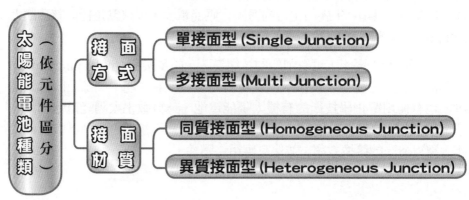

表6-1 太陽能電池技術與分類

型態	種類	材料	製程材料技術	轉換效率
晶圓型	結晶矽	多晶矽	擴散製程	20%
		單晶矽	擴散製程 / 離子植入	25%
		帶狀 / 片狀矽	HIT	23%
	化合物	III-V	砷化鎵 (GaAs)	26%
			Multi Junction GaInP/GaAs/Ge	48%
薄膜型	非晶矽	非晶矽	CVD/沉積	13%
		微晶矽	CVD/沉積	13%
		矽堆疊	CVD/沉積	13%
	化合物	II-VI	CdTe	17%
		I-III-VI	CuInSe/CuInGaSe	20%
電化學	有機染料敏化	Dye Sensitized TiO_2		12%
	高分子	polymer		11%

太陽能電池應用範圍涵蓋相當廣泛，如結晶矽電池多應用於建築物屋頂及地面電廠，薄膜太陽能電池則應用於地面電廠與嵌入建築式與太空用途。化合物電池以其特性分別可應用於屋頂發電廠，嵌入建築式與太空等相關用途。燃料敏化電池可應用於可攜式產品與嵌入建築式中。

其中以矽太陽能電池為目前應用最廣泛的節能電池，以其材料結構可區分為**單晶結晶矽** (monocrystalline silicon)、**多晶結晶矽** (polycrystalline silicon) 及**非晶矽** (amorphous Silicon)。

早期太陽能電池主要是利用**柴式提拉法** (Crochralski pulling technique, CZ) 生產的單晶矽，但是由於市場成本與價格的因素，目前以生產大型**多晶矽塊材** (polysilicon ingot) 為大宗。

太陽能電池所使用的晶片可以分為 p 型與 n 型。由於 p 型中的電子擴散長度，比 n 型中的電洞擴散長度來得長，為了能夠獲得較大的光電流，一般都選擇 p 型晶圓作為基底。其中多晶矽技術已趨成熟，價格較便宜且效率接近單晶矽。但隨著高效率的需求，近年來 n 型晶圓也開始導入量產。

雖然，矽的能隙為 1.12 eV，且為間接能隙半導體，其對光的吸收性好，但並非最理想的材料；但由於矽乃地球上蘊含量第二豐富的元素，且矽本身無毒性，它的氧化物穩定又不具水溶性，因此矽在半導體工業的發展，已具有深厚的基礎，目前太陽能電池仍舊以矽為主流。

小博士解說

　　多晶矽優點為價格便宜，且塊材形狀多是立方體或長方體為主，單晶矽則以圓形或是近似方形為主。以一般製程而言，多晶矽相對有較佳的材料使用率。但缺點則是多晶矽的轉換效率低於單晶矽。

　　由於晶界 (grain boundry) 在多晶矽內的角色類似再組合中心，因此光電流會降低。但是根據研究顯示，當多晶矽的晶界尺寸比少數載子的擴散長度長，或是晶界方向垂直於晶面表面時，其轉換效率會非常接近單晶矽。因此產業界發展出價格較單晶矽便宜但品質介於單、多晶矽之間的類單晶 (mono-like) 結晶矽。

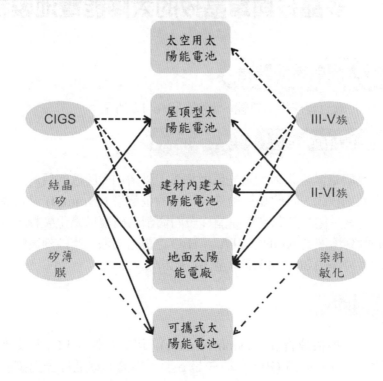

圖 6-11 各種太陽能電池之應用範圍

 知識補充站

　　隨著太陽能科技技術的進步，太陽能電池的轉換效率、使用壽命等都已大幅提升與改善，也促使其應用面更廣更深。

　　除使用於屋頂及建設地面電廠以提供民生用途以外，太陽能電池也內建於建築材料中以達到節能效果。

　　近年隨著植物工廠的推行，也結合太陽能電池及 LED，以達環保之效，對畜牧及農業的貢獻頗多。

　　當然，近來業者也不斷研發出各種創新的太陽能產品搭配行動可攜式裝置，以提高人類的生產品質。

Unit **6-7**
多晶矽與單晶矽的太陽能電池製程

多晶矽太陽能電池製程

多晶矽太陽能電池製程相對單純，步驟如圖 6-12 所示：

Step 1 表面清洗與蝕刻粗糙化 (texture)

為儘量減少入射太陽光反射損失，以增加光吸收的目的，便利用蝕刻技術，將矽晶片蝕刻成粗糙的**金字塔** (pyramid) 形狀表面。為減少拋光蝕刻來消除晶片表面切割的破壞以簡化製程，使用的蝕刻溶液為 KOH、IPA、H_2O 之混合溶液，使蝕刻後的矽晶片反射率由 30～40% 降至 10～20%。

Step 2 磷擴散

送入**擴散爐管** (diffusion furnace)，以氮氣帶入 $POCl_3$ 反應氣體，用其中的磷 (P)，把原先是 p 型半導體的矽晶片表面擴散成 n 型半導體，即完成 p-n 接面的製程。此製程稱為**擴散** (diffusion) 製程。

Step 3 磷玻璃 (PSG) 去除

以 HF、HNO_3 蝕刻去除擴散時形成於晶片表面的磷玻璃。

Step 4 鍍抗反射層 (anti-reflection layer, ARC Layer)

以 PECVD（電漿輔助化學氣相沉積）沉積氮化矽 (Si_3N_4) 於晶片正面做為抗反射層，此道製程也稱為 AR Coating。

Step 5 網印 (screen printing) 電極

在晶片的正、背面印上銀膠及鋁膠，經預烤乾燥後，做為電極之用。

Step 6 燒結 (firing)

於**紅外線燒結爐** (IR furnace) 中，將前製程印好的銀膠、鋁膠等，以快速高溫熱處理使其固化，並穿透抗反射層，與矽晶圓做良好的結合。

Step 7 絕緣處理 (isolation)

以雷射或化學蝕刻方式，沿晶片週圍劃溝，以切斷晶片正、背面在擴散時形成的 n 型半導體，避免漏電流。

圖 6-12 多晶矽太陽能電池製程步驟

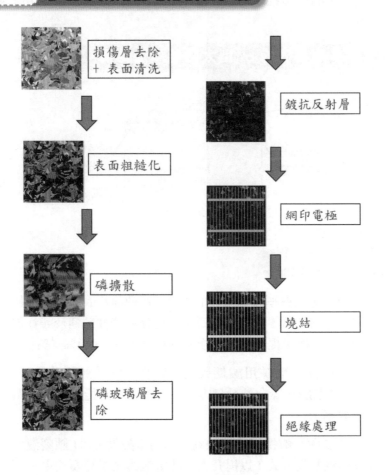

損傷層去除
+ 表面清洗

表面粗糙化

磷擴散

磷玻璃層去除

鍍抗反射層

網印電極

燒結

絕緣處理

單晶矽太陽能電池製程

　　單晶矽太陽能電池基本製程與多晶矽大致相同，唯一差別為表面清洗與蝕刻粗糙化時，係使用鹼性蝕刻。

　　單晶矽太陽能電池主要發展方向為提升單晶片的品質與厚度變薄，提升電池效率與降低成本。為提高轉換效率，並利用單晶之材料特性，目前產業界多專注於**選擇性射極** (selective emitter) 以最佳化 p-n 介面，優化開路電壓及填充因子等，以達到其製程效率提升的目的。

　　圖 6-13 為多晶矽太陽能電池結構。多晶矽太陽能電池效率約為 16~20%，由於目前市場擴大，競爭白熱化，企業紛紛投入新技術開發，主要發展方向為：晶片品質提升、新製程開發以提升電池的轉換效率與降低成本。

圖 6-13　多單晶矽的 p- 型太陽能電池結構

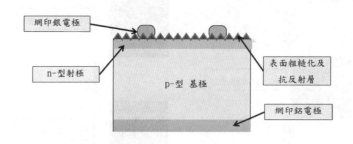

小博士解說

　　為降低反射率以增加光的吸收，將矽晶片表面蝕刻成粗糙的金字塔形狀，而此種蝕刻技術可分為酸性蝕刻及鹼性蝕刻兩種，一般可提高光電轉換效率約 0.4%～ 0.8% 左右。

　　多晶矽一般採用酸性蝕刻，如利用酸性蝕刻液 HF、HNO_3 及醋酸作等向性蝕刻方式，以提升太陽能電池的光電轉換效率。

　　單晶矽一般採用鹼性蝕刻，如利用鹼性 KOH 蝕刻液作非等向性蝕刻方式，以提升太陽能電池的光電轉換效率。

轉換效率低的主要原因，係由於非晶矽具有較結晶矽高的懸浮鍵，易造成電子 - 電洞對得再復合率；又因其結晶構造比結晶矽差，促使其擴散距離變短，因而使轉換效率變差。這也是為何要將非晶矽薄膜，長得很薄以減少電子 - 電洞再復合率的發生。

　　背表面鈍化層應用於太陽能電池，最主要的目的為降低表面再復合率，以提高轉換效率。

　　經研究發現，由原子層沉積 (Atomic Layer Deposition, ALD) 的氧化鋁 (Al2O3) 鈍化層，具較高的電性表現，如較低的表面再復合率及較長的少數載子壽命。

303

　　氧化鋁層的成長方法有很多種，在太陽能電池的應用中，以物理氣相沉積 (Physical Vapor Deposition, PVD) 和原子層沉積 (ALD) 為主，其中，以原子層沉積的氧化鋁具較佳的品質，也已應用於太陽能電池的量產。

　　原子層沉積技術應用於太陽能電池鈍化層的優點為：

· 具較佳的均勻性 (uniformity) 和覆蓋的一致性 (conformality)。

· 具較低的粒子 (particles) 及無針孔 (pin hole)，以降低漏電流。

· 具自我設限沉積方式，可精準的控制膜厚及均勻性。

· 具高純度性質。

　　但其缺點為低產出率 (productivity)，不過已有改善的方法，即沉積較薄的氧化鋁約 2~30nm 的厚度之後，再沉積較厚的電漿加強化學氣相沉積 (Plasma Enhanced Chemical Vapor Deposition, PECVD) 鈍化層，如氧化矽或氮化矽等，形成堆疊的鈍化層。

　　實驗證明，由 ALD Al_2O_3/PECVD-SiO_x 組成之鈍化層的效果最佳，主因為富氫含量的 PECVD-SiO_x 中的氫，擴散至 ALD Al_2O_3/Si 介面，可降低表面復合率。

Unit **6-8**

選擇性射極

　　選擇性射極 (selective emitter) 以提升太陽能電池效率的技術,很早就由澳洲新南威爾斯大學 (UNSW) 開發設計,但由於製程複雜及成本過高,一直無法商品化。

　　所謂選擇性射極,就是在**銀金屬接觸電極** (Ag metal contact) 的下方,摻雜較其他**開放區域** (open area) 更高濃度的磷摻雜,以分別改善及達到射極及金屬接觸電極的需求。圖 6-14 顯示射極區域的磷摻雜濃度為 n^+,而銀接觸電極下面的磷摻雜濃度為 n^{++}。

　　若射極有較高的**片電阻** (sheet resistance) > 80 Ω/sq,即可維持淺接面又可增加太陽能電池對短波長的吸收。尤其對低於 400 nm 的光波長更為有效,同時也可降低表面復合的機率。金屬電極則需要更高濃度的磷摻雜,降低接觸片電阻 < 60 Ω/sq,以改善歐姆接觸,避免漏電流。

　　此製程可提高 0.6 ～ 1% 的轉換效率,但因對於磷摻雜區域的精確度要求更甚於過去的傳統電池,因而造成設備投資成本大幅提高。

　　目前已開發之製程已可使電池達到 16 ～ 21% 之轉換效率。各供應商所提供的解決方案包含有離子佈植法 (遮罩式離子佈植),約可達到 19 ～ 23% 之轉換效率。

　　網印技術則用來加強局部接觸電極濃度,以降低接觸電阻。雷射擴散法可提高局部區域的射極離子濃度,另外網印蝕刻技術可將其局部區域的膠料最佳化。

　　如表 6.2 所示選擇性射極製程技術之分類及製程技術來源廠商。

 小博士解說

　　為何需要選擇性射極 (selective emitter):
　　1. 降低接觸電阻。
　　2. 減少載子復合 (recombination) 所造成的效率損失。
　　3. 提高藍光響應 (blue response) 即獲得較高的內量子效率 (internal quantum efficiency) 以增加光子的吸收。

圖 6-14　選擇性射極太陽能電池結構

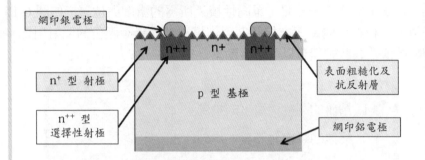

網印銀電極

n⁺ 型 射極

n⁺⁺ 型
選擇性射極

n++　n+　n++

p 型 基極

表面粗糙化及
抗反射層

網印鋁電極

表 6-2　選擇性射極製程技術分類與來源

製程分類	製程來源
離子佈植 ion implantation	Applied Materials --ion implantation
網印 screen printing	Applied Materials － double printing
	Ebara - Dupont Doped Silver Paste & Honeywell
雷射擴散 laser processes	Manz － one step
	RENA -- laser chemical process
	Laser groove buried contact
	Centrotherm -- laser diffusion
	Roth & Rau -- selective laser ablation
遮罩式回蝕 masked etch back	Schmid -- masked etch back
遮罩式擴散 Masked Diffusion	Sehmid -- permeable masked diffusion
	Masked double diffusion

離子佈植製程技術

離子佈植法主要由美商應用材料 (Applied Materials) 公司提出，其原理為，將離子以特定的能量，單向性植入所需的濃度與位置。如圖 6-15，離子植入製程在接觸區與非接觸區因佈植濃度差異而產生的反射對比。此法相較於傳統擴散製程有以下的優點：

1. 精確的深度與濃度的控制。
2. 極佳的磷摻雜濃度的均勻性。
3. 單向性佈植法可省去磷玻璃去除及晶圓**邊緣絕緣化** (edge isolation) 製程步驟。
4. 成本較低。

306　　但離子佈植法後續需要退火製程以活化植入的離子，並修復離子植入所造成的晶格破壞。

網印製程

網印技術包含有 (如圖 6-16 所示)：

1. 表面粗糙化製程。
2. 網印導電性摻雜，在表面粗糙化製程之後，形成金屬接觸面的區域，利用網印技術形成一層墨水狀的摻雜物或膠料，接續以傳統電池製程，由高溫擴散形成不同濃度的摻雜區域，以提高轉換效率。
3. 高溫擴散。
4. 表面鈍化。
5. 金屬網印與燒結。
6. 絕緣處理。

圖 6-15 單晶矽太陽能電池離子植入製程設備技術 [6.10, 6.11]

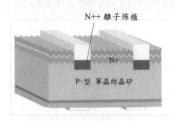

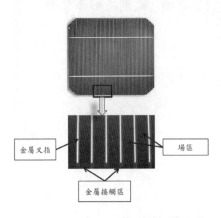

金屬叉指　　　　場區

金屬接觸區

清洗及表面粗化處理

↓

全面性/遮罩式磷離子佈植

↓

退火及鈍化處理

↓

鍍SiN$_x$抗反射層

↓

金屬電極製程

↓

燒結

307

圖 6-16 單晶矽太陽能電池網印製程 [6.11, 6.12]

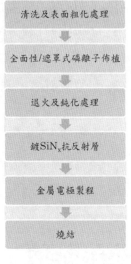

清洗及表面粗化處理

↓

網印選擇性射極

↓

磷擴散

↓

磷矽玻璃蝕刻

↓

鈍化處理

↓

前金屬電極製程

↓

後金屬電極製程

↓

燒結

↓

絕緣處理

雷射擴散製程

雷射擴散 (laser diffusion) 製程包含有 (如圖 6-17 所示)：

> 1. 表面粗糙化製程。
>
> 2. 爐管擴散形成淺層摻雜區，其表面形成摻雜玻璃，如磷或硼。
>
> 3. 利用雷射高能量融化玻璃，來創造局部高濃度接觸區域。
>
> 4. 表面鈍化製程。
>
> 5. 金屬網印與燒結。
>
> 6. 絕緣處理。

遮罩式回蝕技術製程

遮罩式回蝕製程包含如下 (如圖 6-18 所示)：

> 1. 表面粗糙化製程。
>
> 2. 傳統擴散製程。
>
> 3. 利用選擇性遮罩式噴墨技術來形成區域遮罩。
>
> 4. 射極回蝕。
>
> 5. 遮罩層去除。
>
> 6. 磷玻璃去除。
>
> 7. 表面鈍化與金屬網印燒結。
>
> 8. 絕緣處理。

圖 6-17　單晶矽太陽能電池之雷射擴散製程 [6.10,6.11]

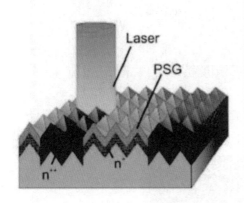

清洗及表面粗化處理

磷擴散

雷射摻雜

磷矽玻璃蝕刻

鈍化處理

前金屬電極製程

後金屬電極製程

燒結

絕緣處理

309

圖 6-18　單晶矽太陽能電池之遮罩式回蝕技術製程 [6.11,6.12]

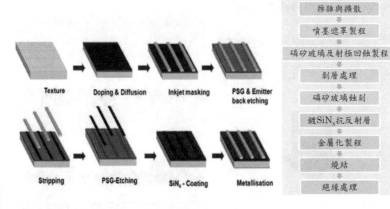

清洗及表面粗化處理

摻雜與擴散

噴墨遮罩製程

磷矽玻璃及射極回蝕製程

剝層處理

磷矽玻璃蝕刻

鍍 SiN_x 抗反射層

金屬化製程

燒結

絕緣處理

遮罩式擴散技術製程

遮罩式擴散技術製程包含有 (如圖 6-19 所示)：

1. 表面粗糙化製程。
2. 遮蔽層沉積與遮蔽層開口製程。
3. 射極擴散製程。
4. 表面鈍化與金屬網印燒結。
5. 絕緣處理。

310

圖 6-19 單晶矽太陽能電池之遮罩式擴散技術製程

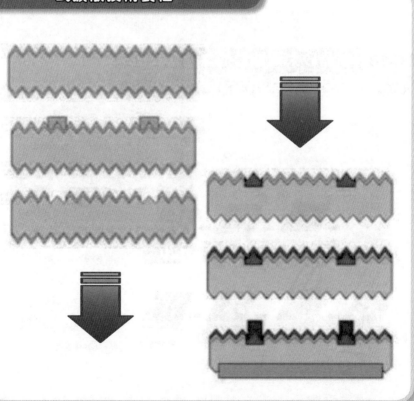

圖 6-20　單晶矽太陽能電池之遮罩式擴散技術製程流程

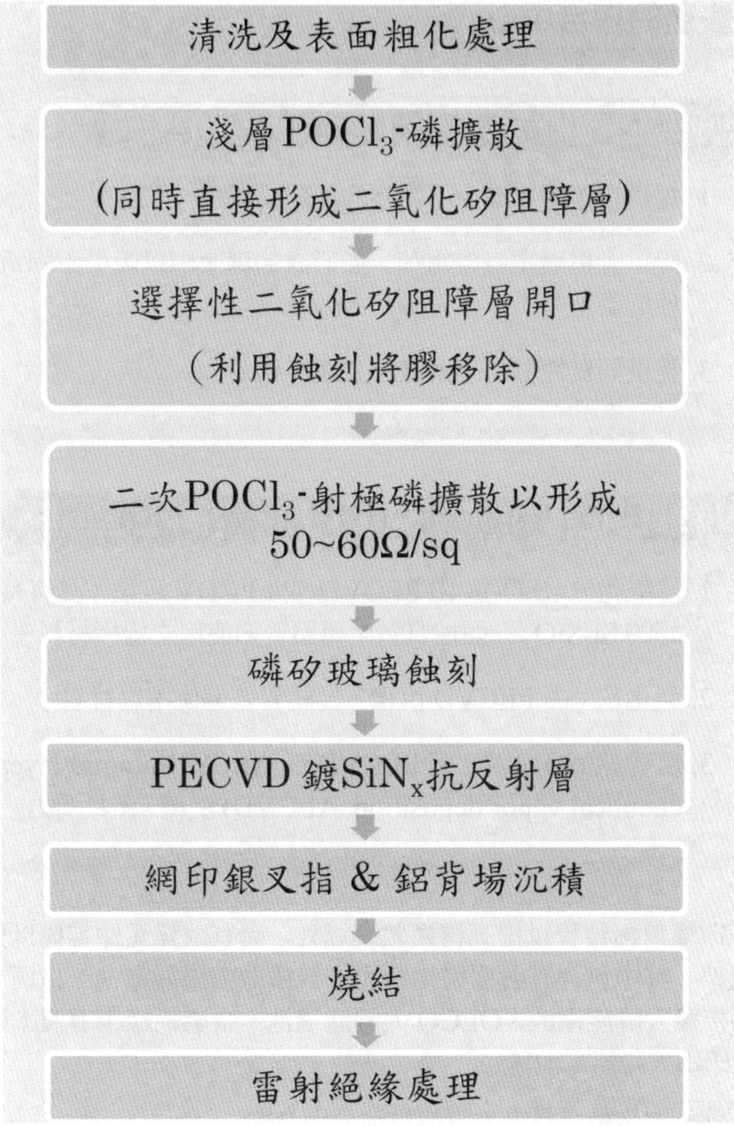

清洗及表面粗化處理

淺層 $POCl_3$-磷擴散
（同時直接形成二氧化矽阻障層）

選擇性二氧化矽阻障層開口
（利用蝕刻將膠移除）

二次 $POCl_3$-射極磷擴散以形成
$50\sim60\Omega/sq$

磷矽玻璃蝕刻

PECVD 鍍 SiN_x 抗反射層

網印銀叉指 & 鋁背場沉積

燒結

雷射絕緣處理

Unit **6-9**

最佳化單晶矽太陽能電池之元件結構與設計

降低表面的復合中心

降低表面復合中心以提高太陽能電池的主要方法有：

1. 提供鈍化層以減少不完整的鍵結或懸鍵。

2. 提供介電層本身帶電荷，並形成的場效應以吸引不同電性的載子。

3. 提供同質性材料高濃度的表面摻雜。

其中又以鈍化層為普遍應用，且效果最為顯著，其種類為：

1. 二氧化矽 (SiO_2)：由 PECVD 或 LPCDV 沉積，具有良好的 Si-SiO_2 介面性質為半導體普遍使用之柵極材料。

2. 氮化矽：由 PECVD 沉積，為業界普遍使用之材料。

3. 氧化鋁 (Al_2O_3)： 由 PECVD 或 ALCVD(atomic layer chemical vapor deposition, ALCVD) 沉積，極具潛力。

除了改變射極製程以提高轉換效率以外，尚有改變元件結構以提高元件轉換效率。其中包含有射極鈍化背面局部擴散太陽能電池、格柵太陽能電池、點接觸太陽能電池、OECO 太陽能電池、金屬絕緣半導體太陽能電池、網版印刷太陽能電池等。

以下就針對幾種常見之太陽能電池分別介紹：

射極鈍化背面局部擴散太陽能電池

　　射極鈍化背面局部擴散 (passivated emitter rear locally diffused cell, PERL) 太陽能電池，此為澳洲新南威爾斯大學所開發，其效率高達 24.7%。太陽能電池元件轉換效率的損失大部分來自於背面的表面再復合，尤其對於較薄的晶圓元件，本製程的目的在於以介電鈍化層與點接觸，來取代現行的鋁背金屬製程。

　　同時利用熱氧化層鈍化表面復合效應，而背面局部擴散設計則形成背面電場，反彈少數載子。且由於局部擴散的設計，避免了多數載子在邊界上的復合，而增加多數載子的收集。如圖 6-21 所示。

圖 6-21 **單晶矽太陽能電池之射極鈍化背面局部擴散製程流程 [6.12]**

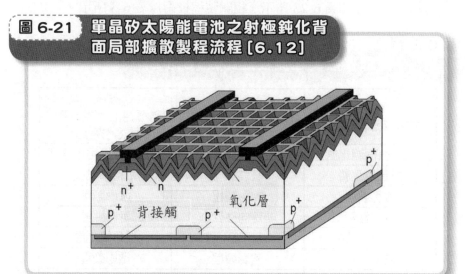

射極鈍化背面接觸太陽能電池

　　射極鈍化背面接觸 (passivated emitter rear contact, PERC) 太陽能電池，其製程與 PERL 製程相近，其中以背面金屬接觸為主，其差異性有以下兩項：

　　1. PERC 無局部擴散製程。

　　2. PERC 具有背面鈍化層，係介於背鋁與元件之間，可降低表面復合速率。

其結構如圖 6-22 所示。 相關製程技術以表 6-3 所示。

射極鈍化背面接觸太陽能電池

　　射極鈍化背面接觸 (passivated emitter solar cell, PESC) 太陽能電池，其製程與標準製程相近，其中與 PERC 與 PERL 製程不同處有兩項：

> 1. PESC 無局部擴散製程。
>
> 2. PESC 無背面鈍化層。

其結構與比較如圖 6-23 所示。相關製程技術以表 6-3 所示。

314

表 6-3 　**單晶矽太陽能電池之射極鈍化背面局部擴散製程流程之比較 [6.12]**

PESC (射極鈍化太陽電池)	PERC (射極鈍化及背電極太陽電池)	PERL (射極鈍化背面局部擴散太陽電池)
清洗及表面粗化處理	清洗及表面粗化處理	清洗及表面粗化處理
成長氧化層	成長氧化層	氧化層成長
微影製程	微影製程	微影製程
非等向性蝕刻	非等向性蝕刻	非等向性蝕刻
成長氧化層	成長氧化層	成長氧化層
微影製程	微影製程	微影製程
磷重擴散	磷重擴散	硼擴散
磷輕擴散	磷輕擴散	成長氧化層
成長氧化層	成長氧化層	微影製程
蒸鍍鋁	微影製程(正面)	磷重擴散
鋁合金化	微影製程(背面)	磷輕擴散
微影製程	蒸鍍上電極	成長氧化層
蒸鍍上電極	蒸鍍背電極	微影製程(正面)
電鍍銀	電鍍銀	微影製程(背面)
退火	退火	蒸鍍上電極
-	-	蒸鍍背電極
-	-	電鍍銀
-	-	氫氣退火

圖 6-22 單晶矽太陽能電池之射極鈍化背面接觸 [6.11,6.12]

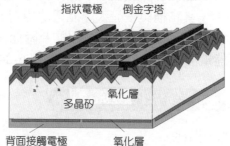

指狀電極　倒金字塔
氧化層
多晶矽
背面接觸電極　氧化層

圖 6-23 單晶矽太陽能電池之射極鈍化技術

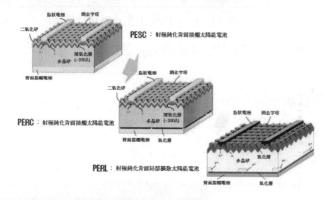

PESC：射極鈍化背面接觸太陽能電池

PERC：射極鈍化背面接觸太陽能電池

PERL：射極鈍化背面局部擴散太陽能電池

圖 6-24 金屬電極埋入式太陽能電池結構示意圖

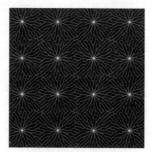

前接觸電極

P 型晶片

金屬貫穿式背電極之　金屬塗佈背接觸
背接觸電極 (－)　電極 (＋)

金屬電極埋入式太陽能電池

　　金屬電極埋入式 (metal wrap through, MWT) 太陽能電池，也是由澳洲新南威爾斯大學研發。其結構與一般太陽能電池相同，但是將匯流排電極 (busbar) 放置於太陽能電池的背面，主要目的為降低光遮蔽損耗及將電極的內部連結於太陽能電池的背面。其結構示意圖如 6-24 所示。

金屬電極埋入式太陽能電池的優點：

1. 減少光遮蔽損耗。

2. 減少膠料的耗損。

3. 金屬比例：傳統三個匯流排電極之太陽能電池為 7%，金屬電極埋入式太陽能電流約為 4.5%。

4. 高短路電流密度 (J_{sc}) 為 $1 \sim 1.5 \text{ mA/cm}^2$。

5. 利用較低金屬化面積來達到高開路電壓及降低複合電流。

6. 降低填充因子損耗。

7. 降低電阻。

8. 降低太陽能電池模組的效率損失。

　　相關金屬電極埋入式太陽能電池流程，除一般太陽能電池流程外，尚包含有：

1. 利用雷射鑽孔。

2. 表面粗糙化。

3. 磷擴散製程及磷酸玻璃去除。

4. 塗佈抗反射層。

5. 背面網印製程包含有匯流排電極與 via (back) 背渠道或穿孔 (via)。

6. 正面網印製程格柵與 p 極接觸。

7. 金屬網印燒結。

8. 絕緣處理。

射極埋入式太陽能電池

與金屬埋入式電極太陽能電池不同之處，**射極埋入式** (emitter wrap through, EWT) 太陽能電池是將所有的金屬電極移至太陽能電池的背面，每一個由磷擴散所形成的孔洞都是單一的射極，電流可經由此射極經表面傳達到電池背面

優點：

1. 由於不需要表面格柵，使得表面受光面積增加。在不需要高濃度的摻雜下，仍可達到高短路電流及高轉換效率。

2. 由於短載子擴散距離，可使用較低等級的矽基板。

3. 均勻的受光面積。

4. 增加光照面積，並增加主動反應區。

5. 可使用較薄的太陽能電池基板。

6. 不需要匯流排電極 (busbar)，由磷擴散孔洞來傳遞電流。

7. 較低的串聯電阻。

8. 降低的模組效率損失。

缺點：

1. 製程過於複雜。

2. 生產成本較高。

Unit 6-10
n 型矽基板太陽能電池

相較於 p 型太陽能電池，n 型矽基板可接受較大的雜質與達到較高的轉換效率。n 型矽基板除了可應用於背接觸式電極太陽能電池外，同時為提高轉換效率，包含鋁合金射極，硼擴散射極與非晶向異質接面太陽能電池也都因應而生。

p 型太陽能電池的最高轉換效率可達 25%，但需要高純度的矽基板上，及嚴格的製程管控下，始能達成此效率。在大量生產環境下，會產生化學或人為的不純物，所以不容易達成此高轉換效率。

n 型基板太陽能電池對於不純物較高的矽基板擁有較高的容忍度，主要具備優點如下：

① n 型太陽能電池具有較低的光誘發損壞。

② n 型太陽能電池具有較低的硼氧鍵結化合物。

③ 對於化學不純物有較低的敏感性，在高溫擴散與氧化個過程中不易活化不純物。

④ 具有較低的雷射誘發損壞。

Sunpower 及 Sanyo 為導入 n 型太陽能電池的先驅，並在大尺寸量產上已經發表出高效率產品，包含 IBC 及 HIT 太陽能電池。

IBC n 型矽基板之太陽能電池

IBC (interdigital back contact) 即指叉背接觸電極型太陽能電池，由 Sunpower 設計研發，電池轉換效率可高達 23.4% 以上。

IBC n 型矽基版之太陽能電池的最大特色為：

① 所有電極移至背面，使表面之光吸收率增加。

② 需使用高少數載子壽命 (high minority lift-time) 大於 1 m-sec 的 n-type FZ 矽晶圓，及減少電子電洞對的內部再結合 (recombination) 損失。

③ p 型、n 型金屬電極之電子 - 電洞收集區將用點接觸 (point contact)，此可減少電子，電洞對的表面再結合損失。

圖 6-25　IBC 太陽能電池結構示意圖 [6.17,6.18]

表面粗化及抗反射層

p+型輕摻雜

n型矽晶圓

P+　N+　P+　N+　P+　N+

背反射鏡面　區域化接面　背接觸電極

根 據 sunpower 的 專 利 敘 述 (US patent No. 7339110，7883343 及 7897867)，其步驟概述如下：

Step 1　晶圓準備，n 型 (110) 結晶矽**少數載子壽命** (minority carrier lift-time) > 200 msec，**電阻率** (resistivity) 為 1-20 ohm-cm。

Step 2　p$^+$ 擴散層主要在形成電洞收集區，其片**電阻值** (sheet resistivity) 為 16 ± 40 ohms/square **擴散深度** (junction depth) 為 1.8 ± 0.5 μm。

Step 3　氧化層流程 oxidatation，厚度約 2500 ± 200A。

Step 4　抗蝕刻層定義：圖案 pattern 及塗布抗腐蝕層，可由網印，噴墨式等為之。

Step 5　矽蝕刻：以 KOH 蝕刻 Si 至 3 μm 左右。

Step 6　n$^+$ 擴散層：達片電阻 40 ± 13 phm/square，擴散深度約 0.9 um ± 0.2 μm。

Step 7　非圖樣化抗腐蝕層去除。

Step 8　粗化：形成金屬金字塔形狀。

Step 9　n$^+$ FSF(Front Surface Fill) 擴散層：片電阻約 115 ± 15 ohm/square，擴散深度約 0.38 ± 0.1 μm。

Step 10　ARC coating：鈍化層沉積，以 SiN$_x$ 及 TiO$_2$ 為主。

| Step 11 | 金屬電極：將背面的接觸面積打開，並以**濺鍍** (sputtering) 或 **蒸鍍** (evaporation) 方式沉積 Al，TiN 及 Cu 等金屬。 |

| Step 12 | **Cu 電鍍** (Cu electroplating)。 |

雖然可得到較高之轉換效率，但相對於傳統太陽能電池技術。IBC 之製程稍嫌複雜，且材料使用之成本也較高。

離子佈植技術於 IBC 之應用

為節省成本及製程簡單化，美商應用材料公司即提出利用離子佈植技術，來取代爐管之擴散製程。

在選擇性射極之應用上，離子佈植技術比爐管具有較精準的摻雜位置及深度，控制上也具有較好的製程及成本控制。如 PERL/PERC 等，又或應用於 n 型硼摻雜正面射極，在應用上可獲得較高的轉換效率。

若以**離子佈植技術** (ion implantation) 取代 IBC 中的擴散製程，可減少多道製程程序，以提高轉換效率及降低成本。例如以一道遮蔽式離子植入與退火活化製程，可取代如下數道擴散製程。即

1. **擴散沉積阻障層** (diffusion barrier deposition)。

2. 氫氧酸蝕刻阻障層，打開基極區域。

3. 氫氧酸蝕刻。

4. 去除抗腐蝕層。

5. 濕蝕刻。

6. 硼 (或磷) 擴散。

7. 硼硫玻璃 (BSG) 或磷硫玻璃去除。

離子佈植技術之優點為：

1. 可大幅減少製程程序。

2. 利用兩道**遮蔽** (mask ion implantation) 製程可形成背面 BSF(n^+) 及 p^+ **射極** (emitter) **指** (fingers)。

3. FSF(n^+) 使用 blanket step。

4. 單一退火 / 活化製程即可。

5. 無需使用濕蝕刻。

6. 無重複之製程程序。

HIT 太陽能電池

　　HIT (heterojunction with intrinsic thin layer) 結構之太陽能電池，為日本 Sanyo 公司所研發。不同於一般電池使用 p-type，係利用 n －型結晶矽為基板，以**電漿加強化學氣相沉積技術** (plasma enhanced chemical vapor deposition，PECVD) 沉積非晶矽薄膜形成 p-i-n 的混合型太陽能電池。由於製程溫度皆低於 250°C，因此可使用較薄之矽晶片以降低成本。圖 6-26 為傳統太陽能電池 p-n 接面與 HIT 太陽能電池結構 (p-i-n 接面) 之比較。

圖 6-26　傳統太陽能電池與 HIT 太陽能電池結構比較圖 [6.17]

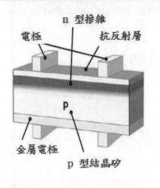

傳統 p-n 接面之太陽能電池

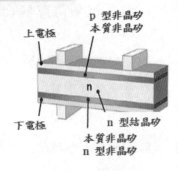

HIT p-i-n 接面之太陽能電池

HIT 之轉換效率可達 21.6%，實驗室數據更可達 23%，全部製程皆在 250°C 以下進行。雖然 HIT 具有製程溫度低、轉換效率高、高溫特性好等優點。但 HIT 在量產時製程參數的控制、重複性等尚有潛在的技術挑戰。HIT 的製程程序如下，比傳統結晶矽太陽能電池之製程程序相對簡單，如圖 6-27 之比較：

圖 6-27　HIT 太陽能電池與傳統太陽能電池製程比較圖

Step 1　蝕刻 n- 型晶圓表面粗糙化 (織構化) 及清洗。　Step 2　PECVD 沉積 i 型 / n 型氫化非晶矽薄膜 (a-Si：H)。　Step 3　PECVD 沉積 i 型 / p 型氫化非晶矽薄膜。　Step 4　正面濺鍍 TCO (tansparent conducting oxide)(ITO)。　Step 5　背面濺鍍 TCO (ITO)。　Step 6　背面銀接觸金屬網印及烘烤。　Step 7　正面銀接觸金屬網印及烘烤。　Step 8　低溫燒結。　Step 9　晶圓邊緣絕緣處理。

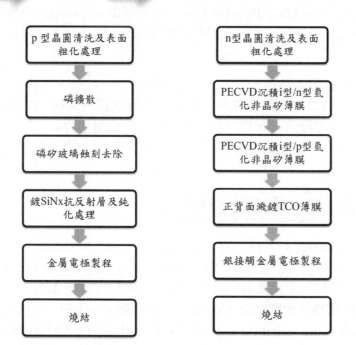

Unit **6-11**
氫化非晶矽太陽能電池

非晶矽太陽能電池屬薄膜太陽能電池，主要以電漿加強化學氣相沉積，將 SiH₄ 及 H₂ 解離並沉積於基板上。因此薄膜之結構為矽原子及氫原子的合金，亦稱為**氫化非晶矽** (hydrogenated amorphous silican，a-Si：H) 太陽能電池。

此矽氫合金結構之薄膜具有較佳的光吸收及導電性，但非晶矽薄膜所存在的懸鍵數量，較單、多晶矽為多，進而造成**載子** (carrier) 的**再複合率** (recombination rate) 變快，此為造成非晶矽太陽能電池的轉換效率變差最主要的原因。所以，為減少電子、電洞的再復合，便須沉積較薄之薄膜以改變矽、氫鍵的比例和鍵結的型態。

氫化非晶矽太陽能電池原理

由於氫化非晶矽薄膜內的少數載子擴散距離較短，為收集光吸收的載子便需要一空乏區產生漂移。不同於單、多晶矽之 p-n 接面，氫化非晶矽太陽能電池元件則設計為 p-i-n 接面。當光經由 n 型區射入，其少數載子主要是透過擴散過程；而空乏區中光吸收載子，則是透過內建電場產生漂移過程。

因此非晶矽太陽能薄膜在 p-n 接面間，須加入一個**本質層** (intrinsic)，以加大空乏區寬度，可讓光產生的載子在空乏區內累積，並獲取較大的光電流輸出，因此 p-i-n 即為氫化非晶矽太陽能電池的最主要結構。如圖 6-28(a) 為單、多晶 p-n 接面太陽能電池原理及 (b) 為非晶矽 p-i-n 接面太陽能電池原理。

氫化非晶矽太陽能電池結構

由於氫化非晶矽太揚能電池具有 p-i-n 結構，又可沉積於不同的基板材料上，常用於玻璃、金屬或陶瓷基板上。但是此單一的 p-i-n 層，在陽光照射的短時間內，其能量輸出會大幅度的衰減約 10% ～ 13%，此效應即稱為**史坦伯 - 勞斯基效應** (Staebler-Wronski Effect, SWE)，又稱為**光輻射性能衰退** (photonic radiation degradation)。此史坦伯 - 勞斯基效應的光劣化現象，可經由約 160℃ 數分鐘的退火，以回復此元件之光電導率。而此方法是具有可重複操作及可逆性的。

圖 6-28　p-n 及 p-i-n 接面太陽能
電池原理

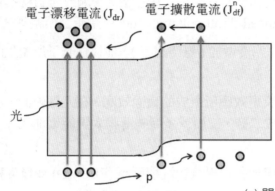

(a) 單多晶 p-n 接面太陽能
電池原理

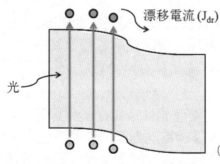

(b) 非晶矽 p-i-n 接面太陽能
電池原理

如圖 6-29(a) 所示，單一 p-i-n 接面電池在陽光下曝曬 1000 小時之後的輸出功率大小，與初裝機時之輸出功率下降約 30%；而三層 p-i-n 接面的太陽能電池之輸出功率，則下降約 15% 左右而已。

此非晶矽太陽能電池的轉換效率亦受季節溫度影響，如圖 6-29(b) 所示之三層接面太陽能電池模組之轉換效率在夏季時表現最好，隨著環境溫度升高，其轉換效率也會增加。

圖中空心點為每日平均溫度監測結果，實心點為季節改變對轉換效率的影響。此實驗係由 Advanced Photovoltanics Inc. 所生產之模組測試。

主因為在光照下，缺陷密度增加 (懸浮鍵等)，並抓住光子所產生的電子，導致轉換效率下滑。

為改善此光輻射性能衰退效應所造成的負面效應，在元件方面，可使用多層堆疊排列方式，形成二層、三層或多層式薄膜太陽能電池元件。其結構如圖 6-30 所示。

在材料方面，則以電漿加強化學氣相沉積反應 (PECVD) 或氫氣稀釋法，以控制薄膜的矽氫結構。

可將氫化非晶矽薄膜轉換成有序性較高，且具有不同結構相位 (crystallization phase) 之氫化非晶矽，如氫化多序矽 polymorphous Si (pm-Si：H)、氫化原晶矽 protocrystalline Si (pc-Si：H)、以及氫化微晶矽 microcrystalline Si (μc-Si：H) 薄膜等。

多接面氫化非晶矽太陽能電池結構有很多種組合。如：

1 雙接面 a-Si/a-Si：堆疊式多晶矽太陽能電池與 a-SiGe 比較，其生產成本低，　但相對轉換效率也較低。

2 雙接面 a-Si/a-SiGe 及三接面 a-Si/a-SiGe/a-SiGe 等。　此多接面之非晶矽薄膜太陽能電池為產業所廣泛使用。而摻雜不同合金元素之目的在改變能隙以吸收更多的光子來轉換為電能，而其中以鍺 (Ge) 元素使用最廣，主因為 a-Si：Ge 有較窄的能隙，可增加對低能量光子的吸收。

圖 6-29 光照時間及環境溫度對元件的影響 [6.20]

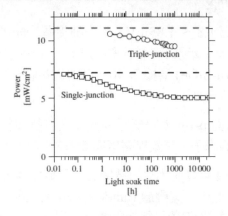

(a) 光照時間對輸出功率的影響

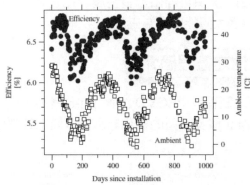

(b) 溫度環境對轉換效率的

圖 6-30 三接面 p-i-n 太陽能電池結構 [6.20]

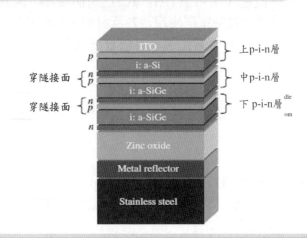

　　以 United Solar Oronic 公司所生產之三層接面的太陽能電池為例,如圖 6-30 所示之 p-i-n 結構最上層之 i 為 a-Si,中層及下層之 i 為 a-SiGe,不同 i 層具有不同的組成成份及功能。

　　如最上層之 i (a-Si) 之能隙為 $1.8 \sim 1.85$ eV,用來捕捉藍光光子;中間的 i 層 (a-SiGe) 為摻雜 $10 \sim 15\%$ 鍺原子,能隙約為 $1.6 \sim 1.65$ eV,用來捕捉綠光光子;而最下層之 i (a-SiGe) 為摻雜 $40 \sim 50\%$ 鍺原子,其能隙約為 $1.4 \sim 1.5$ eV,用來捕捉紅光光子。

　　而圖 6-31 為 Uni-Solar 三接面 p-i-n 太陽能電池涵蓋之波長與相對強度,可有效吸收及涵蓋不同波長的光子,有效提高轉換效率。

　　與一般單層 (a-Si) 非晶矽太陽能電池比較,多接面非晶矽太陽能電池具有較高的轉換效率。在製造過程中,其**疊層** (tandem cells) 之間不需要做**晶格配對** (lattice matching),能隙可經由合金金屬及比列調整。因此,目前商業化生產,便以此多接面太陽能電池為主流。

氫化非晶矽太陽能電池之製程簡介

　　氫化非晶矽太陽能電池之製程以 PECVD 沉積 p-i-n 層為主,並分別摻雜磷原子及硼原子,以製作 n 型及 p 型的氫化非晶矽薄膜。其製程簡述如下:

Step 1　首先,以蒸鍍或濺鍍一層反射金屬層於不銹鋼基板上。一般量產使用鋁 (Al) 做為反射層金屬,因其高生產良率;實驗室則使用銀為反射層,利用其高反射率,以捕捉大量的光子。而該金屬沉積溫度約為 $300 \sim 400°C$ 左右。

Step 2　以濺鍍沉積氧化鋅 (ZnO) 或氧化錫 (SnO_2),以形成緩衝層。

Step 3　以 PECVD 沉積第一層的 n-i-p,其中 i 層為 Ge 濃度 $40 \sim 50\%$ 的 a-SiGe:H 層,其能隙控制約 $1.4 \sim 1.5$ eV 之間。

| Step 4 | 沉積第二層 n-i-p，其中 i 層為 a-SiGe：H，Ge 濃度約 10 ~ 15%，能隙控制在 1.6 ~ 1.65 eV。 |

| Step 5 | 沉積最上層的 n-i-p 層，其中 i 層為 a-Si：H 層，能隙約 1.8 ~ 1.85 eV。 |

| Step 6 | 以蒸鍍或濺鍍沉積 70 nm 左右的透明導電薄膜層 TCO，常用的材料有 ITO (indium tin oxide)，SnO₂：F 及 ZnO (Al) 等，形成上電極及抗反射層。此 ITO 薄膜需具備高光穿透率，高導電性，安定的化學特性，好的歐姆接觸電極特性，低表面接觸電阻值，以及良好粗糙化 (織構化) 的表面結構。 |

最後，再以蒸鍍銀電極，以降低接觸電阻值，增加導電性。

329

圖 6-31　Uni-Solar 三接面 p-i-n 太陽能電池涵蓋之波長與相對強度 [6.20]

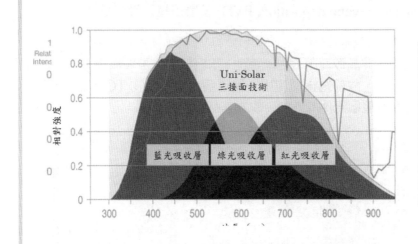

氫化非晶矽薄膜太陽能電池之製程如圖 6-25 所示，雖其所應用之技術及設備較結晶矽先進及昂貴，但製程程序卻較結晶矽簡單。 其技術可概分如下：

1. 磊晶技術

有**液相磊晶** (liquid phase epitaxy, LPE)、**氣相磊晶** (vapor phase epitoxy, VPE)、**氣相化學沉積磊晶** (chemical vapor epitaxy, CVD-Epi)。

2. 化學氣相鍍膜

有電漿加強化學氣相沉積、**低壓化學氣相沉積** (low pressure CVD, LPCVD)、**常壓化學氣相沉積** (qtmospheric pressure CVD, APCVD)、**標準氣壓式化學氣相沉積** (standard atomosphere CVD, SA-CVD)、**超低氣壓化學氣相沉積法** (ultra low pressure CVD, ULP-CVD)、**超高真空化學氣相沉積** (ultrahigh vacuum CVD, UHVCVD)、原子層沉積法。

3. 其他

尚有濺鍍、蒸鍍、**噴墨網印** (ink printing)、**物理氣相沉積** (physical evapo deposition, PVD) 及離子植入等技術。

一般氫化非晶矽薄膜太陽能電池，基板採用的是玻璃或透明之聚合物，以利光線射入，故前電極便使用一層透明導電氧化物 TCO 薄膜。此 TCO 的品質會影響整個元件的性能，故對其品質的要求為：

1. 工作光譜範圍內之穿透 大於 85%。

2. 片電阻值小於 10 Ω / sq。

3. 較佳的歐姆接觸。

4. 表面粗糙增加光線散射進入 i 層。

5. 足夠的化學穩定性。

圖 6-32 氫化非晶矽薄膜太陽能電池製程 [6.21]

(1) 透明導電ITO基板形成

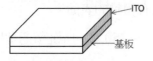

(2) 鐳射蝕刻圖案化

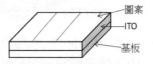

(3) 基板清洗

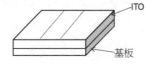

(4) 非晶矽薄膜層形成
（p型非晶矽半導體形成）

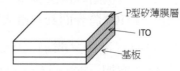

(5) 非晶矽薄膜層形成
（i型非晶矽半導體形成）

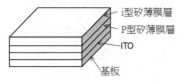

(6) 非晶矽薄膜層形成
（n型非晶矽半導體形成）

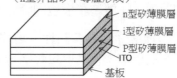

(7) 金屬電極形成

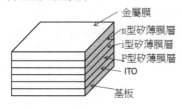

(8) 金屬蝕刻圖案化
（金屬電極）

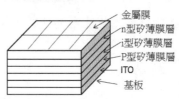

(9) 導線形成

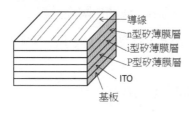

(10) 特性測試

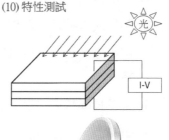

常用的 TCO 材料有 SnO_2：F、In2O_3：Sn 或 ZnO(Al)。

其中摻雜 3.0 ～ 10.0 wt% 氧化銦 In_2O_3 的銦錫氧化物 (In_2O_3-SnO_2, ITO) 為 n 型的半導體材料通常以常壓化學氣相沉積 (APCVD) 製作，反應溫度約 500°C ～ 600°C，所沉積的薄膜即具有粗糙的表面。

若使用濺鍍法製作，反應溫度約 200°C ～ 250°C，所沉積的薄膜表面光滑，可用 HCl 將表面蝕刻成粗糙形態。

氧化鋅一般也由濺鍍法製作，反應溫度約 300°C 左右，所沉積的表面光滑，亦可用 HCl 將表面蝕刻粗糙化。

在 n 層與背電極之間加入一層 TCO 膜可增加光線的捕捉，一般以 ZnO(Al) 作為增加反射的 TCO 膜層。對基板型式之氫化非晶矽薄膜太陽能電池，基板為太陽能電池的背面，一般採用的是不銹鋼或鍍上金屬膜的聚合物薄膜，除做為基板也同時做為背電極。

這兩種薄片均具有軟性及可局部彎曲的特性，使得安裝容易，可以運用至不同的環境，且其重量輕適合做為可攜式行動裝置。

氫化非晶矽太陽能電池的優缺點

與結晶矽太陽能電池比較，氫化非晶矽太陽能電池具有以下優缺點，

優 點

1. 產品較輕，且較具彈性。
2. 製程成本較低，可製作於不銹鋼，玻璃或陶瓷基板上。
3. 可生產於大面積之任何形狀上，不受尺寸大小形狀所影響。
4. 生產良率較高，對不純物的容忍度較高。
5. 耐高溫，並在高溫條件下有較佳的能量產出。
6. 節省模組封裝程序，及使用材料的較少。

缺點

1. 轉換效率較低，如表 6.4 顯示各企業提供之轉換效率比較表，最高達 15%。

2. 在太陽光照射後，有光劣化現象，電性表現衰退。

3. 電池壽命較結晶矽太陽能電池低。

表 6-4 氫化非晶矽薄膜太陽能電池轉換效率比較表 [6.20]

結構	轉換效率 (%)	公司
a-Si/a-SiGe/a-SiGe	13.0	United Solar
a-Si/a-SiGe/a-SiGe	11.7	Fuji
a-Si/a-SiGe/a-SiGe	12.5	U. Toledo
a-Si/a-SiGe/a-SiGe	10.2	Sharp
a-Si/a-SiGe	12.4	United Solar
a-Si/a-SiGe	11.6	BP Solar
a-Si/a-SiGe	10.6	Sanyo
a-Si/μc-Si	12.0	U. Neuchatel
a-Si/μc-Si	13.0	Canon
a-Si/poly-Si/poly-Si	12.3	Kaneka
a-Si/a-SiGe/μc-Si	11.4	ECD

微晶矽多接面或疊層太陽能電池

目前除努力於改變 a-Si：H 薄膜的結構，特別是將 a-Si：H 薄膜的非晶結構，經由製程控制轉變成 同結晶**相位 (phase)** 之組成成分。

在多接面非晶矽太陽能電池中，各界也積極尋找解決方案，而 a-Si/μc-Si(微晶矽) 疊層雙接面太陽能電池及三接面 a-Si/a-SiGe/u-c-Si 等。也相繼問世，如表 6-4 所示，

優點：

1. 製程成本較 a-SiGe 低，除可節省 GeH_4 使用鍺原子的成本，亦可避免造成環境汙染。

2. 製程程序較少，可節省設備投資及材料成本。

3. μc-Si 薄膜之能隙可降至 1.1 eV，以有效吸收長波長。

4. μc -Si 具較高的之填充因子。

缺點：

1. μc-Si 沉積速率較低。

2. μc-Si 所需 i 層厚度較 a-Si 厚。

3. μc-Si 太陽能電池在同樣的短路電流下，具有 a-SiGe 的開路電壓為低。

非晶矽太陽能電池的未來挑戰

1. 增加製程沉積速率，以降低生產成本。

2. **光致衰退** (light–induced degratation) 之研究與控制。

3. 如何調整 i 層、a-SiGe、μc -Ss 等之厚度達最佳化。

4. 以 μc -Si 有效取代其他製程。

5. 積極開發非晶矽太陽能電池的應用。

非晶矽太陽電池的 Staebler-Wronski 效應

非晶矽太陽電池穩定度，受限於所謂的 Staebler-Wronski 效應，也就是光引發衰退 (light induced degradation) 的問題，這成為非晶矽太陽能電池應用的一大挑戰。

1977 年，Staebler 和 Wronski 發現，a-Si:H 非晶矽太陽能電池，在太陽光的照射下，短時間之內該太陽能電池的光電轉換性能會大幅地衰退，但經由 $1500°C$ 的熱處理之後，此 a-Si:H 非晶矽太陽能電池的轉換效率，又可回復穩定，便稱為 Staebler-Wronski 效應。

造成此光劣化效應的原因有很多的討論，最主要的原因有：

- 與氫原子結合的懸浮鍵，經長時間陽光照射下 Si:H 鍵結被打斷。
- 不規則的矽原子結構。
- 不均勻的氫原子濃度與複雜的原子鍵結。
- 不純物的含量與濃度。

實驗證明，將氫原子以加熱的方式，擴散至 a-Si:H 非晶矽薄膜中，太陽能電池的 Staebler-Wronski 效應減輕。由此推論，氫原子與懸浮鍵結合，或打斷 Si-Si 原子鍵結，形成 Si-H 鍵結，以降低缺陷與懸浮鍵，並避免再復合的產生。

除了以熱處理的方式以外，也可使用多層堆疊的方式，形成多層式薄膜太陽能電池元件，或設計 p-i-n 的結構，以改善光劣化現象。

Unit 6-12
III-V 族半導體太陽能電池

由於太陽結晶矽太陽能電池發光效率不高，且需耗費大量的矽原料。

因此，如何利用最低的材料消耗，以達到最高的發光效率變成相當重要的課題。其中一個有效的解決方法為，利用低成本的透鏡或是反射鏡，將太陽光聚焦於一小面積的太陽能電池上，以增加光照強度，提高能量轉換效率，達到單位面積及材料下生產最高的電力。

其中利用高效率 III-V 族太陽能電池加上聚光模組便是一最佳的組合。

此 III-V 族太陽能電池搭配聚光模組，已取代矽太陽能電池於衛星或是太空載具中的應用。主要考量其高抗輻射能，高能量轉換效率以及輕量化的目的。

III-V族太陽能電池材料簡介

III-V 族化合物材料，就是由元素週期表上的 III 族元素，與 V 族元素，所形成的化合物。太陽能電池常用的 III 族元素包括鋁(Al)、鎵(Ga)、銦(In)等，而 V 族元素包括磷 (P)、砷 (As)、銻 (Sb) 等。

利用不同 III-V 族元素形成的二元，三元或是四元材料，可形成不同的晶格與能隙。

大部分 III-V 族化合物半導體，是直接能隙半導體，其能量與動量的轉移過程僅需要光子的釋出，進而產生電流。從能隙大小來看，磷化銦、砷化鎵、以及碲化鎘 (CdTe) 等半導體材料，是極適合於製作高效率的太陽能電池。

GaAs 能隙介於 1.4 ～ 1.5 eV 之間，比單晶矽的 1.1eV 更接近太陽光頻譜 (圖 6-34)，此外其可見光波段的吸收係數是矽的 10 倍，即便使用較薄的薄膜，已可達到與矽同等級的吸光效果。圖 6-34 即 GaAs 與其他太陽能電池常用材料的能隙與效率的比較。在 AM1.5G 照光條件下，GaAs 單接面元件的轉換效率可達 34%。

若將不同能隙的半導體材料，進行不同薄膜層的堆疊，可以使其波長感度變得較大的區域分布，因而可以吸收不同波長的光譜，進而提升光電轉換效率。

圖 6-33　III-V 族及 I-II-VI 族太陽能電池常用元素

		III A	IV A	V A	VI A
		5 B 硼	6 C 碳	7 N 氮	8 O 氧
		13 Al 鋁	14 Si 矽	15 P 磷	16 S 硫
I B	II B				
29 Cu 銅	30 Zn 鋅	31 Ga 鎵	32 Ge 鍺	33 As 砷	34 Se 硒
47 Ag 銀	48 Cd 鎘	49 In 銦	50 Sn 錫	51 Sb 銻	52 Te 碲

圖 6-34　GaAs 與其他太陽能電池常用材料比較 [6.24]

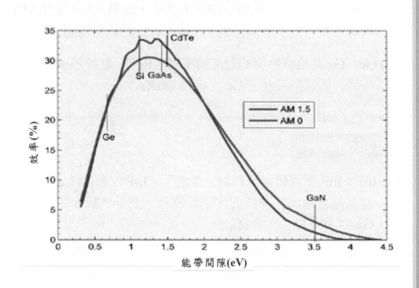

太陽能電池應用之 III-V 族半導體材 中，以 GaAs 系列材料為主流，當然也有其他用來搭配疊層的 InP，InAs 以及 GaSb 等。

在設計疊層太陽能電池時，除考量材料的能隙以外，也要考慮晶格匹配問題。 可參考圖 6-35 能隙與晶格常數圖之比較。

1. GaAs 系列

(a) GaAs：GaAs 為直接能帶隙的材料，其能隙相當適合製作單一接面太陽能電池。

(b) AlAs 與 $Al_xGa_{1-x}As$：AlAs 為間接能隙材料，能隙約為 2.14 eV，晶格常數為 5.66 A 與 GaAs 幾乎相同，如圖 6-35。也由於兩種材料晶格常數彼此相當吻合，因此 GaAs 成長在 $Al_xGa_{1-x}As$ 上可以減少差排的產生，與降低缺陷密度。$Al_xGa_{1-x}As$ 在單一接面的 GaAs 太陽能電池中，可當視窗層使用。而 $Al_xGa_{1-x}As$ 在雙接面的 GaAs 太陽能電池中，亦可擔任上層太陽電池之用。

(c) GaInP 與 AlInP：GaInP 與 AlInP 在雙接面的 GaAs 太陽能電池中，擔任上層膜之用。為 讓 GaInP 與 AlInP 材 的晶格常數與 GaAs 匹配，Ga 或 Al 與 In 的比例必須為 0.5：0.5 左右。而四元材料 (AlGa)InP 中，改變 Al 含量對晶格常數影響不大，所以仍能保持與 GaAs 的晶格匹配。

(d) Ge：Ge 晶格常數與 GaAs 幾乎完全相同，熱膨脹係數也很接近。因此很適合在 Ge 上成長 GaAs。

2. InP

(a) InP：InP 屬直接能隙材料，常溫下，InP 能隙為 1.35 eV，非常適合應用於單接面太陽能電池，但 InP 基板的成本較 GaAs 高，無法大量商品化。

(b) GaInAs：$Ga_xIn_{1-x}As$ 在 x = 0.47 時的晶格常數與 InP 晶格常數 (5.8687Å) 很匹配，其能隙約為 0.73 eV，可與 InP 搭配成雙接面太陽能電池，以提高轉換效率。

3. GaAb

GaSb 的能隙為 0.72 eV，不適宜用來製作單一接面的太陽能電池。主要是利用其特性，與 GaAs 形成 GaAs/GaSb 雙接面太陽能電池，1990 年 Fraas 與 Avery 曾展示轉換效率達 35% 的 GaAs/GaSb 雙接面太陽能電池。

4. GaN

Wladek Walukiewicz 的研究團隊發現 InN 的能隙為 0.7 eV。同時發現，若改變 In 成分，InGaN 的能隙可以從 3.4 eV 變化到 0.7 eV，如此便涵蓋紫外光到紅外光的波長，故可利用氮化物材料製作出全波域的高效率太陽能電池。但目前尚有幾個主要問題需要克服：

(a) 晶格匹配問題。

(b) 載子的生命週期非常短。

(c) p 型摻雜對 InN 與高含量 In 的控制非常困難。

圖 6-35　常見之化合物之能隙與晶格常數圖 [6.24]

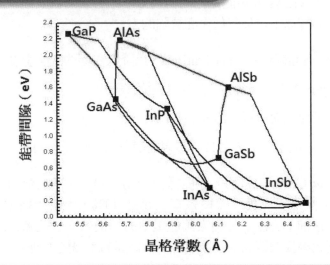

III-V 族太陽能電池原理與應用

　　一般矽晶材料吸收太陽光譜之波長能量約 400 ～ 1100 nm 之間，而多接面化合物半導體則可吸收較寬廣之太陽光譜能量。以三接面 InGaP/GaAs/Ge 的聚光型太陽電池為例，三接面聚光型太陽電池可吸收波長能量在 300 ～ 1900 nm 之間，可大幅提升其轉換效率，而且聚光型太陽能電池的耐熱性，比一般晶圓型太陽能電池高。若搭配追日系統，已普遍應用於太空及國防軍事領域與民生發電工業。

　　在成本的考量下，單接面化合物太陽能電池已經不符合經濟效益，必須設計多接面 (疊層) 之 III-V 族太陽能電池，以提高轉換效率。目前主要做為多接面的材料有 InGaP 接面、InGaAs 接面及 Ge 接面，每一個接面均具有其功能及目的，而各接面之間皆以穿隧材料層，做為串接相鄰接面導通之用。因每一個接面使用的材料由所不同，故各接面負責吸收的光譜區段也各不相同。

　　因此，在設計太陽能電池元件時，除考量材料的能隙之外、尚需考量相鄰接面材料特性的融合、材料之間晶格的匹配、材料品質與吸收光波波長的區域與能力。尤其在晶格匹配方面，更需考量基材及接面材料的成本，各層材料需與基材的晶格匹配。

　　更要慎選某些材料，確認各材料之間的能隙與晶格匹配之間的平衡，以達到其所設定之功能與目標，方能大幅提升太陽能電池轉換效率。

　　為了提升 GaAs 太陽能電池的轉換效率，必須降低表面缺陷的影響。一般而言，約有以下幾種降低表面缺陷的方法：

(1) 沉積表面**鈍化層** (passivation)，以降低表面的缺陷密度。

(2) 讓 p/n 界面儘量靠近太陽能電池的表面。

(3) 用**正面表面電場** (front surface field)。

(4) 在太陽能電池的表面長一層**視窗層** (window layer)。

　　目前，以 GaAs 三接面太陽能電池最為普遍，在搭配聚光型追日系統 AM1.5 日照條件下，最高轉換效率已超過 40%，模組轉換效率達 36 ～ 40%。然而目前 GaAs 三接面太陽能電池的轉換效率已逐漸接近理論值。國際間便開始尋找四接面、五接面甚至六接面的太陽能電池。

美國 Spectrolab 及 NREL 便展開以晶格匹配的 GaInNAs(1.0eV) 的四接面、五接面 (Al)GaInP/AlGa(In)As/ Ga(In)As/GaInNAs/Ge 和六接面 (Al)GaInP/GaInP/AlGa(In)As/Ga(In)As/GaInNAs/Ge 的 III-V 族三接面太陽能電池。

圖 6-36 (b) 為 GaInP$_2$ / GaAs / Ge 三接面太陽能電池，主要是利用這三種半導體材料的晶格常數相近，可以避免因晶格匹配所產生的差排缺陷，影響太陽能電池的轉換效率。

圖 6-36 III-V 族多接面太陽能電池

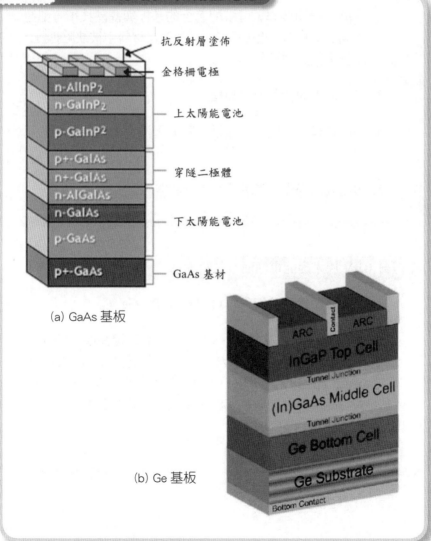

(a) GaAs 基板

(b) Ge 基板

　　在完成多接面太陽能電池磊晶片後，即可藉由標準半導體製程製作太陽能電池。一般 III-V 族太陽能電池主要製造程序，在成長磊晶片之後，經由背面金屬製程、正面金屬製程、抗反射膜製程、切割製程、及量測檢驗後即完成化合物太陽能電池。

相對於矽或其他材料，III-V 族太陽能電池的優點

1. 材料選擇種類眾多，可調整材料能隙配合太陽光譜，以達到最佳能量轉換效率。

2. 高能量轉換效率，可搭配適合的基板與磊晶技術，創造出高品質材料，避免電子、電洞對在材料中被缺陷捕捉，以提高能量轉換效率。

3. 適合於大面積薄膜化製程。

4. 高的抗輻射性能，可減緩太陽能電池在太空中老化的速率。

5. 可耐高溫操作，適用於太空及武器防衛系統。

但對 III-V 族太陽能電池而言其缺點為

1. 需要較昂貴的基板，如 GaAs、InP、Ge 等。

2. 需要複雜的磊晶技術，如有機金屬氣相磊晶法 (metal organic CVD , MOCVD)、分子束磊晶法 (molecular beam epitaxy , MBE)、或液相 晶法等。其中大部分的太陽能電池之磊晶為有機金屬氣相磊晶法製作。

3. 磊晶技術設備與原料成本昂貴。

知識補充站

　　多接面 (multi junctions) 太陽能電池，可使用機械或化學方式疊層。而非晶質多接面太陽能電池，可不用像結晶矽太陽能電池一般，需考慮疊層之間的晶格匹配問題，而每一層之間的能隙亦可用合金方式調配。例如，可在鍺基材上，疊加 GaInP 和 GaAs 薄膜層，形成三接面太陽能電池，其轉換效率可達 30%，但與理論轉換效率值 86.6% 相比，尚有很大的開發空間。

　　通常多接面太陽能電池的設計，使較高的能隙位於最上一層的接面，以吸收高能量光子，而下層的接面則放置較低的能隙，以吸收低能量的光子。因此，不同接面的能隙，可以合金方式調配以吸收不同能量及不同波長的光子，提高太陽能電池的轉換效率。

　　目前，有科學家提出四接面太陽能電池，可控制能隙在 1.0 eV，但此四層接面太陽能電池之轉換效率，並未因接面的增加而大幅提升。甚至五層或六層之多接面太陽能電池亦然。

　　因此，如何最佳化現有材料層，並相互搭配能隙，使愈多的接面愈可提高轉換效率。當然，這必須從每一層的成長機制，合金調配能隙結構，及每一層材料的缺陷控制以達最佳化之設計。

　　鍺為多接面太陽能電池的理想基材，因其具有理想的低能隙，而且與砷化鎵基的材料，故無晶格匹配的問題。

　　由於多接面太陽能電池，係由串接的方式組成，因此，需挑選上下層的符合能隙需求的材料，如早期便使用 Ge/GaAs/AlGaAs 的接面太陽能電池，但近來便以 GaInP 取代 AlGaAs 生成 Ge/GaAs/GaInP 多接面太陽能電池，達成最佳化的能隙與晶格匹配，以改善表面鈍化層及提高轉換效率。

　　因此，在設計多接面太陽能電池時，須考慮串接的材料結構，能隙與晶格匹配的問題。當然，為達高轉換效率的目的，該材料的品質，與容易取得與否，也是在選材時的一大關鍵。

Unit 6-13
II-VI 族化合物太陽能電池

各企業除大量投入矽晶圓太陽能電池量產外，也積極投資薄膜太陽能電池的生產與研發。常用的薄膜太陽能電池材料，有非晶矽、CdTe、CIS (CuInSe$_2$) 或添加 Ga 成為 CIGS (CuIn$_{1-x}$Ga$_x$Se$_2$) 等。

其中非晶矽為最先導入量產的技術，而 CdTe 和 CIGS 為近年熱門的薄膜太陽能電池技術與產品。

由圖 6-33 之元素週期表所示，II 族元素包括 Zn、Cd、Hg，以及 VI 族元素即 S、Se、Te 等構成具半導體特性的 II-VI 族化合物。

其中除了 CdTe、ZnSe 具有 n-type 和 p-type 兩種特性外，其他 II-VI 族化合物，僅可得到單一的導電形式，如 ZnTe 為 p-type 及 CdS、CdSe、ZnS 為 n-type 材料。

碲化鎘

CdTe 是直接能隙材料，能隙為 1.45 eV，晶格常數為 0.648 nm，具有閃鋅礦結構，與太陽光波長相近。

CdTe 具 p-type 的導電特性，即成為其被用為主要光吸收層的最佳選擇，至於透光層則可以搭配 n-type 的 CdS 或 ZnSe，甚至摻雜第三個 II 或 VI 族元素如 (Zn,Cd) S 或 Zn (Se,S)，以調整適當的能隙做最佳化設計。

CdTe 薄膜，常以**複晶結晶結構** (polycrystalline structure) 為主，薄膜製程技術有，濺鍍、蒸鍍、**有機金屬化學沉積法** (metallic organic chemical Vapor deposition, MOCVD)、網版印刷、**氣相傳輸沉積** (vapor transport deposition, VTD)、**噴霧沉積** (spray deposition, SD)、**化學氣相沉積** (chemical vapor deposition, CVD)、**電鍍沉積** (electro-deposition, ED)、**熱版噴塗** (spraypyrolysis)、**密閉空間式的昇華** (closed-space sublimation, CSS) 以及**物理氣相沉積** (physical vapor deposition, PVD) 等。

硫化鎘

CdS 為 II-VI 族化合物半導體材料，為直接能隙材料及纖鋅礦結構，因能隙較寬，常應用於太陽能電池的窗口層，並搭配 CdTe 形成 p-n 結構。

n 型 CdS/p 型 CdTe 的組合太陽能電池之轉換效率已可達到 17%，而大面積 CdTe 太陽能電池模組近年來已進入量產階段。

其中 CdS 薄膜的厚度與薄膜形成的方式對轉換效率有很大的影響，若要獲得較高的**短路電流** (short current) CdS 膜必須很薄。普遍使用以玻璃為基板的上層結構的 CdTe/CdS 太陽能電池 (圖 6-37(a))，主因其具有較高之轉換效率。

CdTe/CdS 薄膜層皆沉積於透明導電氧化層 TCO 上。該太陽能電池包含至少四層薄膜與及緩衝介面層，即 TCO/CdS/CdTe/ 緩衝層 / 金屬電極層等，因基板材料的不同，其製程程序也需稍做調整。如圖 6-37 顯示。

為降低 CdTe 與 CdS 兩材料之間，晶格不完全匹配所造成的界面缺陷，CdTe 太陽能電池常需要外加一道熱處理，亦即在 $CdCl_2$ 環境下，進行 425°C、20 分鐘的熱處理，以促成 CdTe 晶粒成長與晶界面的鈍化作用，以降低界面之電阻值，並促成 p-n 異質接面間材料的相互擴散，形成三元化合物 (如 CdS/CdTe 之界面附近可產生組成漸變的 $CdTe_{1-x}S_x$)，進而改善太陽能電池的轉換效率。其結構如圖 6-37 所示。

圖 6-37　CdTe 太陽能電池結構示意圖 [6.25]

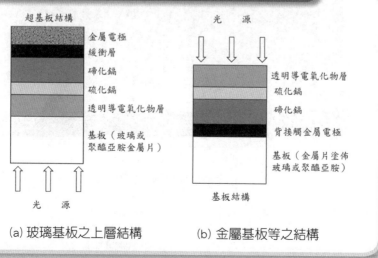

(a) 玻璃基板之上層結構　　　(b) 金屬基板等之結構

CdTe 太陽能電池已進行大面積量產，主要是因為相對於其他薄膜太陽能電池，其具有很高的理論效率 (28%)、生產成本低、製程單純、容易做大規模生產。但因材料中含重金屬 Cd 元素，對環保的影響與疑慮，使 CdTe 的發展受限。如圖 6-38 所示。

圖 6-38　**CdTe 太陽能電池 [6.25]**

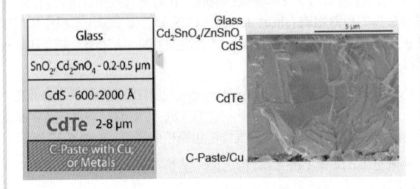

(a) 結構圖

(b) CdTe 薄膜微結構圖

CdTe / CdS太陽能電池之製造程序

玻璃或金屬基板準備

↓

濺鍍背接觸金屬電極

↓

雷射切割溝槽圖案

↓

清洗

↓

沉積薄膜緩衝層

↓

沉積p型CdTe薄膜層

↓

$CdCl_2$氧化處理

↓

雷射切割溝槽圖案

↓

清洗

↓

沉積n型CdS薄膜層

↓

表面處裡

↓

沉積透明導電薄膜層

↓

封裝與測試

Unit 6-14
I-III-VI 族化合物

由圖 6-33 之元素週期表所示，I-III-VI 族化合物可視為是由 II-VI 族所衍化而來，亦即以 I 族 (Cu、Ag) 與 III 族 (Al、Ga、In) 元素取代 II 族元素，並搭配 VI 族 (S、Se、Te) 元素，組合成三元化合物 $CuInSe_2$(CIS) 及四元化合物 $CuIn_{1-x}Ga_xSe_2$(CIGS)。

CIS/CIGS 薄膜電池的光吸收範圍廣、效率表現佳、製造成本低，最主要是無光衰退問題，可長期維持一定的轉換效率，使用壽命長，質量輕，且抗輻射強度佳，亦適用於太空工業，因此吸引許多企業紛紛投入研發與製造。但因製程技術複雜，限制了標準化與量產能力，而且銦 (I_n) 及鎵 (G_a) 材料的取得成本較高。

CuInSe₂ 太陽能電池

CIS 為直接能隙半導體材料，具有黃銅礦、閃鋅礦兩個同素異形的晶體結構。能隙為 1.02 ～ 1.04 eV。CIS 之轉換效率取決於各元素的組成比、均勻性、結晶大小等。

CIS 太陽能電池的薄膜生長方法主要有真空蒸鍍、Cu-In 合成膜的硒化處 (包括電沉積和熱環源法)、噴塗熱解法等技術。提高效率的方法是使用**共蒸鍍 (Co-evaporation)** 或**硒化 (selen-ization)** 反應法鍍製 CIS。CIS 薄膜蒸鍍的過程中，係先形成 Cu_2Se 和 In_2Se_3 之**二元相 (binary phase)**，再進一步反應生成 $CuInSe_2$ **三元相 (ternary phase)**。

硒化法則以逐漸升溫的方式為之其成膜的過程是一連串的反應所進行，亦即先有銅化硒和銦化硒等多種二元中間相的形成，最後再合成三元的 CIS 單一相。

圖 6-39 為 CIS 太陽能電池結構示意圖，首先在納玻璃上鍍鉬 (Mo) 電極、接下來鍍 p 型 $CuInSe_2$ 及 n- 型 CdS、沉積 TCO (n-ZnO：Al)、最後製作 Al 電極。

圖 6-39　CIS 太陽能電池結構示意圖

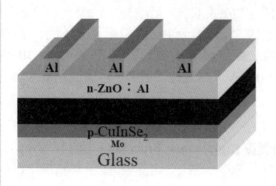

Al: 鋁電極

n-ZnO: Al: n 型氧化鋅: 鋁

n-CdS: n 型硫化鎘

p-CuInSe2: p 型二硒化銅銦

Mo: 鉬電極

Glass: 玻璃

 知識補充站

CIGS太陽能電池之製造程序

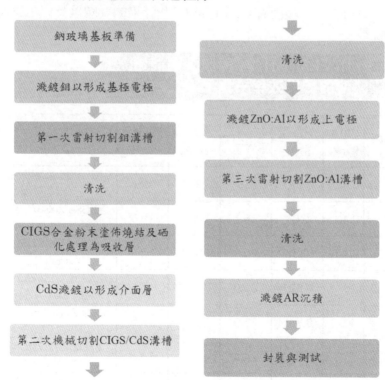

鈉玻璃基板準備

↓

濺鍍鉬以形成基極電極

↓

第一次雷射切割鉬溝槽

↓

清洗

↓

CIGS合金粉末塗佈燒結及硒化處理為吸收層

↓

CdS濺鍍以形成介面層

↓

第二次機械切割CIGS/CdS溝槽

↓

清洗

↓

濺鍍ZnO:Al以形成上電極

↓

第三次雷射切割ZnO:Al溝槽

↓

清洗

↓

濺鍍AR沉積

↓

封裝與測試

$CuIn_1$-xGaxSe$_2$ 太陽能電池

　　CIGS 太陽能電池以 CIGS 為主吸收層，能隙為 1.1 eV ～ 1.2 eV，其能量轉換效率目前最高可達 19.5%，其元件結構如圖 6-40 所示。高效率的 CIGS 太陽能電池常用的元件結構各層材料能隙值 ZnO：3.30 eV，CdS：2.42 eV，$CuInSe_2$：1.02 eV，由上往下遞減，可廣泛涵蓋太陽光譜的吸收範圍。

　　CIGS 太陽能電池是由美國 NREL 於 2003 年所發表，NREL 使用改良式的蒸鍍法稱之為**三階段製程** (three-stage process)，即將製程分成三個階段來改變基板溫度，與控制不同的元素成分與蒸發溫度。其結構如圖 6-40 所示。

　　II-VI 及 I-II-VI 薄膜太陽能電池的轉換效率如表 6.5 所示。

　　其中 CIGS 薄膜太陽能電池之優點為：可大面積製作、穩定性高、高抗輻射能力、重量輕，適合太空使用、可於撓性基板製作。但也面臨製程複雜、投資成本高、緩衝層 CdS 有鎘 (Cd) 汙染的疑慮以及使用原料成本較高的挑戰。

表 6.5　II-VI 及 I-II-VI 薄膜太陽能電池的轉換效率一覽表 [6.25]

材料	面積 (cm2)	開路電壓(V)	短路電流(mA/ cm2)	填充因子(%)	轉換效率(%)	結構
CIGSe	0.410	0.697	35.1	79.52	19.5	CIGSe/CdS/CeI INREL, 三階段製程
CIGSe	0.402	0.67	35.1	78.78	18.5	CIGSe/ZnS (O,OH) NREL, Nakada et.al
CIGS	0.409	0.83	20.9	69.13	12.0	Cu(In, Ga)S2/CdS Dhere, FSEC
CIAS	-	0.621	36.0	75.50	16.9	Cu(In,Al)Se2/CdS IEC, Eg=1.15eV
CdTe	1.03	0.845	25.9	75.51	16.5	CTO/ZTO/CdS/CdTe NREL. CSS
CdTe	-	0.840	24.4	65.00	13.3	SnO2/Ge2O3/CdS/ CDTe IEC, VTD
CdTe	0.16	0.814	23.56	73.25	14.0	ZnO/CdS/CdTe/Metal U. of Toledo, Spittered

圖 6-41 CIGS 太陽能電池 [6.25]

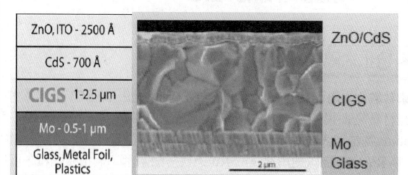

(a) 結構圖

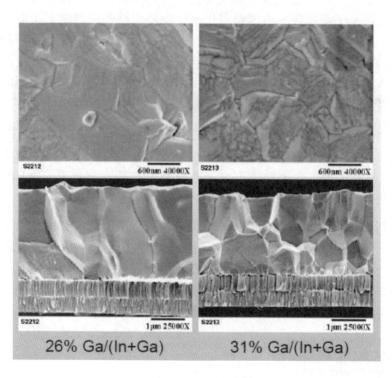

(b) CIGS 薄膜微結構圖

Unit **6-15**

新型太陽能電池

染料敏化太陽能電池

染料敏化太陽能電池 (dye sensitized solar cell, DSSC) 是以感光染料為吸光材質之太陽能電池。1991 年，瑞士洛桑工科大學的 Graetzel 教授於 Nature 雜誌發表新型染料敏化太陽電池，當時的光電轉換效率約 8%。1997 年 Raetzel 團隊利用改良的 Ru 染料搭配奈米二氧化鈦晶粒，可使光電轉換效率達 12%。主要係利用奈米材料的小粒徑、高活化的表面電位能、高表面積比和多孔性等材料特性加速電化學反應。

染料敏化太陽能電池是透過光電化學反應所製得，即利用染料光敏化劑，將太陽光子吸收後，再透過光化學反應使之轉換成電能。其主要運作方式為：首先，利用有機染料吸收光子，以激發電子，使其產生能帶遷移，進而產生電位和電流；然後，設計複合堆疊層結構，增加不同光波長的吸收率及傳導電子的收集率。再由 TiO$_2$ 導帶傳導電子，並匯集於透明電極上最後，透過外部迴路傳遞到另一電極基板表面的導電層，產生光電流。

另外，設計不同的奈米結晶堆疊層的染料敏化太陽能電池，可吸收較短的波長，提高轉換效率。也有使用奈米結晶染料敏化太陽能電池，與 CIGS 太陽能電池，令染料敏化太陽能電池吸收高能量光子，而 CIGS 太陽能電池則吸收低能量光子，如此組合可提升轉換效率達 15%。

染料敏化太陽能電池的原料成本低，製程程序簡單、製程設備投資成本低、不僅可製作於透明的玻璃基板上，亦可製成可撓的滾筒式太陽能電池，但最大挑戰為如何提高轉換效率及使用壽命。由於不同的染料可呈現不同的顏色，適用於建築物及大樓的玻璃，再搭配發展中的無線充電功能，相信染料敏化太陽能電池的市場發展潛力是值得期待的。

有機太陽能電池

1958 年，Kearns 和 Kevin 以**鎂酞菁** (MgPc) 染料，製成第一個有機太陽能電池。1985 年鄧青雲博士，以**二奈嵌苯** (Perylene pigment) 染料，結合**銅酞菁** (CuPc)，製成轉換效率 1% 的有機太陽能電池。

1990 年，Messiner Sariciftci 以 C-60 (碳 -60) 摻雜鋅酞菁 (ZnPc) 層，可獲得轉換效率 >1% 的有機太陽能電池，其原理主要是在有機材料與介面上，促使電荷分離，致分離後的電荷不易再復合。1993 年，Messiner Sariciftci 再以 C-60 及 PVC 聚苯乙烯，組成雙層異質結合之有機太陽能電池。因為 C-60 為一種良好的電子受體材料，此後，便以 C-60 為基礎研發出更多的有機太陽能電池。近年 Alan Heeger 及 Kwang Hee Lee，在高分子複合材料上，堆疊有機太陽能電池後，可獲得 6.5% 的高轉換效率。

有機太陽能電池之優點為：
- 可使用不同的化學物質製成。
- 搭配不同的材料，可吸收各種不同波長的光譜，提高載子的傳送能力。
- 製程程序簡單。
- 高分子之酞菁類染料易取得，且成本較低。

缺點為：
- 轉換效率低，不符合經濟效率。
- 使用壽命及使用的環境條件，也是一大挑戰。

高分子太陽能電池

高分子太陽能電池與有機太陽能電池原理相似，也可互相搭配，形成疊層太陽能電池以提高轉換效率。目前最高效率的高分子太陽能電池是以 3- 己基哈吩 (P3HT) 和 PCBM 的混合材料所製成。在 2005 年，高分子太陽能電池之光電轉換效率可高達 5%。到了 2007 年，更有高達 6% 光電轉換效率的高分子太陽能電池推出。高分子太陽能電池因成本低，製程簡單，重量輕，半透明及可撓性等優勢，近年來亦頗受重視。

結　語

為因應高轉換效率、低成本的需求，各界都積極投入研發創新製程、新材料、新元件結構之太陽能電池技術，以達到完全取代傳統能源的目的。除上、中、下游產業之研發單位積極投入資源外，太陽能電池設備供應商，更是馬不停蹄的探索新技術與新材料，以應用於機器設備及量產中。

當然，為面對嚴峻的考驗，各企業也紛紛調整營運策略，如多角化經營或上、中、下游整併，期能提高企業競爭力，並將太陽能產業推向另一高峰。

圖解光電半導體元件

1. 試繪出 p 型太陽能電池結構？

2. 試繪出太陽能電池的 (a) 電流及電壓關係圖；與 (b) 發電功率及電壓關係圖？

3. 何謂太陽能電池之轉換效率？

4. 太陽能電池之種類為何？

5. 如何降低太陽能電池的表面復合中心？

6. 試繪出 CdTe 及太陽能電池結構？

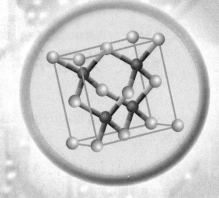

第 7 章

未來技術與市場展望

章節體系架構 ▼

共 筆

本章說明：

　　前六章係針對光電半導體元件技術作介紹與探討，本章將針對其未來技術與市場展望，期盼能引領讀者進入光電半導體的世界。讀者可針對有興趣的部分，以本書為基石，進而引伸研讀其他著作，並深入研究，不僅加強個人之知識，更盼提昇產業技術的競爭力，以貢獻人類福祉。

Unit **7-1**
光電半導體的未來

　　光電半導體領域的持續進步發展，仰賴的是新的材料、新的技術、以及新的應用。

　　在 2004 年日本的 A.Ohtomo 與 H. Y. Hwang 發現**鑭鋁酸鹽類** (lanthanum aluminate, $LaAlO_3$) 與**鍶鈦酸鹽** (strontium titanate, $SrTiO_3$) 各自是半導體，但是合在一起形成異質接面時，此接面卻有磁性。直到 2013 年 8 月才有科學家提出可能的機制原理。很有潛力成為同時具有運算能力 (半導體晶片) 以及磁性資料儲存的新型態元件。雖然這與光電領域似乎沒有關聯，但是這個例子告訴我們，新型態的材料永遠等著我們發現，一旦有了新材料，就會有新奇創新的應用。

　　另一個新材料的發現，也是在 2004 年。在英國曼徹斯特大學的 Andre Geim 與 Konstantin Novoselov 在例行的週五傍晚「瘋狂實驗」時段，用膠帶從石墨塊黏下一小片，重複的用膠帶分離薄層，然後用溶液讓此薄片漂浮附在矽晶片上。就是這個關鍵的動作，矽晶片上的氧化矽的電荷穩定了石墨烯薄片，使它不會自行捲曲成三維的結構，而有了可以方便實驗觀察的石墨烯樣本。他們於 2010 年獲頒諾貝爾物理獎。

　　石墨烯是二維的材料物質，由單層碳原子組成的六角蜂窩形網路。電子的傳遞不像一般在固體中的碰撞、漂移，而是量子形式的物質波。

　　傳統上要在高能物理領域才能觀察到的相對量子物理現象，在石墨烯身上可以看到。石墨烯材質輕又薄，有良好的導電性與導熱性、強韌的機械物理特性、可撓性、透明擁有良好的光學特性、可以隔絕最小的氣體原子氦氣，卻又能讓水氣通過。

　　目前石墨烯只能在實驗室小量製造。大量又經濟的生產方式，指日可待。石墨烯馬上可以預見的應用：取代太陽電池、顯示器裡面的透明導電薄膜電極。目前使用的氧化銦錫，導電性不佳。另外，石墨烯本身具有可撓性，也可以製作穿戴式元件。由於能夠把吸收光子產生電流載子的多餘能量用來產生更多的電流載子，而不是以熱能散逸，有潛力成為高效能太陽電池。最特別的是，石墨烯與生物有相同的基礎原子，碳，所以，製作、回收石墨烯元件更環保。未來的應用，無可限量。

新的技術指的是「**冶金術**」、「**光蝕刻微影術**」。

人類文明的進展，與冶金技術的進步密不可分：青銅器時代、鐵器時代、鋼、鋁(十九世紀末)。如果把冶金技術的概念擴展到包含人類純化、提煉其他非金屬物質做為製作日常用品所需的原料，那麼二十世紀後期的半導體工業所需的矽晶棒的製作技術的成熟，就可以看成把人類文明推進到「矽」的時代。下個時代會是什麼冶金技術？從石墨烯的崛起看來，很有可能是「**碳**」的時代。發展新的技術是為了克服問題，但通常可以從古老的工藝手法找到靈感。

發明於十八世紀的**平版印刷術**(lithography)，以及縮影光學的進步，成為半導體工業非常仰賴的**光蝕刻微影術**(photolithography)。

而在二十世紀末發展的**銅連接導線技術**(copper interconnect)，是為了克服在縮小積體電路尺度所面臨的鋁連接導線其導電率不夠低的缺點。但是銅無法像鋁那樣可以用電漿在矽晶圓上蝕刻出連接導線，所以從古老工藝 Damascening 金絲法取得靈感，在晶片上長出一層絕緣氧化層，先用一般光蝕刻微影術刻出連接導線需要的「溝渠」，然後在晶片上鍍上一層的銅，接著用**化學機械研磨**法(chemical-mechanical planarization, CMP)把表層多餘的銅磨掉，留下溝渠內的銅成為導線。

這裡有個小故事：為什麼叫做「Damascening」呢？

英文字 Damascene 的原意是「大馬士革的」，這裡借來當動詞用。但是該金絲鑲嵌工藝並不是敘利亞首都的特色，這個城市反而是因為精緻的絲綢壁毯而聞名。由於後來金絲鑲嵌工藝品與大馬士革的絲綢壁毯紋路類似而有這樣的名號。

圖解光電半導體元件

　　原本就有的材料，卻能夠有新應用。用週期性結構製作出原本材料所沒有的特性，可以稱為「**超材料**」(meta material)，例如「**光子晶體**」(photonic crystal)。一般晶體內原子排列的週期結構，其週期尺度與電子物質波的波長相當，而形成能帶、帶隙，所以電子在其中的運行，晶體只允許具有一些特定能量與方向的電子。光子晶體模仿這個概念，以半導體元件的製程技術，製作出週期尺度與可見光波長匹配的週期結構。光子晶體因而也有了針對光子的能帶結構，而有了新奇的特性。因應通訊用、雷達用的微波，也有以其波長尺度製作的週期性結構的超材料，可以應用於加強天線的增益。

　　一般晶體裡面傳導熱能的機制，可以用「**聲子**」(phonons) 來描述，它是振動聲波的量子化描述。針對聲子波長所設計的週期性結構，稱為「**聲子晶體**」(phononic crystal)。聲子晶體可以用來做為聲子的波導，提升材料的導熱特性，有助於光電元件的散熱；也可以應用聲子晶體的帶隙，阻絕特定聲子的傳遞，形成絕熱的特性。把元件產生的熱能導引到壓電材料，壓電材料於是有充份的熱能 (原子的振動能) 可以轉變為電能，達到廢熱回收的目的。

358

小博士解說

　　光子晶體依據結構可以區分為一維、二維、三維光子晶體，而製作的難易度也是依序越來越困難。一維光子晶體指的是在一個方向上有週期性的結構變動，好像三明治，一層火腿、一層起司，層層堆砌出重複的結構。應用的例子是布拉格反射鏡 (bragg mirror)，每一層單獨看都可以透光，但是組成重複、週期性結構後，特定波長範圍的光卻無法穿過，只能反射，變成鏡子。

　　在半導體垂直腔面發射雷射 (vertical-cavity surface-emitting laser, VCSEL) 結構中，量子阱是電子、電洞結合產生光子的地方；在量子阱的兩端，則有布拉格反射鏡，光來回的反射，在量子阱刺激發射更多的光子，形成雷射。接下來，關於二維光子晶體，指的是在兩個方向上有週期性的結構變動，好像人造樹林在地表種植排列整齊的樹木。孔洞型的光纖是其中的一種應用。此光纖如同蓮藕一般，有許多人造孔洞，孔洞排列很規律，形成光子晶體，引導光只能沿著核心傳導，不會外溢。比傳統依賴內部全反射機制的光纖有更好的效能。

圖 7-1　半導體垂直腔面發射雷射結構圖

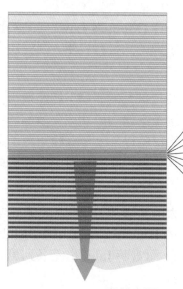

金屬接觸
p型砷化鎵接觸層

上方布拉格反射鏡
30組p型砷化鋁鎵與砷化鎵

120 nm的砷化鋁鎵做為侷限層
8.0 nm的砷化銦鎵做為量子阱
8.0 nm的砷化鎵做為量子阱障礙
8.0 nm的砷化銦鎵做為量子阱
8.0 nm的砷化鎵做為量子阱障礙
8.0 nm的砷化銦鎵做為量子阱
120 nm的砷化鋁鎵做為侷限層

下方布拉格反射鏡
17.5組n型砷化鋁與砷化鎵

n型砷化鎵基板

資料來源：取自維基百科「VCSEL」條目

圖 7-2　掃描電子顯微鏡下的光子晶體光纖

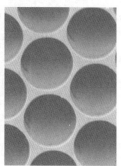

資料來源：取自維基百科的「Photonic-crystal fiber」條目

　　掃描電子顯微鏡下的光子晶體光纖，孔洞直徑是 4 μm，孔洞陣列形成光子晶體，被孔洞陣列所包圍的光纖核心區域直徑是 5 μm，是光傳導的地方。

Unit **7-2**

光電半導體元件技術的展望

矽積體電路的微縮，一直追隨摩爾定律 (Moore's Law) 向高階製程挑戰，也因此促使先進半導體製程及生產設備朝向材料科學，製程技術及元件結構的創新與研究發展方向邁進。

因此，各家半導體廠商，無不努力競逐技術的研發，期能取得先機。同時，當每一個世代製程轉換時，便是該企業邁向成功或失敗的轉折點，稍一不慎便會被淘汰。然而，除了技術的挑戰以外，半導體業更是金錢及經濟規模的競逐產業，一些企業空有技術，但因產能不足，或無法達一定的經濟規模，便會遭到淘汰或被併購的命運。

如圖 7-3，1985 年時期，全球前十大的半導體公司中，日本企業便佔有 5 位，分別為第一大的 NEC，第四大的 Hitachi，第五大的 Toshiba，第六大的 Fujitsu，和第十大的 Matsushita，而當時 Intel 也僅名列第九，美商 TI 及 Motorola 分別占第二名及第三名。

1990 年，日本半導體業進入黃金時期，高達 6 家日企上榜全球前 10 大半導體企業，且囊括前 3 大，分別為 NEC，Toshiba 及 Hitachi。但 1995 年時，日本企業下滑至 4 家上榜，而韓國企業 Samsung 及 Hyunday 紛紛擠入前 10 大，主要是跨入 DRAM 產業。2000 年時日本企業，只剩下 3 家上榜；到 2012 年時只有 2 家 Toshiba 及 Renesas 上榜，到 2013 年上半年時僅有一家日企上榜，intel 自 1995 年以來，因優異的公司策略而獨佔鰲頭。韓國 Samsung 也以垂直整合策略及優異的製造能力，自 2006 年以來便穩居第二。當然，我國以晶圓代工竄起的台積電，也因公司明確的方向及優異的晶圓代工策略，自 2012 年也躍居全球第 3 大之龍頭地位。

由此可見，半導體企業經營者，面對高競爭的環境，真是如履薄冰，不僅要提升與維持先進技術的領先地位，更要兼具精準的眼光，堅定的決心，抓準商機積極擴產，以取得領先的地位。

而在技術方面，多閘式電晶體，例如 FinFET 可以提供較佳的開關控制，同時可以比其他元件，在更低的電壓下，輸出更高的驅動電流。超薄 SOI (ETSOI) 技術的發展，因具有優異的短通道控制能力以及穩定的無摻雜通道特性成為 CMOS 微縮到 22 nm 以下的元件結構之一選項。SiGe 通道，III-V 族基材於 7 nm 節點以下的應用，和**奈米碳管** (nanowire) Fin-FET 等，以取代矽基材的應用。

當傳統記憶體正面臨微縮的挑戰時，「新興記憶體」便順勢而起，如**磁阻隨機存取記憶體** (magnetroresistive random access memory, MRAM)、**非揮發性電阻隨機存取記憶體** (resistive random access memory, RRAM)，以及**相隨機存取記憶體** (phase random access memory, PRAM) 在效能與可靠度方面的突破性發展，便具有取代 DRAM 或 SRAM 的潛力。

3D NAND Flash 快閃式記憶體，即利用垂直閘極與水平通道的方式構成新的佈局架構，大幅減少**字線** (wordline) 方向的的特徵尺寸並且改善了元件量產的可行性。

此外，石墨烯被視為未來可能取代矽的材料之一，原因是它具有極佳的電流密度、遷移率以及飽和速度。然而以石墨烯製作的電晶體無法關閉，因為石墨烯幾乎沒有能隙。目前石墨烯主要集中於光、電元件、二次電池、太陽能電池等奈米元件，以及奈米粉末原料、奈米結構等領域最多。

因此，未來十年材料科學，便成為半導體製程技術及元件結構的創新與發展的基石，期待能創造另一個新紀元。

圖 7-3 全球前 10 大半導體企業排行榜

營業額 (單位: 十億美金)

排名	1985		1990		1995		2000		2006		2012		2013	
1	NEC	2.1	NEC	4.8	Intel	13.6	Intel	29.7	Intel	31.6	Intel	49.1	Intel	48.3
2	TI	1.8	Toshiba	4.8	NEC	12.2	Toshiba	11.0	Samsung	19.7	Samsung	32.3	Samsung	34.4
3	Motorola	1.8	Hitachi	3.9	Toshiba	10.6	NEC	10.9	TI	13.7	TSMC	17.0	TSMC	19.9
4	Hitachi	1.7	Intel	3.7	Hitachi	9.8	Samsung	10.6	Toshiba	10.0	Qualcomm	13.2	Qualcomm	17.2
5	Toshiba	1.5	Motorola	3.0	Motorola	8.6	TI	9.6	ST	9.9	TI	12.1	Micron	14.4
6	Fujitsu	1.1	Fujitsu	2.8	Samsung	8.4	Motorola	7.9	Renesas	8.2	Toshiba	11.2	SK Hynix	13.0
7	Philips	1.0	Mitsubishi	2.6	TI	7.9	ST	7.9	Hynix	7.4	Renesas	9.3	Toshiba	12.0
8	Intel	1.0	TI	2.5	IBM	5.7	Hitachi	7.4	Freescale	6.1	SK Hynix	9.1	TI	11.5
9	National	1.0	Philips	1.9	Mitsubishi	5.1	Infineon	6.8	NXP	5.9	ST	8.4	Broadcom	8.2
10	Matsushita	0.9	Matsushita	1.8	Hyundai	4.4	Philips	6.3	NEC	5.7	Micron	8.0	ST	8.0

來源: IC Insights

Unit **7-3**
光電感測元件的未來展望

　　我們在第三章介紹了光電感測元件的工作原理，大體上來說，這些元件是藉由半導體的光電效應，將光的訊號轉成電壓或電流訊號，再由解析電訊號的程序，獲悉光的訊號。這些元件除了應用於科學量測之外，也常見於各種領域。以下介紹幾個未來技術與市場展望。

汽車電子

　　汽車運行時，需要各種行車資訊，例如車速、各種介質的溫度、傳動系統狀態、懸吊系統狀態、車身電子系統狀態、駕駛資訊系統及保全系統等。這些資訊必須透過各類感測器，將各種系統的物理參數轉換成電訊號，再由電腦作進一步的處理，作為行車控制等應用。為達到安全舒適的行車狀態，除了各類感測器之外，還必須整合微控制器、微處理器、驅動器、通信元件、電源供應器、被動電子元件與顯示器等。

　　雖然這些感測器與其他控制器的整合，可以提供足夠的安全駕駛環境，但是道路情況千變萬化，仍會有許多意外的情況發生。例如駕駛員常常因A柱 (左前方和右前方連接車頂和前艙的連接柱) 的阻擋而產生視線死角，使得意外頻頻發生。光電感測器在這類視線死角的問題上可以提供解決方案，例如利用影像感測器監視前方的行車狀態，再藉由顯示器呈現影像於A柱上，配合駕駛員視覺位置與影像運算，將A柱虛擬成透明狀態，使駕駛員可以充分掌握路況，不再出現視線死角。

　　汽車安全氣囊會在車輛發生撞擊時瞬間彈出，藉由緩衝來保護駕駛員和乘客的安全。一般安全氣囊彈出時所產生的能量，是成人可以承受的，但這樣的能量可能造成兒童的傷害。影像感測器配合機器視覺運算，可以作為智慧感測系統，藉以判斷成人或兒童乘客，在車輛撞擊時，調整安全氣囊彈出的能量，保護而不傷害乘客安全。

　　酒後駕車常常造成嚴重傷害，不僅受害人本身，駕駛員也同樣身體心理嚴重創傷。除了法令可以限制酒後駕車之外，汽車本身的安全系統也應該要有駕駛員身體狀況的偵測裝置，例如車內酒精濃度偵測，駕駛員眼球或面容狀態偵測，借以作為車輛是否啟動的準則，以減少酒後駕車，或疲勞駕駛所造成的傷害。

醫療電子

　　醫療也是光電感測器一個值得注意的市場。一般的醫院或研究機構都配有精密的生醫檢測儀器，但儀器的體積龐大、價格昂貴且操作程序複雜。病患僅能前往醫院作檢查，無法隨時在家中做生理狀況的監控。然而半導體技術的發達，成就了各式小巧精準的感測元件，藉由適當的封裝與光機電整合後，可以成為攜帶方便的居家型檢測儀器，讓病患可以隨時隨地掌握身體狀況。血糖機與血壓機是目前最為普遍的居家型檢測儀器。

　　人體的生理參數大致可分為物理與化學參數兩類，物理參數如血壓、體溫、血流、心跳等，化學參數如呼出氣體成分、血糖、酸鹼度等。生醫感測器可偵測這些生理參數，再轉換成電子訊號，運算後成為可讀取的數據。以下介紹幾個具有未來潛力生醫感測器：

◆ **表面電漿子共振感測**：光線射向金屬薄膜時，金屬薄膜表面會產生電漿子，電漿子若發生共振現象，則光線會被吸收。藉由偵測光線被吸收的程度，可鑑別出感測器表面的生醫分子作用。

◆ **吸收光反應感測**：體液中的特定分子，可在特定酵素的催化下，對於某種波長的光線產生吸收。藉由分析被吸收的波段，可以偵測出待測分子的濃度。此類的分子為葡萄糖、組織胺、乳酸、尿酸、三酸甘油脂、膽固醇等。

◆ **發射光反應感測**：與發射光反應感測原理相反，體液中的特定分子，可在特定酵素的催化下，發出特定的波長的光線。分析發光強度即可檢測出此待測分子的濃度。此類分子有細胞內的代謝物、及細胞外的代謝物如氧、二氧化碳、葡萄糖等。

◆ **螢光技術的檢測**：螢光劑可鎖定某種分子，經過紫外光激發後，此螢光劑會發出螢光。藉由分析螢光強度，即可量測出此分子的濃度。

　　這幾類感測器均具有很高的精密度，例如目前表面電漿子共振感測器已達 10-8 RIU（折射率單位）的等級，未來如何縮小感測器的尺寸是一個重要的課題。幸運的是，成熟的半導體製程技術，已可製造積體光波導元件來達成縮小尺寸的目的。

363

Unit **7-4**
固態照明元件的未來展望

　　人類照明歷史發展至今已進入固態照明時代，發光亮度更亮、售價更低廉、壽命更長、穩定性更高……等特性需求為固態照明產業共同追求的目標。其中用於照明市場最重要之亮度需求，取決於發光二極體之內部量子效率與光萃取效率兩者乘積值，亦即為外部量子效率。在提升內部量子效率方面，發光層結構從最簡單的 PN 接面、異質接面、雙異質接面到目前主要使用之量子井結構，內部量子效率已顯著獲得改善 (氮化物藍光發光二極體達 ~80%、氮化物綠光發光二極體達 ~40%、磷化物紅光發光二極體達 ~90%)。

　　在光萃取效率提升上可由圖案基板、表面粗化、晶粒形狀結構設計等來提升；而導入發光二極體電流所需之金屬接點製作則由早期雙層金屬鎳 / 金發展到目前以透明導電金屬 ITO 為主，除改善電流注入發光二極體結構內之均勻性也增加了光萃取效率值。然而光萃取效率值目前僅約 50% 左右，未來整體外部量子效率值提升仍有很大改善空間。

　　低價之發光二極體製造方面，則依賴有機金屬氣相沈積系統，由於真空技術與即時監控技術不斷創新進步，早期磊晶系統由單片到目前美國 Veeco 公司已有百片以上之量產機台推出，大幅降低晶片製作成本，加速發光二極體應用發展。雖然目前價格仍不敵日光燈管或白熾燈泡，導致在家用照明市場發展上仍受到相當阻力，但在各國政府政策推動、節能減碳環保意識重視下，固態照明已逐步進入照明市場。

　　照明使用之白光合成技術現今仍以藍光晶粒激發黃色螢光粉方式最為廉價，較有機會打入傳統照明市場，然而僅有 70% 之演色性，光源中少了紅色部分，色彩失真，無法有效呈現紅色色彩。而以紫外光晶粒激發螢光粉方式，雖然可以提升演色性至 85% 以上，但**樹酯 (Epoxy)** 長期照射紫外光容易產生老化影響到發光二極體整體出光效率；三顆晶粒混成白光為最理想之方法，但晶粒間存在特性差異，長時間使用下光色均勻性、穩定性維持不易，此問題主要導因於藍綠光發光二極體使用之氮化物與紅光發光二極體之磷化物材料特性不同，未來如可以開發**氮化銦鎵 (InGaN)** 紅光材料，則有機會可以解決此問題。

　　但 InGaN 紅光發光二極體製備將受限於氮化銦鎵多層量子井更低溫

之成長溫度限制，可預見未來有機金屬氣相沈積系統之低溫成長技術將扮演極為關鍵技術。

固態照明仍與傳統光源存在許多差異性，如發光二極體指向性強，用於室內照明常有某些角度空間有照明不足問題，常引起消費者誤認為發光二極體燈管照明亮度比一般傳統日光燈管暗，未來可以透過仿傳統白熾燈泡模擬，利用光跡模擬散射、反射光之光學設計增加散射光讓光線充滿室內空間，盡可能達到與白熾燈感覺相似，則有助於加速進入家用照明市場。而指向性強且高發光亮度之特性如用於路燈照明，可以解決傳統路燈散射光形成光害問題，如此一來，可以降低路燈高度，不會影響到駕駛視線，且因接近路面，在相同亮度要求下，可省下更多照明所需之電力。

另外發光二極體晶粒尺寸小，電流密度高，容易產生高熱，目前磊晶技術已經可以大幅提升內部量子效率，熱問題已獲得進步性改善，相較於傳統光源，發光二極體可以用於冷凍庫，冰箱等低溫環境使用之照明。發光二極體色彩豐富，使用者可以依據個人喜好，隨情境改變環境顏色，如夏天用冷色性，冬天用暖色性，讓生活環境更人性化。而固態照明配合日光整合之照明技術，可以讓建築室內照明更具智慧化，節省更多照明能源損耗，為未來綠建築設計重要一環。

發光二極體在室內植栽與菌種培養上近年來也引起很大重視，因為發光二極體發光光譜之半高寬值較傳統光源窄，可以根據不同植物或菌種需求，搭配所需波長，刺激其生長速度，可以減少化學肥料之使用；而紫外光發光二極體消毒殺菌功能，未來是否可以利用此特性殺死害蟲與菌類，減少農藥使用，對於土壤環境永續使用幫助極大。發光二極體長壽命之穩定照明特性，特別適用於需要穩定長時間使用之紅外線監視發光二極體燈，建構更安全之生活環境。

整體看來，發光二極體應用發展才剛起步不久，結合其他產品，將可以獲得更好之創新發展，為人類社會帶來更多便利。如北美常見之發光二極體與太陽能電池整合成太陽能交通警示看板車，可置於偏遠郊區做道路示警，白天對蓄電池充電作為晚上照明所需之電力，改善用路人安全。但目前市場上琳瑯滿目之應用產品不斷推出，各項產品規格尚未完善建立，例如用於照明時對人體眼睛之影響、用於植物栽種上對植物之影響是否也會間接影響到人體健康..等，需要未來跳脫商業利益之考量下，進行更多的研究，以確保人類健康永續長久發展。

Unit 7-5
顯示器系統的未來展望

輕、薄、短、小一直是消費性電子的發展目標。

而隨著晶片技術和電路設計的突飛猛進，也讓裝置的體積不斷縮小，同時整合更多的功能在單一裝置內。而顯示器的發展，但無論其尺吋如何的放大或縮小，顯示螢幕的體積總是其最難突破的環節。未來技術，一種可撓、薄如紙張的新型**軟性顯示** (flexible display) 技術便因應而生。

自 1923 年，攝像管與映像管發明，至 1973 年，日本 Sharp 開發出液晶顯示器手錶及計算機，1995 年，韓國 Samsung、LG 進入 TFT LCD 量產時代，顯示器從已從陰極射線管 (CRT) 發展到**平面顯示器** (flat panel display, FPD)，市場應用面則從筆記型電腦推廣到電視，**主動式陣列**(active matrix) **薄膜電晶體** (thin film transistor) 搭配**液晶** (liquid crystal) 顯示之家庭用電視機 (LCD TV) 均逐漸普及於一般家庭當中。

當方便性與大面積顯示起了衝突，唯有將顯示器捲軸化，以達可彎曲、撓曲、捲軸、折疊、穿著等需求，如圖 7-4。

軟性顯示器有著**輕** (light)、**薄** (thin)、**可撓曲** (rollable)、**耐衝擊** (rugged) 與具**安全性** (safe)，且不受場合、空間限制的特性，儼然成為下一世代最佳之平面顯示器。軟性電子技術被譽為改變人類未來的重要技術之一，且將重大衝擊人類視覺感官與生活模式，且在技術精進下進而節省製程與建廠成本下，此部分已經受到國際大廠的高度重視，並相繼推出其最新研發成果。加上未來以 Roll-to-Roll 的方式生產，更可以大大增加產率，從而降低生產成本。根據 DisplayBank 於對軟性顯示器市場的產值預測，預計在 2015 年，軟性顯示器產值可達到 60 億美元大關，直到 2017 年可進一步成長到 120 億美元。

若進一步的分析，軟性顯示器可能先由新興應用市場切入，包括**電子書** (e-book)、電子標籤、電子看板等等。至於軟性 LCD 與軟性 OLED 顯示器需要更長的開發時間，等待製作成本上顯現其價格競爭力後，方可取代現有的玻璃基板顯示器，顯示出世人對於軟性顯示技術之重視，也確認了軟性顯示器是下一世代世界各大廠追逐的目標。

於軟性顯示器之製作技術上，將會面臨數個重要的難題，分別為基板材料之選擇、製程中之承載基板、製程溫度、與應力。

在整個軟性顯示技術中，軟性基板的選擇是最關鍵的一環，不論是其材料的性質亦或是在整個製程的相容度，都是軟性顯示技術開發的瓶頸。

目前可供選用的軟性基板大致可以分為三類，即**薄玻璃基板** (thin glass substrate)、**塑膠基板** (plastic substrate) 以及**不鏽鋼金屬薄基板** (thin metal foil) 等。

根據不同的基板材料，其製程溫度的選擇也不一樣。如不鏽鋼金屬薄基板就可以耐高溫製程，且化學抵抗力及阻水氧能力佳，但缺點是不耐多次形變以及本身基板不透明，顯示應用上受到限制，只能搭配有機發光二極體或者做反射式顯示器，如反射式液晶顯示器或反射式電泳顯示器。

圖 7-4　顯示器發展趨勢

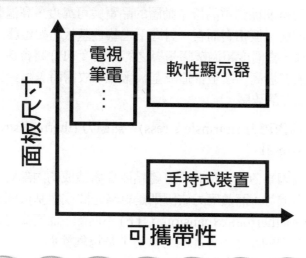

　　顯示器發展趨勢將會更具移動性，如手機、PDA，而另一趨勢則為大面積化，如個人電腦螢幕、電視，但兩者卻是無法同時滿足的，唯有發展可撓式顯示器可同時滿足兩種需求。

薄玻璃基板性質上最接近現有之玻璃基板，但易碎且製程上不易控制，外在抵抗力弱，未來發展有限。

塑膠基板透明且不易破裂，適合各種顯示介質且適合以 roll-to-roll 的方式生產，但缺點為不耐高溫製程且阻水氧能力較差，熱膨脹係數大，易受熱而形變，製程控制不易。

市售之 polyimide (PI) 基板雖然製程可容忍的溫度較高且有良好的化學藥品抵抗力，但熱膨脹係數過大且黃褐色的外表限制了其發展的空間。polyethersulphone (PES) 基板則具有透明的特性且製程容忍溫度也高，但化學抵抗力弱且阻水氧能力不佳，不適合應用在有機發光二極體上，國際大廠 Samsung 就使用 PES 基板完成了 7 吋之全彩非晶矽薄膜電晶體陣列液晶顯示器。

其他像是在 PEN 或 PET 等塑膠基板上面製作電晶體均有許多研究單位投入研發。

製程溫度則是關係到電晶體主動層的品質與可靠度，高溫製程雖可得較緻密之非晶矽層，但相對而言，對底下之軟性基板，如塑膠之耐熱能力卻也是一大考驗，當溫度超過塑膠基板之臨變溫度 (T_g) 將會造成大規模之形變；若製程溫度過高，甚至會造成基板融化，故需將製程最佳化以得低溫且品質不錯之非晶矽層。

應力則包括**內應力** (intrinsic stress)，**熱應力** (thermal stress) 與**外加應力** (external stress)。

內應力的成因為薄膜沉積時本身鍵結關係所造成的內部應力或不同材料互不匹配所造成等；而熱應力成因則是材料之間或與基板間的**熱膨脹係數** (coefficient of thermal expansion, CTE) 不匹配，而同高溫製程降至室溫則會造成熱應力的產生；外加應力當然則是指軟性顯示器於撓曲狀態下之元件表現不同於「剛體」顯示器。

為了使未來應用在可攜式電子顯示器，能朝向輕、薄、可撓曲的特性發展，因此開發出應用在顯示器的軟性高效能電晶體製程，這也顯示出世人對於軟性顯示技術之重視，也確認了軟性顯示器是下一世代世界各大廠追逐的目標。

軟性基板類型

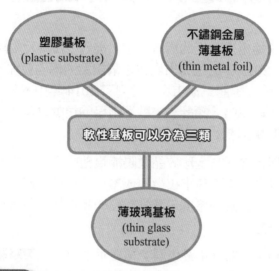

塑膠基板
(plastic substrate)

不鏽鋼金屬
薄基板
(thin metal foil)

軟性基板可以分為三類

薄玻璃基板
(thin glass substrate)

應力類型

內應力

　　內應力的成因為薄膜沉積時本身鍵結關係所造成的內部應力或不同材料互不匹配所造成。

熱應力

　　熱應力成因則是材料之間或與基板間的熱膨脹係數 (coefficient of thermal expansion, CTE) 不匹配，而同高溫製程降至室溫則會造成熱應力的產生。

外加應力

　　外加應力當然則是指軟性顯示器於撓曲狀態下之元件表現不同於「剛體」顯示器。

應力

Unit 7-6
太陽光電元件的未來展望

　　隨著歐洲太陽能電池市場的需求下滑，美國、日本及中國等亞洲市場逐漸崛起。因此，2013 年的主力市場也逐漸由歐洲轉向亞洲，尤以中國為 2013 年全球最大的太陽能電池市場。而到了 2014 年中、美、日的太陽能市場需求已占全球約 50%，預計未來歐洲市場的復甦以及新興國家太陽能市場的興起，將使得全球太陽能的供需漸趨平衡。

　　雖然，中國與台灣同為全球矽晶太陽能電池的製造龍頭，但礙於市場價格難以回穩，各廠商無不尋求技術與成本上的突破。如提高太陽能電池的轉換效率、降低矽晶圓的厚度、減少製程的步驟與材料的使用消耗率，以提高企業的競爭力。

　　同時，在策略上，部分企業也同步採取垂直整合或策略聯盟以提高獲利能力，期能在嚴峻的環境下，尋求生存與突破。並且，企業亦積極擴大太陽能電池其市場與應用，例如應用於行動裝置並與 3C 零組件進行整合，或整合於建築材料上，除具有節能的效果外，更兼具美觀。

　　在技術方面，結晶矽太陽能電池依然為市場主流，其中多晶矽的轉換效率已高達 18% 以上，無繼續投資多晶矽太陽能電池的經濟效益。因此，各先進太陽能廠皆專注於 p^- 型單晶太陽能電池，及 n^- 型單晶太陽能電池的新製程與結構的研發及優化。在不提高成本的前提下，以提高轉換效率。

　　誠如前面所述，如何優化 **p-n 接面** (p-n junction)、增加太陽能電池的吸光面積、降低接觸電阻、改善接觸電極材料、增加 busbar 以提升載子的傳輸速率等都是很重要的課題。

　　目前，結晶矽太陽能電池廠商，皆專注於 p- 型單晶太陽能電池，和 n- 型單晶太陽能電池的**射極鈍化背面局部擴散** (passivated emitter rear locally diffused cell, PERL)、**太陽能電池射極鈍化背面接觸** (passivated emitter rear contact, PERC) 太陽能電池、**射極鈍化背面接觸** (passivated emitter solar cell, PESC) 太陽能電池等；而相對於其他投資或製造成本較高的，**金屬電極埋入式** (metal wrap through, MWT) 太陽能電池、**指叉背接觸電極型** (interdigital back contact, IBC) 太陽能電池及**單晶異質結晶矽** (heterojunction with intrinsic thin layer, HIT) 太陽能電池的量產時程便相對往後推延。不過，IBC (interdigital back contact) 太陽能電池及 HIT (heterojunction with intrinsic thin layer) 太陽能電池為目前最具有可量產潛力的 n- 型單晶太陽能電池製造技術。

未來，薄膜太陽能電池頗具潛力，但需提升轉換效率，如各界積極地開發堆疊型 (tandem) 和多接面 (multi junction) 太陽能電池，於 III-V 族及 I-II-VI 族等化合物太陽能電池之應用，提高轉換效率，如 GaAs、CdTe、CIGS 等。

當然，近年來為達市場需求，以突破目前矽太陽能電池平板設計的限制，業者也積極研發可撓曲、可應用低溫製程的有機太陽能電池。同時，也積極導入奈米材料技術。如燃料敏化太陽能電池，加上其他的有機太陽能電池等技術的不斷進步，提高轉換效率及穩定性，產生潔淨的能源。

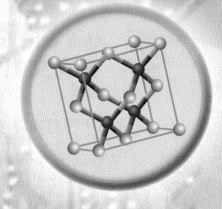

附　錄

參考文獻

章節體系架構 ▼

Unit **1~6**
參考文獻

圖解光電半導體元件

374

第一章 光電半導體物理

[1.1]　D. A. Neamen, Semiconductor Physics and Devices—Basic Principles, 4th ed., McGraw-Hill, Singapore, 2012, ISBN 978-007-108902-9.

[1.2]　Manijeh Razeghi, Fundamentals of Solid State Engineering, Kluwer Academic Publisher, 2002, ISBN 0-7923-7629-3.

[1.3]　Robert F. Pierret, Semiconductor Device Fundamentals, 2nd ed., Addison-Wesley, 1996, ISBN 978-0201543933.

[1.4]　Robert F. Pierret, Advanced Semiconductor Fundamentals, Modular Series on Solid State Devices Volume VI, Prentice-Hall, 1987, ISBN 978-0201053388.

[1.5]　J. S. Blakemore, Solid State Physics, 2nd ed., Cambridge University Press, 1985, ISBN 978-0521313919.

[1.6]　施敏　原著，黃調元　譯，《半導體元件物理與製作技術》，第二版，國立交通大學出版社，2002，ISBN 957-30151-3-7。

[1.7]　Hadis Morkoç, Handbook of Nitride Semiconductors and Devices, Volume 1, Materials Properties, Physics and Growth, Wiley-VCH, 2008, ISBN 978-3527408375.

[1.8]　D. A. Neamen 原著，楊賜麟　譯，《半導體物理與元件》，滄海出版社，2005，ISBN 986-157-160-4。

[1.9]　M. Ali Omar, Elementary Solid State Physics, Addison-Wesley, 1993, ISBN 978-0201607338.

[1.10]　S. M. Sze, Physics of Semiconductor Devices, John Wiley, 1981, ISBN 978-0471056614.

[1.11]　S. M. Sze, Semiconductor Devices: physics and technology, 2nd ed., John Wiley, 2002, ISBN 978-0471333722.

[1.12]　Gerald Burns, Solid State Physics, Academic Press, 1985, ISBN 978-0121460709.

[1.13]　Neil W. Ashcroft and N. David Mermin, Solid State Physics, Cengage Learning, 1976, ISBN 978-0030839931.

[1.14]　Charles Kittel, Introduction to Solid State Physics, 8th ed., John Wiley, 2005, ISBN 978-0471415268.

[1.15] Karlheinz Seeger, Semiconductor Physics: an introduction, 9th ed., Springer-Verlag, 2007, ISBN 978-3540219576.

[1.16] Robert F. Pierret, Semiconductor Fundamentals, Modular Series on Solid State Devices Volume I, 2nd ed., Prentice-Hall, 1988, ISBN 978-0201122954.

[1.17] George W. Neudeck, The PN Junction Diode, Modular Series on Solid State Devices Volume II, 2nd ed., Prentice-Hall, 1988, ISBN 978-0201122961.

[1.18] George W. Neudeck, The Bipolar Junction Transistor, Modular Series on Solid State Devices Volume III, 2nd ed., Prentice-Hall, 1989, ISBN 978-0201122978.

[1.19] Robert F. Pierret, Field Effect Devices, Modular Series on Solid State Devices Volume IV, 2nd ed., Prentice-Hall, 1990, ISBN 978-0201122985.

[1.20] Richard C. Jaeger, Introduction to Microelectronic Fabrication, Modular Series on Solid State Devices Volume V, 2nd ed., Prentice-Hall, 2001, ISBN 978-0201444940.

[1.21] Dieter K. Schroder, Advanced MOS Devices, Modular Series on Solid State Devices Volume VII, Prentice-Hall, 1987, ISBN 978-0201165067.

第二章 光電半導體元件製程

[2.1] Tahir Ghani, 22nm-Announcement Presentation, intel, IEDM, 2011.

[2.2] Tahir Ghani, Innovative Device Structures and New Materials for Scaling Nano-CMOS.Logic Transistors to the Limit, intel, VLSI Symposium, 2000.

[2.3] Varian Semiconductor Equipment Associates, IMP Process vs. Device Performance, Jan. 2008.

[2.4] 施敏原著，黃調元譯，半導體元件物理與製作技術，第二版，國立交通大學出版社，2002, ISBN 957-30151-3-7。

[2.5] 李世鴻譯，Neamen原著，半導體物理與元件，McGraw-Hill，台商圖書，ISBN 957-493-719-4。

[2.6] 陳志芳教授，半導體原理及應用，國立成功大學電機工程學系，2006。

[2.7] 孫允武教授，半導體物理與元件，國立中興大學物理系。

[2.8] 張勁燕，深次微米製程技術，第四章，五南出版，2003，ISBN 957-11-2828-7。

[2.9] 羅正忠，張鼎張譯，半導體製程技術概 ，1998。

[2.10]　王志明，半導體元件物 ，正修科技大學，電機工程系。

[2.11]　Chia Hong Jan, RF CMOS Technology Scaling in High-k/Metal Gate Era for RF SoC (System-on-Chip) Applications, intel Corp, IEDM, San Francisco, 2010.

[2.12]　C. Y. Chang and S.M. Sze, ULSI Technology, McGraw-Hill International Editions, 2000, ISBN 0-07-114105-7.

[2.13]　R. Dennard et al. IEEE JSSC, 1974.

[2.14]　M. Fischetti et al., Journal of Applied Physics, 2001.

[2.15]　M. Radosavlijevic et al., intel Corp, 2011.

[2.16]　Applied Materials, The Applciations of Plasma Nitridation and HiK Metal Gate, CA, 2010.

[2.17]　Chang Yang Kang et al., Advanced CMOS Scaling, Sematech Smposium, Oct. 2011.

[2.18]　Rahul Deokar et al., FinFET challenges and solutions – custom, digital, and signoff, Cadence Design Systems, EETimes, Apr 2013.

[2.19]　Min-hwa Chi, Challenges in Manufacturing FinFET at 20nm node and Beyond, TD, Globalfoundries, 2013.

[2.20]　K. Kuhn, Vol. 59, No. 7, pp. 1813 - 1827, IEEE TED, July 2012.

[2.21]　Rahul Kapoor et al.，技術互相依賴性以及半導體微影技術的演進，中文半導體技術雜誌，第 82 期，Dec. 2008/ Jan. 2009。

[2.22]　莊達人，VLSI 製造技術，高立圖書有限公司，2003，ISBN 957-584-985。

[2.23]　劉柏村教授，薄膜沉積技術，交通大學光電工程學系。

[2.24]　Wallence Peng, New Materials and Process Technologies for Scaling Nano CMOS, Technology Symposium, Jan. 2013.

[2.25]　R. J. Mears，以矽晶通道工程來取捨功率性能，中文半導體技術雜誌，第 81 期，Nov. /Dec 2008。

[2.26]　Paul Feeney，先進 CMOS 電晶體之金屬閘極整合化 CMP 製程，中文半導體技術雜誌，第 93 期，Dec 2010/ Jan. 2011。

[2.27]　DieterK. Schroder, 3rd Edition, Semiconductor Material and Device Characterization, Wiley Interscience, ISBN 0-471-73906-5.

[2.28]　Suntola and J. Antson, US Patent 4 058 430 (1977).

[2.29]　Mikko Ritala, Applied Surface Science, 112 (1997) 223.

[2.30]　L. Niinistö, J. Päiväsaari, J. Niinistö, M. Putkonen, and M. Nieminen,

圖解光電半導體元件

phys. stat. sol. (a) 201, No. 7, 1443 (2004).

[2.31] T. Suntola, A. J. Pakkala, and S. G. Lindfors, US Patent 4 413 022 (1983).

[2.32] M. J. Pellin, P. C. Stair, G. Xiong, J. W. Elam, J. Birrell, L. Curtiss, S. M. Geotge, C. Y. Han, L. Iton, H. Kung, M. Kung, and H.-H. Wang, Catalysis Letters, 102 (2005) 127.

[2.33] Jeffrey S. King, Elton Graugnard, Olivia M. Roche, David N. Sharp, Jan Scrimgeour, Robert G. Denning, Andrew J. Turberfield, and Christopher J. Summers, Advanced Materials, 18 (2006) 1561.

[2.34] B. Min, J. S. Lee, J. W. Hwang, K. H. Keem, M. I. Kang, K. Cho, M. Y. Sung, S. Kim, M.-S. Lee, S. O. Park, J. T. Moon, Journal of Crystal Growth, 252 (2003) 565.

[2.35] Ching-Jung Yang, Shun-Min Wang, Shih-Wei Liang, Yung-Huang Chang, Chih Chen, and Jia-Min Shieh, Appl. Phys. Lett. 90, 033104 (2007).

[2.36] Suvi Haukka, Atomic Layer CVD for Production of 0.13 to 0.1 Micron Devices , ASM Microchemistry Co. Ltd., Finland.

[2.37] Pete Singer，最新電子元件技術發展之回顧，中文半導體技術雜誌，第 105 期，Nov. /Dec 2012。

[2.38] Yayi Wei and David Back, 193 nm immersion lithography: Status and challenges, Micro/Nano Lithography, 22 March 2007.

[2.39] T. Suntola, Atomic Layer Epitaxy, in: Handbook of Crystal Growth 3, Thin Films and Epitaxy, Part B: Growth Mechanisms and Dynamics, Chapter 14, Elsevier, 1994.

[2.40] M. Ritala and M. Leskelä, Nanotechnology 10 (1999) 19.

[2.41] M. Leskelä and M. Ritala, J. Phys. IV 9 (1998) 147.

[2.42] ALCVD and Atomic Layer CVD are trademarks from ASM.

[2.43] E. P. Gusev, M. Copel, E. Cartier, I. J. R. Baumvol, C. Krug and M. A. Gribelyuk, Appl. Phys. Lett. 2000.

[2.44] M. Copel, M.et al.,, Appl. Phys. Lett. 76, 2000.

[2.45] E. P. Gusev et al., In The Physics and Chemistry of SiO2 and the Si-SiO2 Interface, Vol. 2000-2, The Electrochemical Society, p. 477, 2000.

[2.46] C. M. Perkins, P. McIntyre, K. Saraswat, B. Triplett, M. Tuominen and S. Haukka, to be published.

[2.47] M. Leskelä and L. Niinistö, in Atomic Layer Epitaxy, T. Suntola and M. Simpson (eds.), Blackie, London, 1990.

[2.48] R. L. Puurunen et al., J. Phys. Chem. B 104, 2000.

[2.49] S. Haukka and T. Suntola, Interface Sci., 5, 1997.

[2.50] M. Lindblad and A. Root, Stud. Surf. Sci. Catal. 118, 1998.

[2.51] B. Wood, B. Colombeau et at., Fin Doping by Hot Implant for 14nm FinFET Technology and Beyond, Applied Materials, CA, 224th ECS Meeting, The Electrochemical Society, 2013.

[2.52] Richard B. Fair, Rapid Thermal Processing, Academic Press, Inc., NY.

[2.53] James W. Mayer, Ion Implantation in Semiconductor, Silicon and Germinium, NY, ISBN 0-12-480850-6.

[2.54] R. L. Puurunen, A. Root, P. Sarv, S. Haukka, E. I. Iiskola, Marina Lindblad and A. O. I. Krause, Appl. Surf. Sci. 165, 2000.

[2.55] Tsu Jae King Liu, FinFET History, Fundamentals and Future, University of California, Berkeley, VLSI Symposium, 2012.

[2.56] Kah-Wee Ang, Towards 3-Dimensional CMOS Scaling, Sematech Symposium, June, 2011.

第三章 光電感測元件及其應用

[3.1] 光機電系統整合概論，儀器科技研究中心 (2005)。

[3.2] 電子實習與專題製作 - 感測器應用篇，全華科技 (2004)。

[3.3] S. O. Kasap，光電子學與光子學 - 應用與原理，全威圖書 (2003)。

[3.4] 林宸生，陳德請，近代光電工程導論，全華科技 (2004)。

[3.5] 李銘淵，光纖通訊概論，全華圖書 (1989)。

[3.6] 蕭鳴山，劉希鳴，傳感器技術，聯經 (1995)。

[3.7] 曾超，李鋒，徐向東，光電位置傳感器 PSD 特性及其應用 (2002)。

[3.8] 陳宏鑫，以 PSD 開發混和是追日控制與直射日照量測方法 (2011)。

[3.9] 陳麒峯，追日偏差量測技術開發與聚光太陽光電系統之實測。

[3.10] F. C. Demarest, "High-resolution, high-speed, low data age uncertainty, heterodyne displacement measuring interferometer eletronics", Measurement science and technology (1987).

[3.11] W. Guo, "Angle Sensor for Measurement of Surface Slope and Tilt Motion", Precision nanometrology (2010).

[3.12] M. Gao, "Robust CCD photoelectric autocollimator for outdoor use",

Chinese optics letters (2011).

[3.13] N. B. Yim, "Dual mode phase measurement for optical heterodyne interferometry", Measurement science and technology (2000).

[3.14] J. Q. Qian, "The study for measuring rotor speed and direction with quadrant photoelectric detector", Measurement (2008).

第四章 固態照明系統與應用

[4.1] 陳隆建，發光二極體之原理與製程，全華圖書，2010。

[4.2] 史光國，半導體發光二極體及固體照明，全華圖書，民國 99 年 10 月。

[4.3] 劉如熹，白光發光二極體製作技術：由晶粒金屬化至封裝，全華圖書，民國 97 年 8 月。

[4.4] 羅俊仁，固態照明與白光發光二極體，國科會光電組，民 93。

[4.5] 劉如熹，白光發光二極體製作技術：21 世紀人類的新曙光，全華，民 90。

[4.6] 蔡國猷，發光二極體基礎技術，建興出版社，1992。

[4.7] 許招墉，照明設計，全華圖書，民國 88 年。

[4.8] 賴耿陽，照明工學原理及實用，復漢，1994。

[4.9] 李碩重，照明設計學，全華圖書，民國 82 年。

[4.10] 照明設計終極指南：住宅 & 商業空間：照明 x 透光素材設計圖鑑。

[4.11] 周志敏，LED 景觀照明工程設計與施工技術，電子工業出版社，2012。

[4.12] 松下進，光與空間的魔法：住宅照明設計入門，臺灣東販，2011.09。

[4.13] 田民波，白光 LED 照明技術，五南，2011.06。

[4.14] 日本照明學會，光・建築：設計大師的空間照明手法，尖端，2011.03。

[4.15] 陳大華，綠色照明 LED 實用技術，化學工業出版社，2009。

[4.16] 陳傳虞，綠色照明：新型集成電路工作原理與應用，人民郵電出版社：聯寶國際文化總經銷，2010。

[4.17] 李農、楊燕，LED 照明手冊 =LED 照明ハソドブック，全華圖書，民 99.04。

[4.18] 屈素輝，太陽能光伏照明光源手冊，化學工業出版社，2009。

[4.19] 陳金鑫著，白光 OLED 照明 =White OLED for lighting 五南，2009.10。

[4.20] 石曉蔚，室內照明設計原理，淑馨，民 96。

[4.21] 吳財福，太陽能供電與照明系統綜論，全華，民 95。

[4.22] 郭燦江,燈具:全面透視中國照明史的經典燈具,貓頭鷹出版:城邦文化發行,民 92。

[4.23] 古柔斯基 (Guzowski, Mary),日光照明與永續設計,麥格羅希爾,民 90。

[4.24] 陳隆建,LED 元件與產業概況,五南,2012.09。

[4.25] 中華民國光電學會,LED 工程師基礎概念與應用,五南,2012.04。

[4.26] 郭浩中,LED 原理與應用,五南,2012.01。

[4.27] 蘇永道,LED 構裝技術,五南,2011.07。

[4.28] 拓墣產業研究所,探究薄型電視新契機:LCD TV 與 LED TV 發展趨勢,拓墣科技,2010.08。

[4.29] 李書齊,在黑暗中發光:臺灣 LED 三十年成功的故事,天下遠見,2010.06。

[4.30] Winder, Steve 著,高功率 LED 驅動電路設計與應用,五南,2010.05。

[4.31] 加藤芳夫,LED 燈飾知識百科,全華圖書,2008.05。

[4.32] E. Fred Schubert, Light-emitting diodes, Cambridge university press, 2003.

[4.33] Bishop, Charles A., Vacuum deposition onto webs, films, and foils, William Andrew/Elsevier, 2011.

[4.34] Ohring, Milton, Materials science of thin films : deposition and structure, Academic Press, 2002.

[4.35] Gerald B. Stringfellow, Organometallic Vapor-Phase Epitaxy: theory and partice, Academic press, 1999.

第五章 顯示系統與應用

[5.1] S. Yamamoto and M. Migitaka, "Silicon Nitride Film for High-Mobility Thin-Film Transistor by Hybrid-Excitation Chemical Vapor Deposition," Jpn. J. Appl. Phys. , vol. 32 , pp. 462-468, 1993.

[5.2] Y. Uchida and M. Matsumura, "Short-Channel a-Si Thin-Film OS Transistors," IEEE Trans. Electron Devices, vol. 36, iss. 12, pp. 2940-2943, 1989.

[5.3] R. A. Street and M. J. Thompson, "Electronic States at the Hydrogenated Amorphous Silicon/Silicon Nitride Interface," Appl. Phys. Lett. , vol. 45, pp. 769-771, 1984.

[5.4] T. Chikamura, S. Hotta, and S. Nagata, "The Characteristics of

圖解光電半導體元件

Amorphous Si TFT and its Application in Liquid Crystal Displays," Mat. Res. Soc. Symp. Proc. , vol. 95, p.421, 1987.

[5.5] K. Hiranaka, T. Yoshimura, and T. Yamaguchi, "Effects of the Deposition Sequence on Amorphous Silicon Thin-Film Transistors," Jpn. J. Appl. Phys. , vol, 28, pp. 2197-2200, 1989.

[5.6] Y. Kuo, M. Okajima, and M. Takeichi, "Plasma Processing Aspects of the Fabrication of Amorphous Silicon Thin-Film Transistor Arrays," IBM J. Research and Development, vol. 43, no. 1/2, p. 73, 1999.

[5.7] Y. Kuo, "Plasma Etching and Deposition for a-Si:H Thin Film Transistors," J. Electrochem. Soc. ,vol. 142, iss. 7, pp. 2486-2507, 1995.

[5.8] K. Hiranaka, T. Yoshimura, and T. Yamaguchi, "Influence of an a-Si N_X : H gate insulator on an amorphous Si TFT," J. Appl. Phys. , vol. 62, p. 2129, 1987.

[5.9] M. J. Powell, "The Physics of a-Si TFT," IEEE Trans. Elec. Devices, vol. 36, iss. 12, p. 2753, 1989.

[5.10] W. E. Spear and P. G. Le Comber, "Investigation of the Localised State Distribution in Amorphous Si Films," J. Non-Cryst. Solids, vol. 8-10, pp. 727-738, 1972.

[5.11] M. J. Powell, "Analysis of Field-effect-conductance Measurements on Amorphous Semiconductors," Phil. Mag. B, vol. 43, iss. 1, pp. 93-103, 1981.

[5.12] C.-Y. Huang, S. Guha, and S. J. Hudgens, "Study of Gap States in Hydrogenated Amorphous Silicon by Transient and Steady-state Photoconductivity Measurements," Phys. Rev. B, vol. 27, iss. 12, pp. 7460-7465, 1983.

[5.13] J. D. Cohen, D. V. Lang and J. P. Harbison, "Direct Measurement of the Bulk Density of Gap States in n-type Hydrogenated Amorphous Silicon," Phys. Rev. Lett., vol. 45, iss. 3, pp. 197-200, 1980.

[5.14] M. Hirose, T. Suzuki, and G. H. Dohler, "Electronic Density of States in Discharge-produced Amorphous Silicon," Appl. Phys. Lett., vol. 34, iss. 3, p. 234(1979).

[5.15] P. Viktorovitch and G. Moddel, "Interpretation of the Conductance and Capacitance Frequency Dependence of Hydrogenated Amorphous Silicon Schottky Barrier Diodes," J. Appl. Phys. , vol. 51, iss. 9, p. 4847, 1980.

[5.16] M. Shur and M. Hack, "Physics of Amorphous Silicon Based Alloy Field-effect Transistors," J. Appl. Phys. , vol. 55, iss. 10, p. 3831, 1984.

[5.17] S. Kishida, Y. Naruke, Y. Uchida, and M. Matsumura, "Theoretical Analysis of Amorphous-silicon Field-effect-transistors," Jpn. J. Appl. Phys. , vol.22, iss. 3, pp. 511- 571, 1983.

[5.18] J. G. Shaw and M. Hack, "An Analytical Model for Calculating Trapped Charge in Amorphous Silicon," J. Appl. Phys. , vol. 64, iss. 9, p. 4562, 1988.

[5.19] M. S. Shur, M. D. Jacunski, H. C. Slade, and M. Hack, "Analytical Models for Amorphous-silicon and Poly-silicon Thin-film Transistors for High-definition-display Technology," J. of the SID, vol. 3, iss. 4, pp. 223-236, 1995.

[5.20] S. M. Fluxman, "Design and Performance of Digital Polysilicon Thin-Film Transistor Circuits on Glass," IEEE Proc. Circuits Dev. Syst., 141, pp.56-59 (1994).

[5.21] H. Oshima, "Sony Readies 5.6 in TFT LCD," Electronic Engineering Times, p. 20, 1996.

[5.22] C. F. Yeh, T. J. Chen, C. Liu, J. Shao, and N. W. Cheung, "Application of Plasma Immersion Ion Implantation Doping to Low-Temperature Processed Poly-Si TFT's," IEEE Electron Device Lett. , vol. 19, iss. 11, pp. 432-434, 1998.

[5.23] J. W. Lee, N. I. Lee, and C. H. Han, "Improved Stability of Short-Channel Hydrogenated n-Channel Ploysilicon Silicon Thin-Film Transistors with Very Thin ECR N_2O-Plasma Gate Oxide," IEEE Electron Device Lett. , vol. 19, iss. 12, pp. 458-460, 1999.

[5.24] J. W. Lee, N. I. Lee, and C. H. Han, "Stability of Short-Channel P-Channel Ploysilicon Silicon Thin-Film Transistors with ECR N_2O-Plasma Gate Oxide," IEEE Electron Device Lett. , vol. 20, iss. 1, pp. 12-14, 1999.

[5.25] N. I. Lee, J. W. Lee, H. S. Kim, and C. H. Han, "High-Performance EEPROM's Using n- and p-channel Ploysilicon Thin-Film Transistors with Electron Cyclotron Resonance N_2O-Plasma Oxide," IEEE Electron Device Lett. , vol. 20, iss. 1, pp. 15-17, 1999.

[5.26] S. k. Kim, Y. j. Choi, W. J. Kwak, K. S. Cho, and J. Jang, "A Novel Coplanar Amorphous Silicon Thin-Film Transistor Using Silicide Layers," IEEE Electron Device Lett. , vol. 20, iss. 1, pp. 33-35, 1999.

[5.27] G. K. Guist, T. W. Sigmon, J. B. Boyce, and J. Ho, "High-Performance Laser-Processed Polysilicon Thin-Film Transistors," IEEE Electron Device Lett. , vol. 20, iss. 2, pp. 77-79, 1999.

[5.28] Y. Z. Xu, F J. Clough, E. M. S. Narayanan, Y. Chen, and W. I. Miline,

"Turn-On Characteristics of Polycrystalline Silicon TFT's Impact of Hydrogenation and Channel Lengh," IEEE Electron Device Lett. , vol. 20, iss. 2, pp. 80-82, 1999.

[5.29] J. I. Han, G. Y. Yang, and C. H. Han, "A New Self-Aligned Offset Staggered Polysilicon Thin-Film Transistor," IEEE Electron Device Lett. , vol. 20, iss. 8, pp. 381-383, 1999.

[5.30] Y. I. Tung, J. Boyce, J. Ho, X. Huang, and T. J. King, "A Comparison of Hydrogen and Deuterium Plasma Treatment Effects on Polysilicon TFT Performance and DC Reliability," IEEE Electron Device Lett. , vol. 20, iss. 8, pp. 387-389, 1999.

[5.31] P. S. Shih, C. Y. Chang, T. C. Chang, T. Y. Haung, D. Z. Peng, and C. F. Yeh, "A Novel Lightly Doped Drain Polysilicon Thin-Film Transistor with Oxide Sidewall Spacer Formed by One-Step Selective Liquid Phase Depositon," IEEE Electron Device Lett. , vol. 20, iss. 8, pp. 421-423, 1999.

[5.32] M. Shur, Physics of Semiconductor Devices, New Jersey; Prentice-Hall, 1990.

[5.33] K. Lee, M. Shur, T. A. Fjeldly and T. Ytterdal, Semiconductor Decive Modeling for VLSI, Prentice-Hall, 1993.

[5.34] T. A. Fjeldly, T. Ytterdal and M. Shur, Introduction to Decive Modeling and Circuit Simulation , New York; John Wiley & Sons, 1998.

[5.35] B. Iniguez, T. A. Fjeldly, T. Ytterdal and M. S. Shur, "Thin Film Transistor Modeling," Silicon and Beyond: Advanced Device Models and Circuit Simulators, World Scientific, Singapore, pp. 33-54, 2000.

[5.36] J. Levinson et al., "Conductivity behavior in polycrystalline semiconductor thin film transistors," J. Appl. Phys. , vol. 53, pp. 1193-1202, 1982.

[5.37] J. G. Fossum, A. Ortiz-Conde, H. Schichijo, and S. K Banerjee, "Effects of grain boundaries on the channel conductance of SOI MOSFET's," IEEE Trans. Electron Devices., vol. 30, pp. 933-940, 1983.

[5.38] G.-Y. Yang, S.-H. Hur, and C.-H.Han, "A Physical-Based Analytical Turn-On Model of Polysilicon Thin-Film Transistors for Circuit Simulation," IEEE Trans. Electron Devices, vol. 46, iss. 1, pp. 167-172, 1999.

[5.39] A. Mimura, N. Konishi, K. Ono, J. I. Ohwada, Y. Hosokawa, Y. A. Ono, T. Suzuki, K. Miyata, and H. Kawakami. "High-performance low-temperature poly-Si n-channel TFTs for LCD." IEEE Trans. Electron

Dev. , vol. 36, p. 351, 1989.

[5.40] A. T. Voutsas and M.K. Hatalis. "Deposition and crystallization of a-Si low-pressure Chemical-Vapor-deposited films obtained by low-temperature pyrolysis of disilane." J. Electrochem. Soc. , vol. 140, p. 871, 1993.

[5.41] A. T. Voutsas and M. K. Hatalis. "Structural characteristics of as-deposited and crystallized mixed-phase silicon films." J. Electron. Mat. , vol. 23, no. 3, pp. 319-330, 1994.

[5.42] K. Nakazawa. "Recrystallization of amorphous silicon films deposited by lowpressure chemical vapor deposition from Si2H6 gas." J. Appl. Phys. , vol. 69, iss. 3, p. 1703, 1991.

[5.43] A. T. Voutsas, M.K. Hatalis, J. Boyce, and A. Chiang. "Raman spectroscopy of amorphous and microcrystalline silicon films deposited by low-pressure chemical vapor deposition." J. Appl. Phys. , vol. 78, p. 6999, 1995.

[5.44] M. Bonnel et al. "Polycrystalline silicon thin-film transistors with two-step annealing process." IEEE Electron Dev. Lett. , vol. 14, iss. 12, pp. 551-553, 1993.

[5.45] R. S. Wagner and W. C. Ellis. "Vapor–liquid–solid mechanism of single crystal growth." Appl. Phys. Lett. , vol. 4, iss. 5, p. 89, 1964.

[5.46] F. Spaepen, E. Nygren, and A.V. Wagner. "Crucial Issues in Semiconductor Materials and Processing Technologies." NATO ASI Series E; Applied Sciences, vol. 222, p. 483, Kluwer Academic, 1992.

[5.47] R. T. Tung and F. Schrey. "Growth of epitaxial NiSi2 on Si (111) at room temperature." Appl. Phys. Lett. , vol. 55, p. 256, 1989.

[5.48] R. J. Nemanichi, C. C. Tsai, M.J. Thompson, and T. W. Sigmon. "Interference enhanced Raman scattering study of the interfacial reaction of Pd on a-Si H." J. Vac. Sci. Technol. , vol. 19, iss.13, p. 685, 1981.

[5.49] S. Y. Yoon, J. Y. Oh, C. O. Kim, and J. Jang. "Low-temperature solid-phase crystallization of amorphous silicon at 380_C." J. Appl. Phys. , vol. 84, iss. 11, p. 6463, 1998.

[5.50] S. J. Park, B. R. Cho, K. H. Kim, K. S. Cho, S. Y. Yoo, A. Y. Kim, J. Jang, and D. H. Shin. "SPC poly-Si TFT having a maximum process temperature of 380_C." SID Symposium Digest, vol. XXXII, vol. 32, iss. 11, pp. 562-565, 2001.

[5.51] M. Fiebig, U. Stamm, P. Oesterlin, N. Kobayashi, and B. Fechner. "I-J and 300-W excimer laser with exceptional pulse stability for poly-Si crystallization." SPIE Proceedings, vol. 4295, p. 38, 2001.

[5.52] W. Sinke and F.W. Saris. "Evidence for a self-propagating melt in amorphous silicon upon pulsed-laser irradiation." Phys. Rev. Lett. , vol. 53, iss. 22, pp. 2121-2124, 1984.

[5.53] K. McGoldrik, "Mobile Freedom, " 2006 Flexible Display & Microelectronics Conference & Exhibit, 2006.

[5.54] M. H. Lee, K.-Y. Ho, P.-C. Chen, C.-C. Cheng, S. T. Chang, M. Tang, M. H. Liao, and Y.-H. Yeh, "Promising a-Si:H TFTs with High Mechanical Reliability for Flexible Display, " International Electron Device Meeting (IEDM), pp. 299-302, San Francisco, Dec. 11-13, 2006.

[5.55] C.-C. Cheng, K.-Y. Ho, P.-C. Chen, M. H. Lee, L.-T. Wang, H.L. Tyan, C.-M. Leu, Y.-A. Sha, S.-Y. Fan, T.-H. Chen, C.-Y. Pan, and Y.-H. Yeh, "4.1-inch Color QVGA TFT LCD with a-Si:H TFTs on Plastic Substrates, " Active-Matrix Flat panel Displays and Devices (AM-FPD), pp. 7-10, Japan, July 5-7, 2006.

[5.56] Y.-H. Yeh, C.-C. Cheng, K.-Y. Ho, P.-C. Chen, M. H. Lee, J.-J. Huang, H.-L. Tyan, C.-M. Leu, C.-S. Chang, K.-C. Lee, S.-Y. Fang, T.-H. Chen, and C.-Y. Pan, "7-inch Color VGA flexible TFT LCD on Colorless Polyimide Substrate with 200 °C a-Si:H TFTs, " SID 07 Dig., pp. 1677-1679, 2007.

[5.57] W. Lee, M. Hong, T. Hwang, S. Kim, W. S. Hong, S. U. Lee, H. I. Jeon, S. I. Kim, S. J. Baek, M. Kim, I. Nikulin, and K. Chung, "Transmissive 7" VGA a-Si TFT Plastic LCD Using Low Temperature Process and Holding Spacer, " SID 06 Dig., pp. 1362-1364, 2006.

[5.58] H. Kawai, M. Miyasaka, A. Miyazaki, T. Kodaira, S. Inoue, T. Shimoda, K. Amundson, R. J. Paolini Jr., M. McCreary and T. Whitesides, "A Flexible 2-in. QVGA LTPS-TFT Electrophoretic Display, " SID 05 Dig., pp. 1638-1641, 2005.

[5.59] I. French, D. McCulloch, I. Boerefijn, and N. Kooyman, "Thin Plastic Electrophoretic Displays Fabricated by a Novel Process, " SID 05 Dig., pp. 1634-1637, 2005.

[5.60] J. H. Daniel, A. C. Arias, W. S. Wong, R. Lujan, B. S. Krusor, R. B. Apte, M. L. Chabinyc, A. Salleo, R. A. Street, N. Chopra, G. Iftime, and P. M. Kazmaier, "Flexible Electrophoretic Displays with Jet-Printed Active-Matrix Backplanes, " SID 05 Dig., pp. 1630-1633, 2005.

[5.61] Y. Hong, G. Heiler, R. Kerr, A. Z. Kattamis, I-C. Cheng, and S. Wagner, "Amorphous Silicon Thin-Film Transistor Backplane on Stainless Steel

Foil Substrates for AMOLEDs,〞SID 06 Dig., pp. 1862-1865, 2006.

[5.62] C. E. Forbes, A. Gelbman, C. Turner, H. Gleskova, and S. Wagner, 〝A Rugged Conformable Backplane Fabricated with an a-Si:H TFT Array on a Polyimide Substrate,〞SID 02 Dig., pp. 1200-1203, 2002.

[5.63] R. Ma, K. Rajan, J. Silvernail, K. Urbanik, J. Paynter, P. Mandlik, M. Hack, J. J. Brown, J. S. Yoo, Y.-C. Kim, I.-H. Kim, S.-C. Byun, S.-H. Jung, J.-M. Kim, S.-Y. Yoon, C.-D. Kim, I.-B. Kang, K. Tognoni, R. Anderson, D. Huffman, 〝Invited Paper: Wearable 4-inch QVGA Full Color Video Flexible AMOLEDs for Rugged Applications,〞SID 09 Dig., pp. 96-99, 2009.

[5.64] A. Asano and T. Kinoshita, 〝Low-Temperature Polycrystalline-Silicon TFT Color LCD Panel Made of Plastic Substrates,〞SID 02 Dig., pp. 1196-1199, 2002.

[5.65] A. Asano, T.Kinoshita, and N.Otani, 〝A Plastic 3.8-in. Low-Temperature Polycrystalline Silicon TFT Color LCD Panel,〞SID 03 Dig., pp. 988-991, 2003.

[5.66] H. Kawai, M. Miyasaka, A. Miyazaki, T. Kodaira, S. Inoue, T. Shimoda, K. Amundson, R. J. Paolini Jr., M. McCreary and T. Whitesides, 〝A Flexible 2-in. QVGA LTPS-TFT Electrophoretic Display,〞SID 05 Dig., pp. 1638-1641, 2005.

[5.67] S. Utsunomiya, T. Kamakura, M. Kasuga, M. Kimura, W.Miyazawa, S. Inoue and T. Shimoda, 〝Flexible Color AM-OLED Display Fabricated Using Surface Free Technology by Laser Ablaion/Annealing (SUFTLA®) and Ink-jet Printing Technology,〞SID 03 Dig., pp. 864-867, 2003.

[5.68] S. Inoue, S. Utsunomiya and T. Shimoda, 〝Invited Paper: Transfer Mechanism in Surface Free Technology by Laser Annealing / Ablation (SUFTLA®),〞SID 03 Dig., pp. 984-987, 2003.

[5.69] J. Y. Kwon, J. S. Jung, K. B. Park, J. M. Kim, H. Lim, S. Y. Lee, J. M. Kim, T. Noguchi, J. H. Hur and J. Jang, 〝2.2 inch qqVGA AMOLED Drived by Ultra Low Temperature Poly Silicon (ULTPS) TFT Direct Fabricated Below 200℃,〞SID 06 Dig., pp. 1358-1361, 2006.

[5.70] H. S. Shin, J. B. Koo, J. K. Jeong, Y. G. Mo, H. K. Chung, J. H. Cheon, J. H. Choi, K. M. Kim, J. H. Hur, S. H. Park, S. K. Kim and J. Jang, 〝4.1 inch Top-Emission AMOLED on Flexible Metal Foil,〞SID 05 Dig., pp. 1642-1645, 2005.

[5.71] J. H. Cheon, S. H. Kim, T. J. Park, Y. K. Lee, J. H. Hur and J. Jang, 〝A 2.2-in. Top-Emission AMOLED on Flexible Metal Foil with SOG Planarization,〞SID 06 Dig., pp. 1354-1357, 2006.

[5.72] S. An, J. Lee, Y. Kim, T. Kim, D. Jin, H. Min, H. Chung and S. S. Kim, "2.8-inch WQVGA Flexible AMOLED Using High Performance Low Temperature Polysilicon TFT on Plastic Substrates," SID 10 Dig., pp. 706-709, 2010.

[5.73] V. D. Bui, Y. Bonnassieux, J. Y. Parey, Y. Djeridane, A. Abramov, P. Roca I Cabarrocas, H. J. KIM, "Microcrystalline Silicon TFTs for Active Matrix Displays," SID 06 Dig., pp. 204-207, 2006.

[5.74] M. Lisachenko, M. Kim, C. Kim, S.-W. Lee, K.-B. Kim, J.-W. Seo, K.-Y. Lee, H. D. Kim and H. K. Chunget, "Development of Microcrystalline Si for TFT Backplanes," SID 06 Dig., pp. 250-253, 2006.

[5.75] Y.-H. Peng, C.-H. Chen, C.-C. Chang, Y.-S. Lee, T.-S. Huang, C.-Y. Hou, K.-F. Huang, Y.-Y. Tseng, "32-inch LCD TV Using Conventional PECVD Microcrystalline-Silicon TFTs," SID 08 Dig., pp. 333-336, 2008.

[5.76] J.-J. Huang, Y.-P. Chen, Y.-S. Huang, G.-R. Hu, C.-W. Lin, Y.-J. Chen, P.-F. Lee, C.-J. Tsai, C.-J. Liu, H.-C. Yao, K.-Y. Ho, B.-C. Kung, S.-Y. Peng, C.-M. Leu, J.-Y. Yan, S.-T. Yeh, H.-L. Pan, H.-C. Cheng and C.-C. Lee, "A 4.1-inch Flexible QVGA AMOLED using a Microcrystalline-Si:H TFT on a Polyimide Substrate," SID 09 Dig., pp. 866-869, 2009.

第六章 太陽光電系統與應用

[6.1] 黃惠良與曾百亨等原著，太陽能電池，五南圖書出版社，2011，ISBN 978-957-11-5347-6。

[6.2] Jenny Nelson, The Physics of Solar Cells, Imperial College Press, 2009, ISBN 978-186-0943492.

[6.3] 施敏 原著，黃調元 譯，《半導體元件物理與製作技術》，第二版，國立交通大學出版社，2002，ISBN 957-30151-3-7。

[6.4] Luque A. and Hegedus S., Handbook of Photovoltaic Science and Engineering, John Wiley & Sons, England (1998).

[6.5] Markvart T., and Castafier L., Practical Handbook of Photovoltaics: Fundamental and Applications, Elservier Science Ltd., Oxford (2003).

[6.6] Green M., Solar Cell: Operating Principles, Technology and Systems Applications, Prentice-Hall, Englewood Cliffs, NJ (1982).

[6.7] 中華民國財團法人工業技術研究院，產業經濟與趨勢研究中心。

[6.8] 黃建昇，結晶矽太陽電池發展現況，工業材料，203 期，11 月 (2003)。

[6.9] Atul Gupta et al., High Efficiency Selective Emitter Cells Using in-situ Patterned Ion Implantation, 25th Euro-PVSEC, 5th World Conference on Photovoltaic Energy Conversion, Valencia, Spain, (2010).

[6.10] Manijeh Razeghi, Fundamentals of Solid State Engineering, Kluwer Academic Publisher (2002), ISBN 0-7923-7629-3.

[6.11] Screen Printed Selective Emitter Formation and Metallization, Applied Materials.

[6.12] Tom Falcon, Selective Emitter and Screen Printed Metallization, DEK Solar (2011).

[6.13] J. Zhao, et al., High Efficiency PERL and PERT Silicon Solar Cells on FZ and MCZ Substrates, Solar Energy Materials and Solar Cells, Vol. 65, pp.429-435 (2001).

[6.14] S.H.Lee, Development of High-Eciency Silicon Solar Cells for Commercialization, Journal of the Korean Physical Society, Vol. 39, No. 2, August 2001, pp. 369 ~ 373 (2001).

[6.15] B. Herog et al., Bulk Hydrogenation in MC-Si by PECVD SiNx Deposition, 23rd European Photovoltaic Solar Energy Conference, September 1-5, 2008, Valencia, Spain September (2008).

[6.16] 劉建惟，林育德，孫昌信，Introduction of Interdigitated Back Contact Solar Cells，國立雲林科技大學機械工程研究所，國家奈米元件實驗室，奈米通訊，18 卷，No.3，01~09 (2011)。

[6.17] Taguchi M., Tsunamura Y. et al., High Efficiency HIT Solar Cell on Thin (<100um) Silicon Wafers, Proceeding of the 24th European PV Solar Energy Conference, pp. 1690-1693 (2009).

[6.18] Sunpower Corporation, US Patent 7339110, Mar. 4, (2008), US Patent 7883343, Feb. 8 (2011), US Patent 7897867, Mar. 1 (2011).

[6.19] 劉智生，洪儒生，太陽能電池的高效率化，科學發展，439 期 (2009)。

[6.20] Xunming Deng and Eric A. Schiff, Amorphous Silicon Based Solar Cells, Handbook of Photovoltaic Science and Engineering, pp. 505 – 565, John Wiley & Sons, Chichester (2003).

[6.21] Street R, Hydrogenated Amorphous Silicon, Cambridge University Press, Cambridge (1991).

[6.22] Deng X, Development of High, Stable-Efficiency Triple-Junction a-Si Alloy Solar Cells, AnnualSubcontract Report, Submitted to NREL, NREL/TP-411-20687, Feb. (1996).

[6.23] RR King, CM Fetzer, DC Law, the 4th World Conference on Photovoltaic Energy Conversion, 2006M Stan, D Aiken, B Cho, A Cornfeld, J. Cryst. Growth,2010,312:1370-1374.

[6.24] Honsberg, Tandem Solar Cells, EEE 598, Arizona University, Advanced Solar Cells (2009).

[6.25] A. N. Tiwari1 et al., CdTe Solar Cell Novel Configuration, Progess in Photovoltaics, Vol. 12, pp. 33-38, (2003).

[6.26] Bonnet D, Meyers P., Cadmium Telluride – Material for Thin Film Solar Cells, Journal of Material Research, Vol13, pp. 2740-2753, (1998).

[6.27] Batzner D et al., High Energy Irradiation Properties of CdTe/CdS Solar Celss, Proceedings of the 29th IEEE Photovoltaix Specialists Conference, pp.982-985, (2002).

[6.28] Mamazza R et al., Co-suttered Cd2SnO4 films as Front Contacts for CdTe Solar Cells, Proceedings of the 29th IEEE Photovoltaic Specialists Conference, Anaheim, 612-615 (2002).

[6.29] 林華愷、藍崇文，CIGS 薄膜電池產業技術與挑戰，台灣化學工程學會化工專刊，薄膜太陽能電池專刊，2012 年 4 月。

[6.30] Rommel Noufi, High Efficiency CdTeand CIGS Thin Film Solar Cells: Highlights of the Technologies Challenges, NREL (National Renewable Energy Laboratory), Presented at the IEEE 4th World Conference on Photovoltaic Energy Conversion, Waikoloa, Hawaii (2006).

[6.31] 郭哲瑋、張仁銓、謝東坡、莊佳智、蔡松雨，銅銦鎵硒 (CIGS) 太陽能電池濺鍍製程技術發展與現況，工業材料雜誌 284 期，2010 年 8 月。

國家圖書館出版品預行編目資料

圖解光電半導體元件／李勝偉等著. ――初
版.――臺北市：五南圖書出版股份有限公
司南，2014.07
面；　公分
ISBN 978-957-11-7477-8（平裝）

1.光電工程　2.半導體

448.68　　　　　　　　102026994

5DH2

圖解光電半導體元件

作　　者 ― 李朱育　李敏鴻　李勝偉　柯文政　段生振
　　　　　　陳念波

發 行 人 ― 楊榮川

總 經 理 ― 楊士清

總 編 輯 ― 楊秀麗

主　　編 ― 高至廷

圖文編輯 ― 林秋芬

排　　版 ― 簡鈴惠

封面設計 ― 簡愷立

出 版 者 ― 五南圖書出版股份有限公司

地　　址：106台北市大安區和平東路二段339號4樓

電　　話：(02)2705-5066　　傳　　真：(02)2706-6100

網　　址：https://www.wunan.com.tw

電子郵件：wunan@wunan.com.tw

劃撥帳號：01068953

戶　　名：五南圖書出版股份有限公司

法律顧問　林勝安律師事務所　林勝安律師

出版日期　2014年 7 月初版一刷
　　　　　2021年 1 月初版三刷

定　　價　新臺幣420元

經典永恆‧名著常在

五十週年的獻禮 —— 經典名著文庫

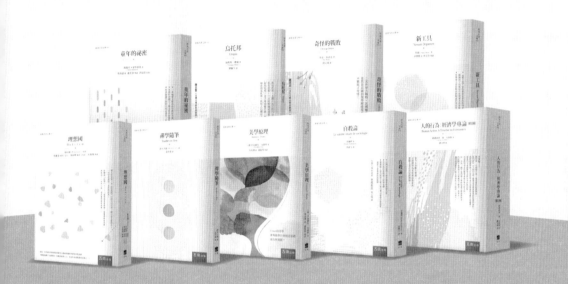

五南，五十年了，半個世紀，人生旅程的一大半，走過來了。
思索著，邁向百年的未來歷程，能為知識界、文化學術界作些什麼？
在速食文化的生態下，有什麼值得讓人雋永品味的？

歷代經典‧當今名著，經過時間的洗禮，千錘百鍊，流傳至今，光芒耀人；
不僅使我們能領悟前人的智慧，同時也增深加廣我們思考的深度與視野。
我們決心投入巨資，有計畫的系統梳選，成立「經典名著文庫」，
希望收入古今中外思想性的、充滿睿智與獨見的經典、名著。
這是一項理想性的、永續性的巨大出版工程。
不在意讀者的眾寡，只考慮它的學術價值，力求完整展現先哲思想的軌跡；
為知識界開啟一片智慧之窗，營造一座百花綻放的世界文明公園，
任君遨遊、取菁吸蜜、嘉惠學子！